国外油气勘探开发新进展丛书（十六）

天然气——21世纪能源

［美］ Vaclav Smil　著

周理志　孟祥娟　等译

朱道义　审

U0296432

石油工业出版社

内 容 提 要

本书从天然气所涉及的各个领域全面阐述了天然气的重要性、局限性、介绍了天然气工程从勘探到储运整个过程的工程技术、作为燃料与工业原料的用途、全球天然气贸易、非常规天然气资源的开发及其对环境的影响和天然气在能源转型中的作用，并探讨了天然气在21世纪的发展趋势。

本书可作为国家能源安全研究人员、天然气行业工程管理人员、工程技术人员参考书，以及非专业人员了解天然气相关知识的读物。

图书在版编目（CIP）数据

天然气：21世纪能源／（美）瓦科拉夫·斯米尔
（Vaclav Smil）著；周理志等译.—北京：石油工业
出版社，2018.1
（国外油气勘探开发新进展丛书：16）
原文书名：Natural Gas：Fuel for the 21st Century
ISBN　978-7-5183-2274-9

Ⅰ．①天 Ⅱ．①瓦…②周…Ⅲ．①天然气工程
Ⅳ．① TE64

中国版本图书馆 CIP 数据核字（2017）第 288026 号

Natural Gas: Fuel for the 21st Century
by Vaclav Smil
ISBN 978-1-119-01286-3
Copyright © 2015 by John Wiley & Sons, Ltd

出版发行：石油工业出版社
　　　　　（北京安定门外安华里2区1号楼　100011）
　　　　　网　　址：www.petropub.com
　　　　　编辑部：(010) 64523710　图书营销中心：(010) 64523633
经　　销：全国新华书店
印　　刷：北京中石油彩色印刷有限责任公司

2018 年 1 月第 1 版　2018 年 1 月第 1 次印刷
787×1092 毫米　开本：1/16　印张：11.75
字数：240 千字

定价：68.00 元
（如发现印装质量问题，我社图书营销中心负责调换）
版权所有，翻印必究

序

  为了及时学习国外油气勘探开发新理论、新技术和新工艺，推动中国石油上游业务技术进步，本着先进、实用、有效的原则，中国石油勘探与生产分公司和石油工业出版社组织多方力量，对国外著名出版社和知名学者最新出版的、代表最先进理论和技术水平的著作进行了引进，并翻译和出版。

  从 2001 年起，在跟踪国外油气勘探、开发最新理论新技术发展和最新出版动态基础上，从生产需求出发，通过优中选优已经翻译出版了 15 辑 80 多本专著。在这套系列丛书中，有些代表了某一专业的最先进理论和技术水平，有些非常具有实用性，也是生产中所亟需。这些译著发行后，得到了企业和科研院校广大科研管理人员和师生的欢迎，并在实用中发挥了重要作用，达到了促进生产、更新知识、提高业务水平的目的。部分石油单位统一购买并配发到了相关技术人员的手中。同时中国石油天然气集团公司也筛选了部分适合基层员工学习参考的图书，列入"千万图书下基层，百万员工品书香"书目，配发到中国石油所属的 4 万余个基层队站。该套系列丛书也获得了我国出版界的认可，三次获得了中国出版工作者协会的"引进版科技类优秀图书奖"，形成了规模品牌，获得了很好的社会效益。

  2017 年在前 15 辑出版的基础上，经过多次调研、筛选，又推选出了国外最新出版的 6 本专著，即《提高采收率基本原理》《油页岩开发——美国油页岩开发政策报告》《现代钻井技术》《采油采气中的有机沉积物》《天然气——21 世纪能源》《压裂充填技术手册》，以飨读者。

  在本套丛书的引进、翻译和出版过程中，中国石油勘探与生产分公司和石油工业出版社组织了一批著名专家、教授和有丰富实践经验的工程技术人员担任翻译和审校工作，使得该套丛书能以较高的质量和效率翻译出版，并和广大读者见面。

  希望该套丛书在相关企业、科研单位、院校的生产和科研中发挥应有的作用。

中国石油天然气集团公司副总经理

译者前言

自2014年西方国家制裁俄罗斯开始，原油油价一直下降，布伦特原油价格从2014年6月的115.19美元/bbl降至30美元/bbl以下，走势呈现断层式下跌，时间长，跌幅大。在如此外界形势下，天然气成为世界关注的热点，作为世界能源革命的重要组成部分，在目前以及未来的几十年中，天然气仍将是煤炭、石油的替代能源，但可燃冰的发现使天然气推向了新的高潮。同时在全球温室效应加剧、环境逐渐恶化的国际环保形势下，天然气是公认的清洁能源，是实现从以煤和石油为主的传统化石能源向新型清洁能源过渡的中间桥梁，同等热值条件下，二氧化碳排放量比煤炭少40%～50%。目前世界常规和非常规天然气资源勘探潜力很大，常规探明剩余和待发现可采资源量达$385 \times 10^{12} m^3$，采出率仅17.4%；非常规天然气可采资源量约$331 \times 10^{12} m^3$，资源探明率和采出率更低。世界天然气产量增长迅速，从2000年的$2.4 \times 10^{12} m^3$，增长到2014年的$3.5 \times 10^{12} m^3$。预计世界天然气产量2020年将增长至$3.9 \times 10^{12} m^3$，2035年$5.1 \times 10^{12} m^3$。因此，我们有必要了解这个领域繁多且过程复杂天然气系统工程。

本书比较全面地阐述了天然气的重要性、局限性以及天然气所涉及的各个领域，简要介绍了天然气工程从勘探到储运整个过程的工程技术、天然气作为燃料与工业原料的用途、全球天然气贸易、非常规天然气资源的开发及其对环境的影响和天然气在能源转型中的作用，还探讨了天然气在21世纪的发展趋势。

本书从天然气的命名、天然气的成因及分布、天然气的开采处理及运输和销售、天然气作为燃料及原材料的用途、天然气的出口及全球贸易的兴起、天然气资源的多元化、能源转型中的天然气以及21世纪能源展望8个方面对天然气进行了全面系统的论述。本书可作为天然气行业的工程技术人员及工程管理人员了解天然气的全貌、拓宽视野、提升水平的参考书，也可作为高等院校相关专业的教材。

全书分为8章，全部数据均来自公开发表的文献，同时在书的最后按照引用顺序附有相关文献。本书序言、第1至第3章由曹献平翻译；第4章由陈德飞翻译；第5章由秦汉翻译；第6章由苏洲翻译；第7章第1、第2节由兰美丽翻译；第7章第3节由王鹏（内蒙古）翻译；第8章由王鹏（山东）翻译。另外，全书由周理志、孟祥娟、白晓飞、王发清校译，曾有信、曾努、徐海霞、刘瑞莹等参与了部分图表与文字的校核工作。

本书由中国石油大学（北京）油气田开发工程博士、Energy & Fuels审稿人朱道义对全书释疑纠谬、审核，在此一并向他们致以衷心谢意。

尽管在翻译过程中尽了最大的努力，但由于译者的水平有限，疏漏和错误之处在所难免，敬请各位专家、同行和广大读书批评指正。

译　者

2017年7月

原书前言

本书是我的第36部作品，创作本书的初衷十分特殊。几十年来我一直遵循的模式是在我即将完成一部作品时，已经从一些在我脑海中徘徊的想法中选定了下一部著作的主题。这些想法有时只需仅仅几个月的时间就可形成，但也有例外，《二十世纪变革与创造》这本书经过近二十年的创作才最终与读者见面。但在2014年1月，就在我即将完成最新一本书《能源密度——理解能源来源及用途的钥匙》初稿时，还没有决定下步该写什么。这时，我收到了来自于埃克森美孚公司的读者兼审稿人Nick Schulz的邮件，问我是否考虑过写一本关于天然气方面的书，类似于我在Oxford Oneworld出版社出版的《能源指南2006版》和《石油指南2008版》这两本书。

在我写过的关于能源的几本书中，大部分涉及到天然气。但截至2014年1月，我还从来没有想过单独写一部专门针对天然气的书。考虑到天然气已逐步成为世界范围内的关注热点，其已作为美国广为宣传的能源革命的重要组成、俄罗斯与欧洲贸易的政治筹码、作为煤炭的替代能源在减少温室气体排放方面所起的重要作用等，天然气所扮演的角色日益突出，并且人们对其有不同的认知，写一本关于天然气的书似乎很有必要。创作本书具有一定的难度，我不得不跨学科创作，收集一些众所周知的常识，同时描述并评估一些未知的及不确定的因素，这些因素影响着天然气在21世纪的重要性。

我于2014年3月1日开始着手写本书，最初打算沿用前两本《指南》的方法和篇幅，因为目标读者群是具有较好学术背景的人（但不包括能源专家），且内容涵盖热点主题（包括地质、技术、经济及环境等）。但在创作过程中，我意识到目前关于天然气的一些观点及争议需要更加深入的研究，决定另辟蹊径。这就是为什么本书引用比较充分、全面，为什么本书比前两本指南内容更加丰富，篇幅更大，为什么最初会将这本书命名为入门指南。

对于一些高瞻远瞩的能源专家来说，本书的观点可能与他们背道而驰。他们会问，为什么会把化石燃料的资源量、开发和利用想得那么重要，甚至还替它们歌功颂德，尤其是在新能源、风能、太阳能转化为电能逐步替代全球能源市场的当下。当然这只是他们的想当然，新能源不会在短时间内替代传统的化石燃料。目前及未来的几十年，传统化石燃料仍将占据着能源供应的主导地位。1990年，能源消耗的88%源自化石燃料（不包括不发达国家农村木材及农作物的燃烧）。2012年，这个比例仍保持在将近87%，可再生能源仅占8.6%。但大部分为水电；新的可再生能源（风、太阳能、地热和生物燃料）仅占1.9%。2013年，其占比上升到约为2.2%。

新的可再生能源在全球一次能源供应中的份额将持续上升。但在未来的几十年，传统化石能源占主导地位的格局将发生重大变革，天然气的黄金时代将到来。在本书中，我将阐述天然气的重要性、局限性以及它的诸多影响。这些决定了本书将有很宽的涉及面。它涉及了天然气在勘探开发中许多学科（地球化学、地质、化学、物理、环境科学、经济学、历史等）中的重大发现及天然气在工程技术（勘探、钻井、采气、天然气加工、管道输送、天然气在锅炉和发动机中的燃烧、天然气液化和船舶运输）中的实践。相信本书会使读者对天然气支配地位的必要性、效益及挑战有一个较全面的了解。

作者简介

    Vaclav Smil主要从事能源、环境及人口变化、粮食生产及营养、技术革新、风险评估和公共政治等领域的跨学科研究。他已经创作了关于这些领域的35本专著，关于这些课题的将近500篇论文。他是Manitoba大学的杰出教授，加拿大皇家科学院的研究员，加拿大总督功勋奖的获得者，2010年他被外交政策委员会评选为世界上排名前50的思想家。

作者已出版著作

China's Energy

Energy in the Developing World (W. Knowland编辑)

Energy Analysis in Agriculture (与P. Nachman和T. V. Long II共同完成)

Biomass Energies

The Bad Earth

Carbon Nitrogen Sulfur

Energy Food Environment

Energy in China's Modernization

General Energetics

China's Environmental Crisis

Global Ecology

Energy in World History

Cycles of Life

Energies

Feeding the World

Enriching the Earth

The Earth's Biosphere

Energy at the Crossroads

China's Past，China's Future

Creating the 20th Century

原书致谢

感谢Nick Schulz为本书创作提供了灵感，感谢John Wiley出版社的Sarah Higginbotham和Sarah Keegan为本书出版所做的贡献，感谢西雅图团队的Wendy Quesinberry，Jinna Hagerty，Ian Saunders，Leah Bernstein和Anu Horsman为本书的插图收集、图片的版权许可及图表制作付出的努力。

目　　录

1 珍贵的资源与奇特的名字

天然气，作为 3 种化石能源之一，有着一个听似奇怪的名字，却有效地促进了社会经济的不断发展。众所周知大自然中充满着各类气体，有些含量较高，而另一些含量甚微。氮气 (78.08%) 和氧气 (20.94%) 是空气的主要成分，约占 99%，剩下的 1% 为稀有气体 (主要是氩、氖、氦合计约 0.94%) 和含量逐渐增加的 CO_2。这种温室气体含量增加的主因是化石燃料的大量燃烧和陆地植被的严重破坏 (主要是热带雨林的砍伐)，CO_2 的浓度现在已经超过了 0.04%(体积含量)，比工业革命前增加了 40%。

除此之外，大气还包含浓度不太稳定的水蒸气以及自然过程和人类活动中产生的一些微量气体。这个微量气体的种类很多：包括氮氧化合物 (NO、NO_2 和 N_2O)，其主要来源于燃烧 (化石燃料燃烧、木材的燃烧和森林、草原焚烧) 和照明、细菌的新陈代谢；包括硫的氧化物 (SO_2 和 SO_3)，主要来源于煤炭的燃烧、水煤气制造、冶金和火山喷发；也包括 H_2S，主要来源于动植物尸体的腐烂和火山喷发；还包括 NH_3，来源于牲畜粪便、有机肥料和无机肥料的挥发；还包括 C_2H_6S，来源于海藻的新陈代谢。

但是，当地球上不存在生命体时，影响大气稳态组成最大偏差的气体是甲烷 (CH_4)。甲烷是最简单的碳氢化合物，其分子仅仅由碳原子和氢原子组成。甲烷是通过一些细菌在严格厌氧条件下分解某些有机物产生的，这些细菌包括甲烷杆菌属、甲烷球菌属、甲烷八叠球菌属和甲烷热霉菌属等。虽然天然气占据大气中的 0.000179%，但其含量比无生命活动条件下的地球高出 29 个数量级 (Lovelock 和 Margulis，1974)。比那时影响大气稳定组成第二大偏差的氨气 (NH_3) 还要高 27 个数量级。

甲烷分子产生于厌氧环境中 (主要在沼泽地带)，甲烷的释放过程已持续 30 亿年。与其他新陈代谢过程一样，甲烷的产生也与其所处环境的温度息息相关。现有研究表明，温度对其产生的影响比对植物光合作用或者呼吸作用影响更大 (Yvon-Durocher 等，2014)；当温度由 0℃升高到 30℃时，甲烷细菌增加了 57 倍，相应地，甲烷释放量也大量增加。不断升高的 CH_4：CO_2 比例对于未来的全球变暖与碳循环有着重要的影响。

最终，自由生存的甲烷生成菌会与寄生在消化道 (扩大的后肠隔室) 中的古生菌 (包括千足虫、白蚁、蟑螂、金龟子等) 结合在一起 (Brune，2010)，热带白蚁就是最常见的无脊椎甲烷生成菌。尽管大多数脊椎动物也能产生甲烷 (通过共生在肠道内的厌氧原生动物能产生甲烷)，但是他们对甲烷的贡献呈双峰式分布，且不受饮食的影响。只有少数动物是中等量甲烷释放者，现已研究的动物种类不足一半 (包括食虫蝙蝠和草食大熊猫) 几乎不能产生甲烷；但灵长类动物属于甲醛高排放群体，例如大象、马和鳄鱼等。

截至目前，甲烷排放的最大贡献来自反刍动物，比如牛、羊和山羊等 (Hackstein 和 van Alen，2010)。土壤里的产甲烷菌与大气之间的氧化作用可以产生水和二氧化碳，是甲烷主要的生物成因，并随时释放至大气中。因此，大气中的甲烷浓度一直保持在一个相对稳定的非平衡状态。在人类开始利用天然气作为燃料之前，甲烷的排放已经持续了数千年：大气中的甲烷浓度在亚洲水稻种植蓬勃发展时期开始首次上升 (Ruddiman，2005；图 1.1)。

图 1.1　稻田里的产甲烷菌（图为中国云南省的梯田）为甲烷最大来源。图片来源于
http：//upload.wikimedia.org/wikipedia/commons/7/70/Terrace field yunnan china denoised.jpg. . Wikipedia Commons

几百年前，人类就已经发现了沼泽地和湖底常常冒气泡这些奇怪的现象。这些现象被 18 世纪一些著名的探险家 Benjamin Franklin，Joseph Priestley 和 Alessandro Volta 所记录。1777 年，在 Lago di Maggiore 发现气泡后，Alessandro Volta 出版了《当地沼气快报》(Lettere sull Aria inflammabile native delle Paludi)。在该书中简要地描述了在沼泽地里有气泡冒出这个现象。两年后 Volta 分离出了甲烷，最简单的烃分子，也是第一种符合 C_nH_{2n+2} 这个化学定律的化合物。1866 年 8 月，Wilhelm von Hofmann 制定了关于碳氢化合物的系统命名法，这个命名法就是大家熟知的烯烃 C_nH_{2n} 和烷烃 C_nH_{2n+2}。

第二种烷烃就是 C_2H_6，第三种是 C_3H_8。那种被称为天然气、储藏在地壳最上部的不同储层的化石燃料就是这三类烷烃的混合物，其中甲烷占主导（有时其质量超过了 95%），特殊情况下会低于 75%(质量含量)；C_2H_6 含量为 2% ～ 7%，C_3H_8 含量为 0.1% ～ 1.3%，有时还含有少量的 C_4H_{10} 和 C_5H_{12}。C_2—C_5 的混合物（有时含有微量的重组分）称为凝析气；而丙烷和丁烷常被混合在一起销售（装在压力容器内），我们称之为液化石油气。

天然气形成过程具有多样性，部分天然气还含有少量的 CO_2、H_2S、N_2、稀有气体氦和水蒸气。但是天然气生产出来后必须要进行净化，然后才能输送给用户，这是为了避免天然气中的部分组分在管道中液化和腐蚀管道。天然气处理厂分离出了很多重质组分，这些组分在地面温度和压力条件下会液化，这些液化出来的部分在市场上销售，称为天然气凝液 (LNG)，对石化行业非常有价值，有些甚至是可运输的燃料；在天然气处理的同时也分离出了 H_2S、CO_2、水蒸气、N_2 和 He 组分（详见第 3 章）。

当使用不同准则去评判其价值和影响时，没有一种能源是完美无缺的。在评判某种能源时，不仅需要评判燃料的热值、运输、储藏和利用效率，还要考虑其来源、环保、用途、温室气体排放、供应的持久和可靠性。

与其他主要的替代能源（如木材、煤炭）相比时，当使用第一条评分准则时，天然气得分就不太高，其燃烧热值明显低于固体和液体燃料；但考虑其他准则时，天然气的得分就会超过大部分能源。甲烷在 0℃ 时密度为 0.718kg/m³，25℃ 时为空气密度的 55%(1.184kg/m³)。液体燃料的密度一般是天然气的千倍以上，例如汽油密度为 745kg/m³，煤炭的密度通常在 1200～1400kg/m³ 之间；甲烷被液化 (温度降至 –162℃) 后，其密度达到了一般液体燃料的密度值 (428kg/m³)，该密度值跟很多木材相近，例如杉木、雪松、云杉松木。

　　能源密度包含低热值 (LHV) 和高热值 (HHV)。低热值指的是含有氢的燃料，他们燃烧后生成水蒸气，这些水蒸气如保持气态，则此时放出的热量称为低热值。低热值要比高热值低，这是因为高热值是指燃烧后生产的水蒸气以凝结水状态放出热量。单位体积的甲烷高热值为 37.7MJ/m³，低热值为 33.9MJ/m³，两者相差 10%。然而实际上不同气田产出天然气的高热值是不同的；荷兰格罗宁根气田产出的天然气是 33.3MJ/m³，而阿尔及利亚 Hasi R'Mel 气田产出的天然气是 42MJ/m³。同样，这些气体的高热值比液体燃料都要低：汽油高热值为 35GJ/m³，轻烃 (50MJ/kg，0.428kg/l) 高热值为 21.4GJ/m³，一般为天然气高热值 (35～36MJ/m³) 的 600 倍。

　　虽然甲烷的燃烧热值低，但其具有储量大、成本低、容易输送的优点。为了保证用户能顺利用上天然气，需要压缩机来增压输送，尽管初期建设管道和压气站成本比较高，一旦管线和压气站建设完工，距离就不是问题了。西伯利亚超级气田的天然气可以通过天然气管网输送到欧洲西部，甚至还可以向西延伸 5000km，中国的西气东输三线工程西起新疆霍尔果斯首站，东到广东省韶关末站，全长 4800km，8 条主要支线加起来总长度达到 9100km。更重要的是，管道运输单位体积天然气成本是比较低的，但比电网输送电能成本稍高。由于技术限制，一条电网线路最多输送 2～3GW 电能，而一条天然气管线则可以输送 10～25GW 的能量 (IGU，2012)。

　　浅海海底管道铺设技术已经成熟，比较著名的海底铺设管道工程就是 Nord Stream 工程。在 2010 年与 2012 年之间，建设了两条长度为 1224km 的海底平行管道，连接俄罗斯和德国 (从圣彼得堡北部的维堡到格顿夫斯瓦尔德附近的卢布明)，两条管道的年输送能力达到 55Gm³。为了避免管道穿越乌克兰和白俄罗斯，这两条管道铺设在波罗的海的海底直达欧洲 (Nord Stream，2014)。铺设深海管道就另当别论。甲烷的低热值决定了不可能在常温常压下用船舶运输，最经济的方法还是把天然气液化，然后装在超级轮船上隔热的储罐里进行运输，但其运输成本仍然高于管道运输，详细的经济评价见第 5 章；同样，甲烷的低热值也不利于用作交通工具的燃料。总之，输送天然气最经济的方式是通过管道增压输送或者液化运输 (详情见第 7 章)。

　　当在锅炉中燃烧时，天然气的利用效率评判标准就是炉内温度的高低。如果在燃气轮机里燃烧，其利用效率就更高；燃气轮机是目前市场上燃烧效率最高的装置，若和蒸汽轮机结合，其燃烧效率将大大提高。当在燃气轮机里燃烧时，产生的温度可达到 480～600℃，可以用来汽化水，被汽化的水可以推动蒸汽轮机 (Kehlhofer，Rukes 和 Hannemann，2009)；联合循环发电装置 (CCPP) 可以获得高达 60% 的能源利用效率，这个值远超过任何一种其他的燃烧模式 (图 1.2)。如今燃气壁挂炉为北美千千万万个家庭提供暖气，入户天然气的 95%～97% 被燃烧，燃烧产生的热量通过风扇或者地面出风口进入家里，这个比例没有太大的提升空间。

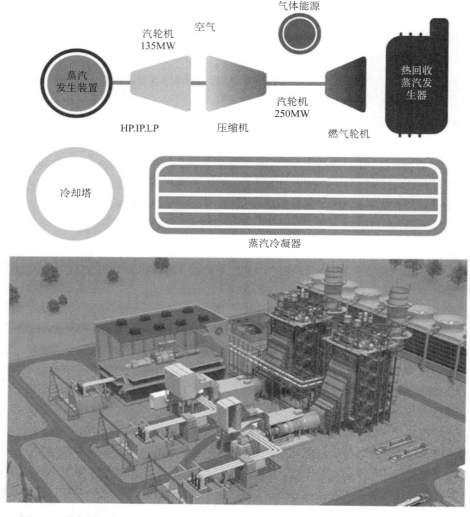

图1.2　联合循环发电装置：通用公司的能量传递装置(转载于美国通用电器公司)

天然气使用的便利性不言而喻。使用天然气时居民唯一需要做的就是安装一个温控器去设置想要的温度。有了程序化的温控器，温度调节可以非常精确，不管每天或者每周室外温度的变化；只需要确保壁挂炉每年检查和清洗一次。现在壁挂炉和燃气灶都用电子打火，取代了以前用明火点火的方式；自动点火，只需要旋转旋钮到预定位置而不需要去调节进气阀的开关来控制火的大小，等待几秒钟，然后旋转旋钮可以获得想要的火力。

安全可靠的集输、储量大、电子控制的自动燃烧的壁挂炉(简易温控方式)、较低的环境影响，这些优势意味着21世纪天然气对居住人口较多的大城市(居住了全世界大部分人口)是一种较理想的能源。Ausubel 2003年就曾说到，对于能源密集消耗区域，最完美的布局就是形成一个网状布局，消耗和供给几乎没有波动；除了电之外，天然气是唯一能形成网状布局且可以直接利用的能源。

就使用清洁度方面而言，电能是唯一具有这种优势的能源。燃烧纯甲烷，或者甲烷和乙烷的混合物，生成物只有水和 CO_2（$CH_4+2O_2 \longrightarrow 2H_2O+CO_2$），不会释放酸性气体如 SO_2（前面提到过，H_2S 在输送前已经从天然气里分离出来了）。然而燃烧煤或者原油会释放大量的 SO_2，更严重的是，燃烧煤炭将会产生大量的粉尘颗粒（直径小于 $10\,\mu m$），燃烧液体燃料会产生更小的颗粒物（直径小于 $2.5\mu m$，PM2.5）。相比于固体或者液体燃料，天然气释放的固体颗粒物几乎可以忽略不计。

同样，发电厂用天然气发电也是个较好的选择。煤炭发电仍然是全球热力发电的主要方式，甚至不惜成本对污染进行有效控制（静电滤尘器能过滤到锅炉里粉煤灰燃烧时产生的 99% 的粉尘，烟气脱硫技术脱掉了煤炭中有机硫或无机硫氧化产生的 80% 的硫化物），但是其排放的 PM2.5、PM10 和 SO_2 往往是天然气的 1000 倍以上（TNO，2007）。

除了航空，没有一种能源的便利性比得上电能。电可以用来取暖、照明、做饭、制冷等；在工厂里为加工提供热能，驱动各种动力装置和机械；推动车辆、火车和船舶；冶炼各种金属（电弧炉和各种电化学反应）。天然气跟电能一样不能用在航空上，但是也有较大的灵活性，从家喻户晓的空间取暖到做饭、发电、氮肥工厂里驱动压缩机、驱动液化天然气 (LNG) 船舶（详见第 4 章）。

随着全球气候变化和全球变暖趋势成为关注热点，是否会排放加剧温室效应的气体成为评判一种能源可取性的关键准则。在这点上，天然气的优势至今无与伦比，原因在于相比于燃烧煤炭、液体能源和生物燃料（木材、木炭、作物的茎秆），天然气产生的单位有效能量所排放的 CO_2 更少。按产生 1GJ 能量释放的 CO_2 质量对比，从大到小排序依次为：固体生物燃料要释放 110kg，煤炭 95kg，重质油 77kg，柴油 75kg，汽油 70kg，天然气 56kg(Climate Registry，2013)。再者，煤炭发电还会大量产生另外两种温室气体，数量是燃烧甲烷的 10 倍；每发一度电，其释放的 N_2O 是甲烷的 20 倍以上（详见第 7 章）。

对供应可靠性的担忧可以说是杞人忧天。居住在北方城市的居民从来没想过天然气供应会中断，因为这种情况极少出现。有时候因为管网故障会出现短暂的供应问题，但是这种情况极少发生，在大多数情况下管道爆炸是可以避免的。据报道，2014 年 3 月 12 日纽约东哈莱咽区发生天然气爆炸，事故将两栋建筑夷为平地，造成 7 人死亡，超过 60 人受伤，这是一起典型的可避免的事故。一些居民事后回忆，事故发生几天前他们就闻到了奇怪的气味 (Slattery 和 Hutchinson，2014)，这种气味实际上就是丁硫醇 ($C_4H_{10}S$) 所致，天然气中加入丁硫醇就是为了当无色无味的天然气泄漏时让人及时发觉，人类可以从几十亿种味道中嗅出 10 种臭鼬样的气味。

此外，也不太需要考虑全球供应的可靠性。最著名的切断天然气供应事件发生在 2009 年 9 月，由于乌克兰迟迟未能偿还购买俄罗斯天然气的债务 (Daly，2009)，俄罗斯天然气工业股份公司切断了向乌克兰输送天然气的供应（同时影响了欧洲多国用气，因为这些国家天然气必须依靠经乌克兰的天然气管道），天然气供应终止了 13 天后最终恢复了供气。但是在 2014 年 3 月，新的乌克兰债务问题又像 2009 年一样出现，尽管俄罗斯天然气工业股份公司强调东欧国家将不会受此影响。另外一次天然气出口险些中断（由于当时俄罗斯吞并克里米亚，并参与了东乌克兰内战），幸亏在 2014 年 10 月最终达成了协议，扭转了局势。但是这是特殊情况，虽然时有发生，但这种威胁并不是天然气贸易的一种客观反映，只是在特殊情况下才发生（由于俄罗斯与其苏联时期的邻国的关系不稳定造成）。

供应的持久性跟天然气储量和经济开发天然气的技术水平息息相关，显然这些都不是问题。全球天然气储量丰富，储藏在地壳最表层的各类储层中；但是迄今为止，只有 3 种气态碳氢化合物进行了工业生产，那就是原油开采时的伴生气——全世界几乎各大油田都能见到；储层既产油又产气，有些以气顶的形式存在，有些溶解在原油中。区别是否为伴生气的标准，就是看气油比是否低于 $20000ft^3/bbl(350m^3/m^3)$。与之相对的是，产自气田的非伴生天然气。也就是说，这类储层产出的气油比高于前面提到的气油比。存在两类典型的非伴生气气藏：一类为湿气气藏，这类气藏以甲烷为主，但还含有大量的液态烃；另一类为干气气藏，其产出的天然气中 95% 是甲烷，只有少量的乙烷和其他烷烃。

以上 3 种常规能源占据了全球天然气市场，现在还有些国家在着手开采煤层气和页岩气，但是这类气体商业化还需要开采技术的进步。这些能源的储量都是估计的，但是就目前情况来看，它们的储量也能供好几代人使用。对可采储量最新评估表明，天然气将在 2050 年之后甚至 2070 年后达到峰值产量；另外一种观点认为，在过去的 30 年里 (1982—2012) 全球天然气消费量翻了 2.3 倍。但是全球天然气储采比几乎保持不变，在过去的 55 ~ 65 年里一直在小范围内波动，没有迹象表明将来会发生较大的变化。

简单的回顾展示了天然气是当前市场比较热门的能源之一，不仅仅是由于它集众多优势于一身，还由于其适合现有状况的基础设施，且现有技术能满足天然气的经济开采、集输及利用。本书简明系统地介绍了 21 世纪妨碍能源未来发展潜力的关键因素：有机成因、地壳岩石含油气浓度、全球分布；勘探、开发、处理及集输；被用来取暖、电厂发电和化工合成；用于提供热量、发电和作为化学合成的原材料；管网分布遍及全球；出口和贸易、商业用途的多样化；在能源转型中所扮演的角色及其开采对环境的影响。考虑到本书的篇幅，读者很容易发现本书在提出每种观点的同时也论证了得出的结论。本书试图深入浅出地叙述技术、环境、经济复杂性，对于非专业读者同样通俗易懂。读完本书，必将受益匪浅，而且将对现代能源的关键问题和其日益增加的重要性有深入而客观的了解。

2 天然气成因及分布

生物圈中的很多气体都是有机成因。就像前一章所说到的那样，假如地球生物全部灭绝，甲烷的含量将会数量级式降低，这就是一个最好的例子；其他由微生物新陈代谢所产生的气体包括 H_2、H_2S、CO、CO_2、NO、N_2O 和 NH_3；光合作用产生了大量的 O_2；所有的生物新陈代谢都产生 CO_2。但许多气体可以是无机成因的，如燃料不完全燃烧产生 CO，火山喷发液产生 CO、H_2S 和 SO_2，太平洋海底的地热液出口和地壳产出的流体里（如火山喷发带出的气体）也曾发现甲烷。

鉴于这些事实，不得不怀疑是否所有的甲烷气体或存在于地壳最上部的大部分甲烷是不是生物成因（由有机物质转化而产生），或者部分为非生物成因（不是生命体新陈代谢产生），这些显而易见的问题已经论述过了。对于天然气成因的争论早已列入烃类形成原因的研究范围，生物起源支持者和持不同意见者认为，非生物起源更能解释为什么大量的天然气储集在地球最上部地壳里。

对全球天然气分布进行系统回顾和窥探全球能源富集国家和世界著名的天然气田之前，将在本章第一部分详细叙述这个争论；在本章的最后，将评估人类对世界天然气看法的心路历程（不能用满意来一概而论）和天然气藏重大发现的进展（这方面的评价虽不是太好，但深刻揭示了天然气开采的现状及经济效益）。

2.1 有机成因说

普遍认为，天然气是由在地层中或者在页岩（一种烃源岩）中的有机物质（干酪根）在热分解（温度 150 ~ 200℃ 或者更高）作用下形成的，但是油气的生物起源不像煤炭那么明显。煤炭里发现了已石化的石炭纪 (3.6 亿 ~ 2.86 亿年前) 的或者前第四纪的树干和一些树叶的痕迹（褐煤形成年代都不超过 1000 万年）。然而煤是光合作用生物大部分的石化产物，油气来源于光合作用生物，如单细胞浮游生物蓝藻（光合细菌被称为蓝藻）和硅藻（包括封闭在硅质细胞壁内的单细胞硅藻和多细胞硅藻），或者来源于死去的浮游生物（主要包括孔虫、变形虫）；除此之外，还有被带到海洋和湖泊的海藻。无脊椎动物和鱼类也对油气的形成有贡献。

有机质转变为油藏不可能一蹴而就。石油来源于沉积有机质（碳水化合物、蛋白质和脂类），沉积物中的部分有机质在微生物的作用下直接被分解，而残余的有机质接着要经历漫长的地热作用。整个过程以生物遗体在海岸线或者湖底逐渐积累为起点，接着耗氧微生物降解这些生物体并释放 CO_2，然后通过厌氧发酵释放甲烷和 H_2S，这些有机质在厌氧环境下被压实，产生一种高分子聚合物——干酪根。这些一般有机溶剂不能溶解的干酪根来源于不同物质，主要来源于湖相沉积的海藻、海相沉积的海藻和浮游生物、或来源于更高的陆生植物。它们的质量占到了页岩和石灰岩的 10%，而这两类岩石为烃源岩。干酪根的形成速度和最终含量与这些有机质缩聚、破坏和稀释速度有关。

在高温高压的沉积环境下，干酪根会发生分子重组，包括脱去一些官能团、C 键断裂。这个过程就像炼油中的裂解过程：分子链断裂，干酪根开始降解，伴随着沥青的生成。这个转变过程形成了最早阶段的沥青质（黑色，黏度大，不能点燃的有机物质），曾在澳大利亚皮尔巴拉地区页岩中发现了形成于 3.2 亿年前的焦沥青残留。沥青质继续裂解将产生轻烃，温度的逐渐升高标志着进入了上述过程的主要阶段 (McCarthy 等，2011)。

对于干酪根来说，它形成于地表附近低温低压的条件下，这种环境温度上限最多也就是 50℃，深度不超过 1km。在温度 65 ～ 150℃和沉积深度 2 ～ 4km 条件下，热裂解作用加剧，液态烃分子在 80 ～ 120℃条件下开始形成；在更高温度下，热裂解作用将生成分子质量更小的烷烃，气油比也逐渐增加，200℃下的裂解过程将会生成干气。最终，在 150 ～ 200℃条件下不断把干酪根转变为甲烷和非烃气体。Stolper 等 (2014) 用同位素方法，界定了形成气态烃的温度在 157 ～ 221℃之间（图 2.1）。

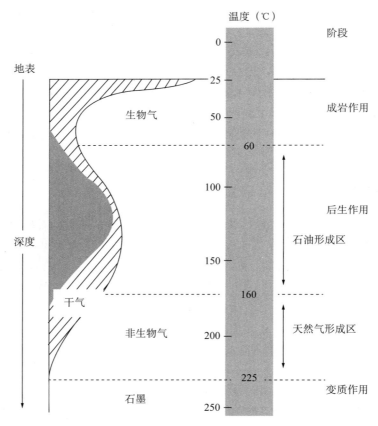

图 2.1　成岩作用、后生作用和变质作用

油气资源集中分布在石炭系—新近系，重油资源以白垩系 (14500 万～ 6500 万年前) 居多，轻油资源以侏罗系、三叠系 (超过 2.5 亿年) 居多，轻烃以二叠系或石炭系居多，因而形成了多类型油藏。有高黏沥青、不含任何石油气的稠油油藏，有烃类液相混合物和气相混合物的混合型油藏（从仅有少量溶解气的石油到油、气、液化石油气的混合物），有仅含

少许轻烃的纯甲烷气藏。

　　古生物碳物质转变为化石燃料这个漫长过程的效率可以进行量化（Dukes，2003）。在煤炭的形成过程中，高达 15% 的植物炭保留在泥炭里，高达 90% 的泥炭保留在煤炭里。现在露天煤矿最多可以开采出储量的 95%，这就意味着总碳回收率（可采出的碳占原始碳量的百分数）可以高达 13%；换句话说，有 8 个单位（通常范围为 5 ～ 20 个单位）的碳，最终开采出的煤炭中的碳只占一个单位。

　　相比之下，在湖泊或者海洋沉积环境下，能回收的碳效率更低，碳氢化合物的采收率很少能接近 50%。因此，保留在原油中的总碳回收率在 0.0001% ～ 1% 之间，通常这个比例为 0.01%。这意味着每 10000 单位的水生生物含的古碳，石油中能开采出的碳只占一个单位。由于有机质后生作用和有机质变生作用，即使采收率接近 80%，人类在开采天然气和轻烃过程中，还是只能从古生物和古动物产生的 12000 个单元的碳中开采出一个单元的碳。

　　俄国 19 世纪顶级化学家 Dmitri Ivanovich Mendeleev 断言，碳氢化合物是无机起源而不是有机起源。他提出的所谓俄罗斯—乌克兰无机成因说认为，深海环境下的石油与天然气的形成是无机起源。这个假说最先是在 20 世纪 50 年代提出来的，苏联和一些西方的地质学家（Kudryavtsev，1959；Simakov，1986；Glasby，2006）过去一直赞同这个假说。根据这个假说，低能量但高度被氧化的有机分子形成高能量但高度被还原的碳氢化合物这个过程是违反热力学第二定律的，但地幔的超高压环境就是能形成这种分子的最好解释。

　　Porfir'yev（1959，1974）同时也认为非生物成因说更能解释特大型油田形成的原因。若依据生物成因说，这类气田的形成需要富集巨量的有机质，这种解释难以让人信服。Jason F. Kenney（美国支持非无机成因者的学术带头人）及其俄罗斯的同事在《国家科学院学报（Proceedings of the National Academy of Sciences）》这本学术刊物上发表了一篇支持非有机成因说的综述性学术论文。在这篇论文中，展示了他们的实验成果：在模拟压力 50MPa 和 100km 地层深度下的温度（高达 1500℃）条件下，产生了石油流体（Kenney 等，2002）。

　　美国天体物理学家 Gold（1985，1993）提出了另外一种类似的无机成因说。他认为烃类在地球上生命体出现之前就已生成，氢元素和碳元素在地幔外部高温高压条件下经过化学作用能产生甲烷。在甲烷向地表运移过程中，在地壳的浅部地层随着温度压力的变化生成了石油烃类。如果这个理论是对的，可以得出两个影响深远的结论：从地幔生成的碳氢化合物储量应该远大于烃源岩所储集的储量；最有趣的结果就是，现有的油藏会被源源不断生成的石油和天然气充填（虽然速度很慢）（Mahfoud 和 Beck，1995；Gurney，1997）。

　　这些无机成因说引起的关注不会持续太长时间，始于 20 世纪 70 年代的 Russian-Ukrainian 假说在国外更加引人关注。大多数欧洲和北美的石油地质学家对这个假说简直是嗤之以鼻，他们不排除在自然界也有非生物起源的烃类，但是，具有工业价值的石油应当是有机成因的。这个观点被地质和地球化学证据所支持，最新的数理分析也从另一方面强有力地佐证了这个观点（Glasby，2006；Sephton 和 Hazen，2013），在此不得不列举一大堆科学事实对无机成因说进行批驳。

　　上地幔氧化作用太强以至于 H_2 和 CH_4 不能大量稳定存在，由甲烷形成的烃类应该（事实上不是)在板块与板块之间(断层或者板块会聚区域)富集,如今对流体运移的一些认识解释了令人费解的油气成因,从有机分子中提炼出了生物标志物(包括卟啉和脂质);同位素分析表明,烃类与丘陵和海洋植物的碳同位素比一致。Lollar 等 (2002) 通过同位素分析发现,有机成因和非有机成因分别形成的烃类的碳和氢截然不同,由于在如今已开采的油藏未发现合适的同位素标记物,排除了无机成因生成烷烃的可能性。

这并不排除在自然界也有非生物起源的烃类。具有工业价值的石油应当是有机成因的,Gold 可能过高估计了无机成因形成的甲烷。但他所推断的深部高温生物圈,如生活在深至地表以下几千米的地下细菌群,或者生活在深海海底的细菌群,这个看法是对的。刚开始这个观点普遍不被所大家接受,直到后来人类意外地发现了这样的生物 (Reith,2011)。Milkov 最近对西西伯利亚超级大气田成藏原因研究是一个说明烃类成因极好的例子。

西西伯利亚气田储量占全球天然气储量的 11%,产量占据全球天然气产量的 17%,但是上述成藏原因中没有一种(烃源岩的有机质热裂解产生、有机质被微生物分解产生、煤的原始有机质热裂解产生)与采出气的分子和同位素组成相符。Milkov 认为一部分浅层气(但是没量化)是产甲烷菌对石油的生物降解产物而不是热裂解的结果,这也说明了生烃史的复杂性。起源于干酪根富集的岩石里的烃类,通过微小孔缝运移出来,直至遇到致密地层不能再移动时为止,便在这些砂岩或裂缝中积聚起来。我们发现的油藏除了需要生油层、储层外,还必须有圈闭,且它们之间形成恰当的组合,才能形成油气藏。

2.2　天然气勘探

根据对天然气的勘探与评价,天然气分为常规天然气和非常规天然气两大类。一类开采相对较容易,另一类开采相对较复杂;因而开采成本较高或者没有工业价值,这是对天然气的最初分类。这个分类方法是按气藏有两类截然不同的生成理论而进行划分的。一般认为,最常见的气态烃类是石油气,就是溶解在原油中的气或油藏的气顶气。

世界最大的油田盖瓦尔油田,就是既能产油又能产气的一个很好的例子:年产原油 2.5×10^8t,同时年产天然气 210×10^8m³(Sorkhabi,2010)。1971 年,就在该油田投入开发 30 年后,一个埋藏在原石油储层下,埋深在 (3 ~ 4.3)km 之间的天然气藏又被发现。现该气藏年产天然气 400×10^8m³。其他中东的超级油田也盛产天然气。

盖瓦尔油田的石油和天然气储量比超过了 30,世界第二大油气田——大布尔干油田为 5,伊朗的 Aghajari 油田为 3,伊朗的第二大油田 Marun 油田小于 1.5。在北达科他州的威利斯顿盆地,通过水平井和压裂技术从 Bakken 油页岩开采出石油也有大量的伴生气采出。由于产量的快速增长和缺乏足够的天然气输送能力,天然气被直接烧掉,夜间卫星图像显示,燃烧的火光区域大小与明尼阿波利斯或丹佛这样的大都市差不多(见第 7 章)。在其他一些盆地,也相继发现了气藏和油藏:阿尔及利亚哈西鲁迈勒(发现于 1958 年)是大撒哈拉沙漠三叠系盆地的一部分,在该盆地的哈西迈萨乌德发现了特大型油田。

第二次世界大战后,随着天然气需求逐年增加,大直径管道建设使得天然气长距离输送和出口变得轻而易举。石油伴生气所占全球天然气消费市场份额开始降低,目前,世界大部分天然气产量来源于气藏。他们有的产纯甲烷气,如世界最大的天然气产区西西伯利亚盆地就是产纯甲烷气的最好例子（图 2.2），这些白垩纪气田（可以追溯到晚白垩纪 10.05 千万～ 93.9 千万年前）产出气成分主要包含 97.95% 的 CH_4、0.23% 的 C_2H_6、1.58% 的 N_2、0.24% 的 CO_2 以及微量的 He 和 Ar，仅有 0.019% 的 H_2，不含 H_2S(Milkov, 2010)。这个组分的产出气不需要任何处理净化就可直接进行管道输送。但最常见的是，除了甲烷，其他的烷烃（乙烷到戊烷）也占有很大的比重：前者，甲烷含量超过 85%，甚至超过 95%，被称为干气；当甲烷含量低于 85% 且混合物富含轻烃时，被称为湿气。

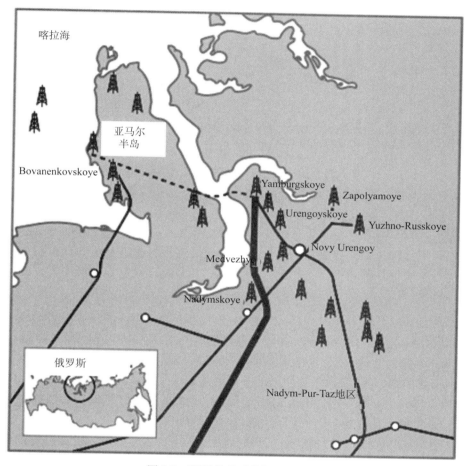

图 2.2　西西伯利亚的超级大气田

非常规天然气主要存在于四大类储层。第一类是页岩气，大量的气体以吸附或游离状态存在于页岩里，美国页岩气商业开发的快速发展被很多评论家认为是一场革命。第二类是致密砂岩气藏，指储层为致密砂岩的气藏，具有孔隙度低、渗透率比较低等特点。第三类为煤层气，即储集在煤层中易造成爆炸的瓦斯气；但是另一方面，煤层气也是一种清洁能源。第四类是天然气水合物，一种天然气与水的类冰状固态化合物，是在特定的低温和高压条件下，甲烷等气体分子天然地被封闭在水分子的扩大晶格中，形成似冰状固态水合物。

天然气水合物尚未进行大规模工业性开发。大部分天然气主产国仅开采了现有气藏种类的 1 ～ 2 类，目前美国各种天然气藏都在开采。统计数据显示了 4 种非常规天然气所占比重。2011 年，天然气产量的 43% 来源于常规气藏，21% 来源于油藏的伴生气，6% 来源于煤层气，30% 来自于页岩气和致密藏；就在 2007 年，致密气藏的产量低于煤层气的产量（美国能源情报署，2014a）。第 6 章将详细讲解非常规天然气；在这部分，将叙述到哪里去寻找常规天然气。

以干酪根聚集为起始的有机成藏原理有助于人们发现油气藏，寻找油气藏意味着首先需要寻找富含有机质的生油岩。其次，还得寻找具有一定孔隙度和渗透率的储层。由于构造或者地层原因，除了储层之外，还需要圈闭，能在恰当时机把油气封住。Magoon 和 Dow(1994) 研究了至少一大半生储盖组合，包含了石油形成的所有要素和过程，后来被称为总油气系统 (TPS)。

油气藏的形成需要所有地质要素及成藏要素：成熟的生油岩、复杂的碳氢演化、运移、储集在多孔介质，还需要不可渗透的盖层，能在恰当时机把油气封住，使其不至于散失、被细菌降解、挥发 (Magoon 和 Schmoker，2000；Peters，Schenk 和 Wygrala，2009)。这些过程都需要时间，因而天然气形成时间不可能只需要 1000 ～ 10 万年，超过一半的干酪根来自中—晚中生代，接近 1/3 的干酪根有 1 亿年的历史（形成于白垩纪中期），1/4 有 1.5 亿年的历史（晚侏罗系时期），剩下的大部分形成于晚泥盆世寒武纪 (3.60 亿～ 5.5 亿年前)。这就意味着形成天然气所需要氧化的碳至少形成于 1 亿年前。

石油和天然气不会在这些富集干酪根的岩石里被发现，原因就是这些有机质生成的油气会从烃源岩里运移出来，接着它们会向上运移至渗透性好的岩石里，这个过程是非常缓慢的，运移几千米往往需要上百万年的时间。大油气藏经常在这类储层中被发现，储层上有不可渗透的盖层，有了这个盖层，来源于较远（甚至 200km）的烃源岩的油气就会慢慢聚集，最终形成大油气藏。在绝大多数情况下，油气藏不像水库一样充满各个大洞穴，它们是具有一定渗透性和孔隙度的岩石，当钻井后，油气就会流入井眼，并向上流至地面。

油气藏类型千姿百态。有大的、厚的整装油藏，也有小的、薄的断块油藏，一半以上的储层为中生代储层，2/5 为新生代储层，有少部分是古生代储层，储层以碳酸盐岩和砂岩为主 (Slatt，2006)。一些世界较为著名的油气藏就是碳酸盐岩油气藏，它们通过碳酸根离子和钙离子的沉淀或者海洋生物的矿化沉积（主要为颗石藻和有孔虫）在浅海。石灰岩由方解石和文石组成，其成分都是碳酸钙，只是具有不同的晶体结构。白云岩由多孔白云石 $CaMg(CO_3)_2$ 组成。至于它们的年龄，许多世界上较大的油气藏，包括波斯湾、阿拉伯半岛和西得克萨斯，形成于白垩纪、侏罗系或二叠系，碳酸盐岩沉积发育在 0.66 亿～ 2.86 亿年前。

碎屑岩沉积储层（包括砂岩、粉砂岩和页岩）是泥沙和有机质被压实的产物，这个过程可在连绵不断的河流和辫状河流中出现，阿拉斯加北部海岸普拉德霍湾的三叠系砂岩的形成就是很好的例子。在中国有很多湖相沉积，中国西部内陆的柴达木盆地和准噶尔盆地就是典型的湖相沉积。中国最大的气田——苏里格气田位于鄂尔多斯盆地，是典型的致密砂岩气藏（发现于 2000 年），探明储量为 $1.7 \times 10^{12} m^3$，可采储量为 $9000 \times 10^8 m^3$，主要含气层为石炭系和二叠系三角洲沉积砂岩、上二叠统湖相沉积泥岩 (Yang 等，2008)。三角洲沉积和深海扇沉积储层蕴藏丰富的油气资源，如墨西哥湾的北部海湾油田、几内亚湾的尼日尔三角洲油田、奥里诺科河三角洲的特立尼达油田、里海南部的油气田。

孔隙度高的岩石可作为油气储集场所，或者通过后期改造的措施提高岩石的孔隙度。沉积岩的有效孔隙度 (岩石中互相连通的孔隙体积和岩石总体积之比) 通常在 10% ~ 20% 之间，极少数可超过 50%，8% 是常规油气藏最低标准；在美国，碳酸盐岩油气藏孔隙度在 1% ~ 35% 之间，石灰岩平均为 12%，白云岩平均为 10%(Schmoker，Krystinik 和 Halley，1985)。通过对已投入开发的 37000 个油藏统计发现，油藏埋藏深度和成藏时间有一定的相关性。埋藏越深，即油藏沉积历史越久远的油藏孔隙度就越差；形成年代相对较近的碎屑岩储层平均孔隙度超过了 20%，而早寒武系碳酸盐岩储层孔隙度大都低于 10%(Ehrenberg，Nadeau 和 Steen，2009)。

渗透率表征流体在多孔介质中渗流的能力，是沉积岩的一个特征参数。它主要由岩石粒度和多孔介质的性质所决定，国内外普遍采用的渗透率单位是达西 (D)。不可渗透的油藏盖层 (NaCl，CaSO$_4$) 渗透率仅为 10^{-6} ~ 10^{-3}mD，相比之下，渗透性好的储层渗透率可以达到 1D；典型的储层渗透率一般在 10 ~ 100mD 之间，但有一些油藏呈现非均质性；层间、不同区域的同一储层渗透率可能不一样。

盖层是指位于储层之上能够封隔储层使其中的油气免于向上逸散的保护层，可分为：区域盖层 (面积大、分布广，由地壳变形形成) 和局部盖层 (通常较小，由渗透性非常差的岩石挤压或者地质突变而形成) 两类。盖层必须是不可渗透的岩层背斜，上拱的褶皱构造，是迄今为止最重要的油气圈闭，80% 世界较大的油气藏为背斜油气藏 (图 2.3)；最优的圈闭为膏盐岩形成的背斜构造，除此之外，石膏和 CaSO$_4$·2H$_2$O 也是质量较好的盖层。

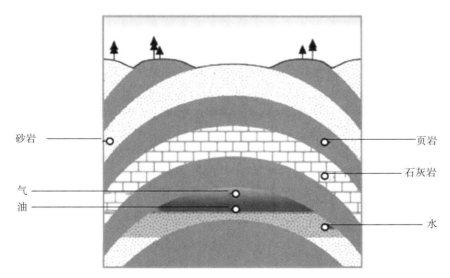

图 2.3　背斜油气藏

最大的背斜构造在板块聚集带挤压作用下形成，伊朗的扎格罗斯褶皱带就是最典型的例子。在世界超级大气田里，包括西西伯利亚乌连戈伊气田、科威特 al-Burqān 气田、苏门答腊印尼米拉斯气田、土库曼斯坦的 Shatlyk 气田、阿拉斯加的普拉德霍湾以及卡塔尔和伊朗之间的北隆起、南帕尔斯气田的几个产层，北海油气田，这些既能产油又能产气的油田；如英国布伦特 (发现于 1971 年)、挪威埃科菲斯克 (1969) 和 Statfjord(1974) 都是砂岩背斜构造；除了这些，发现于 1979 年的 Troll 油气田，在井深 1400m 的地层储集着可采储量为 $1300 \times 10^8 m^3$ 的天然气。

基于这些油气生成条件，对世界最大的 4 个气田的准确描述可这样说：世界最大的天然气富集带在卡塔尔和伊朗之间的波斯湾的北隆起 / 南帕尔斯 (发现于 1971 年)，是一个二叠系—三叠系碳酸盐岩背斜油气藏。埋藏在海平面 2900m 以下，储层厚度达 200m，孔隙度为 9.5%，渗透率为 300mD，可采储量至少为 $(22 \sim 24) \times 10^{12} m^3$。生油层最有可能为志留系页岩，储油层主要发育有两套 (Upper Dalan 和 Kangan)，厚度为 200m，储层深度为海平面下 2.9km，孔隙度为 10%，渗透率为 300mD(Esrafili-Dizaji 等，2013)。该气藏为异常高压气藏，且 H_2S 和 CO_2 含量高。

世界第二大气田是位于南土库曼斯坦阿姆河盆地的 Galkynysh 气田，发现于 2006 年，由一群 (South Yolotan，Osman，Minara 和 Yashlar) 背斜气藏组成。前两者和西西伯利亚乌连戈伊盆地 (发现于 1966 年) 为白垩系砂岩背斜气藏，气层厚度为 70m，埋深在 1 ~ 3.1km 之间，孔隙度在 14% ~ 20% 之间，渗透率为 7 ~ 170mD(Milkov，2010；Li，2011)，它的生油岩为上侏罗统巴热诺夫页岩 (同时也含有致密气)，这些盆地的气田群产出气几乎为纯甲烷，不含 H_2S。

欧洲最大的陆上油田——格罗宁根油田，发现于 1959 年，位于荷兰北部的斯罗赫特伦附近；是一个二叠系砂岩油藏，也是一个隆起带圈闭和断陷圈闭，储层厚度 160m，埋深为 2.7 ~ 3.6km，孔隙度 15% ~ 20%，渗透率跨越了 4 个数量级，在 1 ~ 3000mD 之间 (Li，2011)。它的生油岩为石炭系页岩，埋藏历史达 3 亿年。美国最大的气田是位于得克萨斯、俄克拉何马、堪萨斯的 Hugoton Panhandle 气田，发现于 1918 年，是一个庞大 (面积约为 $24600 km^2$) 的发育多类储层的气田；储层包括碳酸盐岩、白云岩、石灰岩，是一个复杂而巨大的岩性圈闭。其最理想的烃源岩为上泥盆统页岩 (有 3.5 亿年历史)，储层厚度 170m，埋深 1 ~ 3.1km，平均孔隙度 9.2%，渗透率 0.0001 ~ 2690mD(模态价值分析仅为 7%)。该气藏为异常低压气藏，产出气成分也各不相同 (Sorenson，2005；Dubois 等，2006)。

美国地质调查局评估了世界所有油气藏后，对 5 个最大的总油气系统按天然气储量进行了排序。排名第一的是北西伯利亚中生代含油气系统，包括 Urengoy、Yamburg 和 Bovanenkovo 等气田，总储量为 $32 \times 10^{12} m^3$。排名第二的为扎格罗斯—美索不达米亚白垩系—新近系总油气系统 (总储量为 $14 \times 10^{12} m^3$，包括北隆起和南帕尔斯气田)；排名第三的为志留系 Qusaiba(储量 $13 \times 10^{12} m^3$)；第四为阿拉伯波斯湾盆地 Tuwaiq/Hanifa(储量接近 $8 \times 10^{12} m^3$)，第五为阿姆河白垩系—侏罗系总油气系统 (储量 $6.5 \times 10^{12} m^3$)，包括 Shalyk 气田 (Ulmishek，2004)。后来发现了 Galkynysh 气田群后，上述排名发生变化，阿姆河含油气系统排名上升至第二。对 Galkynysh 气田储量的每一次评估，都比上一次评估的要高。最近一次公开资料表明，该气田群地质储量达到了 $26.2 \times 10^{12} m^3$。美国地质调查局对阿姆河盆地未探明储量加以估计后，认为阿姆河天然气地质储量有 $52 \times 10^{12} m^3$(Klett 等，2011)，这个气田 2015 年天然气产量达到 $400 \times 10^8 m^3$。

在有些情况下,古近—新近系发生地质运动会将一些油气带到地表。在宾夕法尼亚西部,人们发现油气从岩石里渗出来,在中东的很多地方石油渗出地表形成了油池。而天然气从岩石渗出来可以听见嘶嘶声,人类发现的一些"永不熄灭的火炬"这类怪现象就是天然气渗出地表后燃烧所致,最著名的位于伊拉克北部(库尔德斯坦)。还有一个发现这类怪现象的较出名地点在北美(在弗吉尼亚州卡诺瓦河谷有火柱),它被视作乔治·华盛顿留下的精神财富的一部分:"这块土地被我和安德烈·刘易斯接管,我们自由的灵魂,就像这块土地所含的沥青一样,一旦点燃,就很难扑灭"(全部转载于 Upham,1851 年,第 385 页)。

最后,将用几段内容来讲述天然气藏的能量储存密度 (J/m^2)。甲烷的能量密度低于原油 3 个数量级,但是由于气层厚度较厚,大型气田的能量储存密度(每单位面积所含能量)与世界上大油田相近。南帕尔斯—北隆起油田位于波斯湾,是世界上最大的油气富集带,可采储量为 $35 \times 10^{12} m^3$(按地质储量 $51 \times 10^{12} m^3$ 的 70% 计算);同时这个气田还有 $80 \times 10^8 m^3$ 的轻烃储量(Esrafili-Dizaji 等,2013),这个加起来总能量达到 2.7ZJ(ZJ=10^{21} J)(含油气面积为 $9700 km^2$),这样计算能量储存密度为 $215 GJ/m^2$。

世界第二大气田——西西伯利亚 Urengoy 气田(地质储量为 $8.25 \times 10^{12} m^3$,可采储量为 $6.3 \times 10^{12} m^3$,面积为 $4700 km^2$)的能量储存密度为 $60 GJ/m^2$ 冻土带(Grace 和 Hart,1991);世界第三大气田——Yamburg 气田,位于北极圈北部的西柏林秋明地区,可采储量 $4 \times 10^{12} m^3$,能量储存密度为 $35 GJ/m^2$;Groningen 气田——欧洲最大的陆上气田,可采储量为 $2.8 \times 10^{12} m^3$,能量储存密度为 $110 GJ/m^2$(Nederlandse Aardolie Maatschappij,2009);Hugoton 气田,面积为 $22000 km^2$,从堪萨斯西南部延伸至俄克拉何马州和得克萨斯州,可采储量为 $2.3 \times 10^{12} m^3$,能量储存密度仅为 $4 GJ/m^2$。相比之下,世界最大的油藏能量储存密度在 $200 \sim 500 GJ/m^2$ 之间。

2.3 资源量与储量研究进展

如果不接受那个普遍的无机成因说(该学说认为:油气会绵延不断地得到补充,虽然速度非常的缓慢),那么就必须面对蕴藏在地壳上部地层中天然气的有限性问题。采掘各类矿产资源(包括所有的化石燃料),原始地质储量不可避免地会逐渐减少,但是几乎不会导致被开采资源事实上的耗尽。为了阐明这个基本的事实,有必要澄清开采过程中涉及的基本概念。有几个国家已经提出了不同的储量—资源分级方法,美国标准的分类方案是由美国地质调查局提出的(麦凯维,1973;表 2.1)。

在美国,所有上市公司每年必须向美国证交会提交天然气总储量,虽然这些数字有点保守。但是很多石油输出国组织的油气储量有些夸大;资源量是有,但探明储量要小得多。这种不确切性对伊朗这样的情况尤其重要(Osgouei 和 Sorgun,2012)。俄罗斯对油气储量的分类还是沿用原苏联的方法,该方法是无法直接与西方国家比较的,其报告完全依赖于对地质参数的分析,而不是从经济上评估是否可采出,但是它的前 3 类天然气储量(A,B 和 C1)被认为是完全可采出的储量(Novatek,2014a)。

表 2.1 麦凯维黑箱子理论

累计产量	发现的资源				未发现的资源
	证实的		推断的		可能的范围
	测试的	显示的			假定推测
经济的	储量		推断储量		
边际经济的	边际储量		推断的边际储量		
次经济的	证实的次经济资源量		推断的次经济资源量		
其他情况	包括非常规和低品质资源				

为了弄清楚美国的资源分类方案,将其类比为一个黑箱子。我们将开始探索这个黑箱子内的东西,然后拿走这些东西。这个黑箱子类似于资源:其最终的规模是未知的,但关于其体积或质量的预测是可以进行的。进入箱子的第一批参与者以及首批对其物品的研究,往往能得到很普通的结论:箱子的空间很大,而寻找目标的灯光较微弱(最初没有复杂的地球物理勘探技术,受钻井技术限制,钻井深度有限),但是能感受到那儿有什么。这就类似于评估某种特定的资源,即蕴藏在地下的固态、液态或气态能源的一部分是经济可采被认为是可行的,只是现在经济可采还是将来技术手段成熟后经济可采的问题。在一些情况下,寻找目标的灯光会碰巧照到一些大的、非常有价值的东西(早期发现的大型油气田),这些将会被及时开发。

更确切地说,资源可以细分为经济类(容易开采的)、边际经济类和次经济类。基于这类资源量的大小,可以开始做一些对未探明储量的估计,虽然超出可探明的范围,但是合理假定的。另外,详细地研究可开采资源可将它们从次经济、边际经济类移到经济资源类。经济储量又可细分为证实的储量(测试的和显示的)和更加不确定的推断储量。在其他资源分类方法中,与测试储量和显示储量对应的常用名称是探明储量和概算储量。

如果要将资源的一部分划分为经济储量,仅仅发现它以及弄清它的规模(首先通过遥感测量,然后再进行详细的现场地球物理评价)是不够的。需要通过钻探井的方式探测该资源足够的细节,目的是为了确定将来开采需要用到哪些技术,开发这个油藏需要的投资预算和输送至市场将要建设什么基础设施。因此,储量并不是一个给定的自然类别,而是一个数量;它是通过科学、技术、管理手段从资源量中推导出来的。人类的聪明才智不断地将越来越多的自然资源转化为经济可采储量。

储采比的变化能更好地说明这个过程。储采比以年表示,是指一个油气田在某年剩余可采储量与当年年产量的比值。显而易见的是,没有一定的资金投资到勘探开发之中将导致很高的储采比(大于 25);相反的,如果一个油田的储采比不保持在高于一个最小值(至少为 10)之上,将不会投入开发。在任何情况下(常常与让人误解的相反),低的或者下降的储采比不是资源即将枯竭的必然象征,美国天然气长期的储采比趋势就说明了这个事实。从 20 世纪 20 年代末到 40 年代末,储采比由 20 上升到 40(虽有波动);到 1970 年,急剧地下降至 15;随后一个温和地下降,将之带到仅为 10,在 20 世纪 90 年代;到 2012 年,又缓慢地回升至 12.5。

这意味着这个比值 40 多年一直保持相对稳定。然而美国天然气产量首先在 1970—1987 年间下降了大约 20%；然后产量逐渐增加，到 2011 年产量比 1970 年增加了 10%。因此，这个比值主要告诉我们把资源转化为储量的经济和技术能力，而不是预示着即将到来的产量峰值或者资源临近枯竭。当油价低时，投资减少，储采比就会降低；在非常规资源的投入增长将增加资源基础，新增储量也将讯速增加，储采比也会增加。回顾一些历史数据，世界主要产气国的 2000 年和 2012 年的储采比（所有数值均四舍五入）分别是：美国为 9 和 13；加拿大为 11 和 13；挪威为 23 和 18；俄罗斯为 83 和 55；阿尔及利亚为 55 和 55；澳大利亚为 41 和 77；全球平均为 62 和 56(BP，2014)。

在天然气工业的最初几十年内，美国天然气储量占据着全球储量的主导地位。1919 年，美国储量为 $4240 \times 10^8 m^3$，到了 1950 年，储量高出了 4 个数量级达到 $5.5 \times 10^{12} m^3$；到了 1970 年，储量达到峰值 $8.2 \times 10^{12} m^3$，到 1994 年，储量下降到不足 $4.6 \times 10^{12} m^3$；90 年代的最后几年里，储量增加缓慢，但是页岩气革命推动了储量的快速增长。2005 年，又达到了 $5.8 \times 10^{12} m^3$，到 2012，达到了 $8.5 \times 10^{12} m^3$。1950 年，美国天然气可采储量超过全球的一半（$10 \times 10^{12} m^3$）；到了 1960 年，北美天然气储量仍在世界拔得头筹，占比达到 40%；但是在 20 世纪 60 年代，它被快速稳定增长的伊朗超越，且只占苏联发现储量的一小部分。

这些大气田位于巨大的西西伯利亚盆地西部，面积有 $220 \times 10^4 km^2$，大部分在 Ob 河流入北冰洋入口处以东 (Gazprom，2014)。首先，在 1962 年发现了 Taz 气田，4 年后又发现了 Urengoy 气田，当时是世界最大的气田，当时预计可采储量达到 $9.5 \times 10^{12} m^3$(Grace 和 Hart，1991)；这个盆地的第二大气田 Yamburg 气田（最初估计有 $4.7 \times 10^{12} m^3$）在 1969 年被发现；加上另外 3 个大气田，即 Zapolyarnoye($2.3 \times 10^{12} m^3$，1965)；Bovanenkovo($5 \times 10^{12} m^3$，1971) 和 Medvezhye($2.4 \times 10^{12} m^3$，1967)，这个气田群造就了除波斯湾以外世界上最大的天然气富集带（图 2.2）。到 1990 年（苏联解体的前一年）苏联天然气储量占全世界总储量的 30%；1991 年，官方公布的数据显示，储量增加到约 $45 \times 10^{12} m^3$；到了 2012 年，俄罗斯天然气储量为 $55 \times 10^{12} m^3$，占了全世界总量的 29%，但是俄罗斯的总量又一次被伊朗超越，该国前 21 世纪的前 12 年探明储量增加了 30%。

目前，伊朗拥有全世界最大的气田。该气田位于波斯湾，伊朗和卡塔尔交界处，储量占全世界已探明储量的 20%。卡塔尔部分（北隆起，al-Idd al-Sharqi）在 1971 年就已发现。伊朗部分是该气田的北部延伸，在其领土水域内的南帕尔斯气田，勘探工作仅在 1990 年才开始（图 2.4）。虽然伊朗开发的南帕尔斯气田面积仅占该气田的 40%(该气田总面积为 $9700km^2$)，但是伊朗部分拥有的储量占该气田总探明储量的 70%，约有 $25.5 \times 10^{12} m^3$。该气田总可采储量为 $35.7 \times 10^{12} m^3$(Esrafili—Dizaj2013)。该气田总探明地质储量有 $51 \times 10^{12} m^3$，意味着采收率可达 70%，气田同时还有 $190 \times 10^8 bbl(26 \times 10^8 t)$ 凝析油储量，储层埋深在 1km 左右，发育有三套储层。

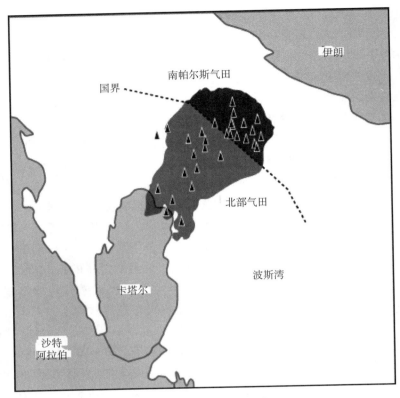

图 2.4　北隆起/南帕尔斯气田

　　油气田的规模差异较大，从 19 世纪 50 年代以来，发现了接近 20000 个油气田。但截至 2012 年，发现的 1087 个特大型油气田的储量总和，就占了世界探明储量和概算储量的 70%(Bai and Xu，2014)。特大型油气田定义为：含有至少 5×10^8bbl 油当量 (Halbouty，2001)，这意味着可采原油当量为 7000×10^4m^3，可以是黑油、轻烃、天然气、非伴生气的混合物 (7.2bbl/t，42GJ/t 等同于 3EJ 或 850×10^8m^3 天然气)。Mann，Gahagan 和 Gordon(2001) 归纳了 592 个储层的地质构造。对于常规天然气藏，排名前 10 的气田储量占了 2013 年全世界储量的 1/3，排名前 20 的气田总储量超过了全球天然气储量的 40%。

　　1960—2010 年间，天然气储量没有稳定增长的两个地区是北美和欧洲。北美储量规模于 1983 年达到最高，这个记录一直保持到 2011 年；欧洲的储量从 21 世纪初就一直下降。在 2010 年前的 50 年内，拉丁美洲的天然气储量翻了 5 倍；中东天然气储量增加了 15 倍，原苏联增加了 25 倍。因此，全球天然气储量从 1960 年的 19×10^{12}m^3 增加到 1980 年的 72×10^{12}m^3；到了 2000 年，储量达到 140×10^{12}m^3；到了 2010 年，储量超过了 177×10^{12}m^3；在 50 年里，全球天然气储量翻了 9 倍。与大多数资源一样，全球天然气分布也高度不均衡，仅 4 个国家 (伊朗约有 34×10^{12}m^3，俄罗斯约有 33×10^{12}m^3，卡塔尔有 25×10^{12}m^3，土库曼斯坦有 18×10^{12}m^3) 天然气的储量就占 2012 年全球总储量的 60%，比原油的分布还要集中。包括非常规油藏在内，4 个主要产油国 (委内瑞拉、沙特阿拉伯、加拿大和伊朗) 石油储量占了全世界的 56%(BP，2014a)。

了解天然气可采储量(误差在可接受的范围内,不超过25%)比了解原始地质储量更有价值。显然,油藏体积是有限的,但是确定其最终储量规模是一个极大的挑战。即使精确地知道这个油藏的体积(就像把探照灯的灯光照到这个黑箱子的最隐深处后),仍然不能确认最终可以采出多少储量、累计采出量、剩余储量和常规油藏储量的增量(该油藏的地质储量随着后期对该油藏的滚动勘探会趋于增加)和待发现的常规天然气量。

现有的技术水平和经济可行性决定了对油藏的认识程度。现在看来没法开采的,可能在未来的几十年随着技术的进步能够开采出来,美国页岩气产量的快速增长就是一个典型的例子。页岩气水平井压裂技术的进步使页岩气经济开采成为可能,但是在过去,这类非常规能源并没有列入能源评估的范围。这将在下面进行比较,在第6章里进行评价。

对气藏可采储量的合理评估将为油气生产商结合当地、地区或者国家实际情况做出长远规划提供参考,同时也可以使人们更好地评估全球能源供应前景。第一次对全球天然气可采储量的评估是通过对原油可采储量的粗略乘法得到的。半个世纪前,这样粗略的计算得到天然气可采储量至少为$216 \times 10^{12} m^3$,到了20世纪70年代中期,最可能的估算是$280 \times 10^{12} m^3$(Hubbert,1978)。10年后,美国地质调查局估计为$260 \times 10^{12} m^3$。后来美国地质调查局定期进行评估,基于171个地质区块数据分析得出天然气可采储量在1990年更新为$295 \times 10^{12} m^3$;到了2000年,数据更新为$435 \times 10^{12} m^3$(美国地质调查局,2000)。

2000年,全球累计天然气产量$50 \times 10^{12} m^3$(不到全球天然气可采储量的12%;近一半产自美国),剩余可采储量$135 \times 10^{12} m^3$,储量的增长量$104 \times 10^{12} m^3$,未探明储量$146 \times 10^{12} m^3$。到了2012年,美国地质调查局更新了除美国之外其他地区的未探明天然气储量,数量增加了9%,达到了$159 \times 10^{12} m^3$(Schenk,2012)。2012年,美国地质调查局估计在全球已发现特大型(至少有$850 \times 10^8 m^3$的天然气)气田内的储量增量(美国除外)至少为$40 \times 10^{12} m^3$天然气和160×10^8bbl天然气液体(Klettet等,2012)。

但是地质储量的逐渐增加并不意味着最终这些未探明的、未能开采的资源量会被列为潜在可采储量。油气藏的储量开采至资源枯竭为止,这个观点很容易误导大家。大部分这类油气藏开采并无效益(储量规模太小,太分散,或者品位不好)。油气储集在岩石中时,仅仅多孔介质(就像艾伯塔开采油页岩一样)中的储量,才能完全开采出来,而常规开采方式会在多孔介质中遗留大部分(多达70%~75%)油气储量。

边际油田开发成本成为油气开采更为实际的标杆。开采总量既取决于技术进步,也取决于投资能力;技术进步也许会降低开采成本,因而会增加产量;原先无法开发的低品位油气藏能合理有效开发,因此能够提高供应安全,即使开采成本可能更高。油气投资取决于市场行情,但是人均GDP和支付能力不是简单的正比关系(仍然相对比较贫穷的中国有庞大的外汇储备,中国化石燃料进口一直呈增长态势)。有些国家由于特殊情况不得已支付过高的价格,日本福岛事件后,日本进口LNG就是典型的例子,具体见第6章。

一旦边际成本变得无法接受,部分油气田的开采(最终所有或几乎所有,或某个国家某个特定油气藏的开采)将逐渐舍弃(英国地下采矿就是一个很好的例子)。经济变化表现在油气消费减少或者有替代能源出现,因而不会出现产量急剧增加接着迅速崩溃的情况,更有可能是快速或者缓慢向新用途转变和供应方式转变。有评估结果表明,全球天然气开采将持续增加，未来几十年会创下新的纪录。如果按过去开采速度，开发增加的 $400 \times 10^{12} m^3$ 的储量，2050 年全球天然气产量将达到峰值；从那以后，产量会逐渐下降，22 世纪初的年产量将会和 2000 年一样。

天然气产量曲线在理论上是对称的。但在现实世界，它呈现各式各样的波动。它的变化趋势与最终可采储量的不精确评估相关，因而在 2070 年会出现较快的增长，预示着全球峰值产量在那一年出现。如果各种各样的非常规天然气逐步投入开发（见第 6 章），意味着峰值产量会增加，同时会延长天然气时代的影响期，总体预期比现实情况略好。

M. King Hubbert（美国地球物理学家，矿产资源生产对称曲线的提出者，擅长于预测峰值产量），1956 年预计美国最终可采天然气储量为 $24 \times 10^{12} m^3$；到了 1978 年时，他将总量提高至 $31.2 \times 10^{12} m^3$，从而估计美国峰值产量将会在 1973 年出现。按 1956 年的预测，当年将生产 $4000 \times 10^8 m^3$；若按 1978 年预测的总量，当年将产天然气 $6200 \times 10^8 m^3$。但是到了 2013 年，美国天然气累计采出量达到了 $34 \times 10^{12} m^3$，比 Hubbert 预测可采储量高出了接近 10%，2013 年产量比 1973 年产量高出了 12%。

美国天然气可采储量两年一次的评估结果表明，从 1990 年到 2004 年，可采储量由 $28.3 \times 10^{12} m^3$ 增加到了 $31.7 \times 10^{12} m^3$；到了 2010 年，这个数字变成了 $53.7 \times 10^{12} m^3$。根据美国天然气委员会最新一次评估结果 (2013 年)，考虑所有潜在的天然气资源（常规天然气、致密气、页岩气、煤层气），这个数字变成了 $67.5 \times 10^{12} m^3$（页岩气占比 45%，总量比 2000 年常规天然气资源还要多），是 Hubbert1978 年预计总量的 2 倍，这些都将导致生产曲线和峰值变化。

原油开采中的最终采收率和峰值产量有着类似的不确定性。然而，在笔者发表的相关著作中，对两者进行比较仅仅是笔者的兴趣之一。Laherrère(2000) 认为，最终天然气可采储量为 $1.68 \times 10^{12} bbl$ 石油当量，这个值与他估计的石油最终可采储量相当。同一年，世界石油评估机构认为石油最终可采储量要高将近 60%，为 $2.659 \times 10^{12} bbl$；而天然气可采储量为 $2.249 \times 10^{12} bbl$。这两个值只相差 18%，很有可能在误差范围内，因而是一个合理的估计。根据近似原理，对可采碳氢资源量的最优估计是，原油和天然气的可采储量几乎在同一能级上。

但是综合考虑非常规资源和技术的进步，将使天然气最终可采储量远远超过石油液体的可采储量。最新对加拿大天然气资源的评估说明了这个持续的过程。在 2013 年 12 月，国家能源局公布了第一项关于西—中央艾伯塔和大不列颠东北的 Montney 地层所蕴藏的非常规石油资源量 (NEB，2013) 的报告。Montney 泥岩和砂岩估计蕴藏有 $12.7 \times 10^{12} m^3$ 的天然气可采储量；$2.3 \times 10^{12} m^3$ 天然气液体的可采储量和 $11 \times 10^8 bbl$ 原油可采储量，这些油气藏的资源量与波斯湾世界最大的气田资源量的一半相当。该委员会认为，如果考虑了非常规资源，加拿大西部天然气资源总量会显著增加。笔者将在第 6 章对全球非常规油气产量进行对比，以详细阐述非常规油气资源的开发。

3 天然气的开采、处理、运输及销售

在 20 世纪天然气的生产大多是伴随着原油的开采进行的，石油与天然气工业是一个容易了解的行业，它包括勘探、生产、运输等活动。当然，在很多含油气盆地，油气资源开采仍是如此。但是第二次世界大战后发现了许多非伴生气藏（干气藏和湿气藏）；如北美、欧洲、亚洲、非洲、澳大利亚（包括各个地区内，重要的海上油气田）均发现了新的大型或者特大型气田的开发；横跨大陆的天然气管线的建造以及大宗液化天然气 (LNG) 贸易的兴起，产生了一个不同的跨全球的天然气工业。这个行业在未来的几十年将更加日新月异，并有望快速发展。

这一章将简要介绍了天然气行业相关工艺及该行业所涉及的作业：如何去寻找新的可商业化的各类资源；如何从油气藏、煤层、页岩中开采天然气；集输前该如何处理；如何长距离输送和分配至个体用户；为了满足高峰需求，如何去储存、如何销售以及销售给多少客户。本章中唯一没有提及的是现代天然气工业的跨大陆 LNG 运输———一个越来越重要的贸易，那将在第 5 章详细讲解。但是在笔者开始对天然气勘探、开发、处理做一个简单的系统回顾之前，这里也许是最恰当的地方，拿出几段的篇幅介绍早期天然气开发的历史和第二次世界大战前发展相对较慢的原因。

一些天然气历史引用了关于中国早期天然气利用的不实记录，但是据真实史料记载，中国人口最密集的内陆省份四川的天然气开发可追溯到公元前 200 年的汉朝 (Needham, 1964)。人们利用竹筒管线冲击钻（竹子尾部接上铁钻头，通过人有节奏在杠杆上蹦跳而升降，从而实现凿孔）可以用来打一些相对较深的井。利用竹筒管线运输天然气来蒸馏铁容器内的盐水，这是一种在离海岸线几百公里的内陆城市生产盐的巧妙方法（图 3.1）；最终，一小部分气用来照明和做饭。这个工业持续超过了两千年，10 世纪钻孔深度达到了 150m。文献记载表明燊海井钻于 1835 年，井深达到了 1000m(Vogel, 1993)。

在其他文献中没有记录如此开发天然气的例子，甚至 19 世纪后半期，新油田开发产出的大量伴生气，也大部分被直接烧掉。这种浪费（并且是污染环境的）的做法（正如将在第 7 章详细讲述的那样）在亚洲和非洲很多地方持续了很长时间，如今在北美这种做法还在持续。美国首次天然气利用实际上早于原油的首次商业开采 (1859 年在宾夕法尼亚州）：William A. Har 于 1821 年在美国纽约（在 Erie 湖附近的弗雷多尼亚）凿了第一口浅井（仅有 8m 深），钻井目的是扩大气苗的流动通道 (Castaneda, 2004)。这个小镇，以及后来在 Erie 湖附近的灯塔，都利用了挖空的松树木输送的天然气。

蒸汽时代的到来加快了冲击钻井的速度。1859 年 8 月 27 日，Edwin L.Drake 利用一个小电机在美国宾夕法尼亚州 Oil Greek 钻成了美国第一口商业油井（仅深 21m)(Brantly, 1971)。但是在原油开采的开拓时代，也就是 19 世纪末，没有相应地大规模的天然气工业。主要原因有三点：(1) 廉价煤炭的供应以及富余的炼化液体燃料的供应；(2) 技术限制：缺乏廉价但能耐高压无缝管道和可靠的压缩机来实现长距离天然气管道输送（因此持续几十年所发现的大量天然气资源一直未投入市场);(3) 无处不在的大中型城市的煤气供应。

美国是 20 世纪 20 年代天然气工业开始呈规模化的唯一国家。与其他经济领域一样，大萧条减缓了（但没有倒退）天然气工业规模化进程。第二次世界大战期间，天然气需求量的逐渐增加使得美国在 1940—1945 年天然气产量提高了 50%。但天然气产量迅速增加时期，出现在第二次世界大战后。城市迅速扩张和工业需求增加推动了天然气工业的发展，天然气成了经济繁荣发展必不可少的推进剂。美国天然气产量在第二次世界大战后 10 年增加了 2.3 倍，在 1955—1970 年翻了一倍。其日益增加的重要性可从如下事实得到证明：20 世纪 50 年代末天然气产值（包括轻烃）超过了煤炭的产值 (USCB，1975)。

图 3.1　中国古代冲击钻机，来源于宋代 1673 年

20 世纪 60 年代，伴随着在北海和荷兰天然气的发现，欧洲开始缓慢转向天然气；20 世纪 70 年代，北海气田投产并向陆地供气；80 年代，苏联空前长度的管线建设完工，将西伯利亚的天然气输送到威尼斯、维也纳、柏林，欧洲天然气消费量剧增（详情见第 5 章）。日本也依赖进口天然气，从 1960 年日本就开始进口天然气，并且从此以后越来越依赖进口 LNG(福岛核反应堆关闭后，这个过程更加剧烈)。近期才看到中国天然气产量快速增长及长输管道的建设完工：自 2000 年后，可以从西部省份（新疆）输送天然气，同时也向原苏联中亚地区进口天然气，向东部沿海大城市输送。

3.1　勘探、开发及处理

长期的油气田开发经验（在石油工业 150 多年的过程中积累的）以及大量的科学和工程研究（涵盖基础板块地质学、3D 甚至 4D 油气藏数值模拟技术、遥感技术、水平井钻井技术、天然气处理技术等）使得现代天然气开发的每一个领域，都成为一个高度复杂且计算精确的行业，其目的是使风险最低和效益最高。这创造了大量灵活性强、价格便宜的清洁能源，但是普遍存在的计算机控制以及高度机械化与自动化，导致该行业提供的就业机会相对有限。

美国劳动力数据中把从事石油与天然气行业的人数按钻井领域、开发领域及辅助领域进行了分类（从事天然气开发的人数没有单独统计出来）。在 2012 年末，钻井行业雇用了 90000 人，开发行业雇用了 193000 人，辅助行业雇用了 286000 人，加起来总计 570000 人，这个值仅占美国私人雇用总人数的 0.5%（美国能源信息管理局，2013）；即使算上美国页岩气和页岩油开发直接或间接提供的就业岗位，也只是 2000 年来美国制造业损失岗位的一小部分（Smil，2013a）。

3.1.1　勘探及钻井

地震勘探依靠的是从岩层反射回来的地震波（由地面的车载振动装置或者炸药爆炸激发，海洋上由船舶后的空气枪发射压缩空气激发），通过沿线布置的灵敏的接收装置（地震检波器或者水听器）进行解释（Li，2014），这些沿线布置且距离为 300 ～ 600m。1928 年，John C. Karcher 的地球物理研究公司钻成了第一口由地震响应定位的油井（1940 年，Karcher 公司更名为 Texas Instruments，第二次世界大战后，该公司成为微电子革命的领导者之一）。

1963 年，Humble Oil 公司发明了三维地震成像技术。20 世纪 60 年代末，埃克森在开发休斯敦附近的 Friendswood 油田过程中采用了该技术。该技术迅速取代了二维地震反射技术，成为决定钻井目标的关键工具（Ortwein，2013）。这种新技术涉及海量数据，没有强大处理能力的半导体技术的进步和 20 世纪 70 年代出现的计算机技术，该项技术是不可能实现的。需要的数据通过计算机处理后，形成地下岩层的三维可视化（包括大尺度的仿真展示，人们可以想象在那里散步）图像，这些可以帮助人们设计钻井和油藏开发的最优方案。

做好勘探需要钻井投资。大型钻机日租金为 20 万～ 70 万美元，北美陆上探井钻井平均耗资 400 万～ 500 万美元。美国历史数据表明，气井钻井费用从 20 世纪 80 年代中期的 50 万美元增长到 2002 年的 100 万美元，到 2005 年迅速增加到 150 万美元，到 2007 年增加到 390 万美元（USEIA，2014a）。钻井、压裂、完井一口 Marcellus 页岩气井平均需花费 765 万美元，其中大型水力压裂（花费 250 万美元）及地面建设（花费 220 万美元）是其中两项耗资最高的。水平钻井和垂直钻井，分别耗资 121 万美元和 66.3 万美元（Hefley 等，2011）。南美、非洲和亚洲国家的钻井费用可能是北美钻井费用的 2 ～ 3 倍（在一些情况下，井场没有道路可到达，运输需要依靠直升机）。海洋建井成本需要 2000 万～ 4000 万美元，深水海洋建井成本需要 1 亿美元。

早期钻井方式都是在中国古代广泛应用的冲击钻井方法基础上发展起来的，这个方法比较原始，就像上面提到的。重的铁钻头接在竹子末端，这些竹子连接到提升装置和杠杆上（通常也是由竹子做成），通过反复上提和下放（实际是将人的重量加载在杠杆上）来冲击井眼，但是这种方式最终也能钻成较深的井。早期的美国和原苏联油气工业采用坚固的木制井架和马尼拉绳索，通过蒸汽机来驱动；后来陆续出现了钢缆和柴油机。绳缆工具钻机到 20 世纪中叶仍然普遍使用，直到 50 年后发明了旋转钻机才被淘汰（Smil，2006）。

这些性能优越的工具，由 Howard Robard Hughes 在 1909 年发明。由两个以相同角度布置的辊筒组成，当它们绕固定轴旋转时，钻柱末端的钻头也随之旋转，破岩速度较冲击钻井提高了近 10 倍。Hughes Tool 公司(现更名为 Hughes Christensen，隶属于贝克休斯公司)在 1933 年发明了三牙轮钻头，巩固了该公司的领导地位，该钻头仍是现代钻井使用最广泛的钻头。钻头制造既采用了工业钻石，又采用了镀碳化钨的合成钻石。除了钻头外，还需要能承受钻柱重量的钻机和传送旋转运动的动力装置。

在未勘探过的区域打的第一口井称野猫井(探井)，打这类井可能遇到预想不到的情况，如钻遇异常高压地层有可能导致井喷。一旦探井证实该区域含油气，将采用同类型设备和同样的程序来打一些开发井，这些开发井的分布合理就可以获取最优产量。在开发后期，将利用老井或者新井向油层注气或者注水，这种二次采油方法可大大提高采收率。笔者将介绍钻井过程的关键部分，如充满了挑战和风险的动力系统和控制系统，Lewis(1961)、Brantly(1971)、Davis(1995)、Horton(1995)、Selley(1997)、Smil(2006，2008)及 Devold(2013) 都对技术革新和操作模式做过详细的描述。

一旦某区域通过地球物理勘探被优选为目标区域，该区域将要布置探井；如果需要，该区域地表植被将被清除，地表将被推平。首先钻表层井眼，下入表层套管，然后固井(其目的是封隔浅层和防止浅水层受伤害)，再安装防喷器(能耐高压的安全阀组合以防止突然发生的井喷)。从远处望去，钻机是一个窄的锥形钢体结构。这些钻机的顶部安装有天车，由定滑轮和动滑轮组成，能够连接或者卸开钻杆(通常 10m) 和承受所悬挂钻柱的重量(图3.2)。柴油机给转盘提供动力，转盘顺时针转动使钻柱旋转。随着钻井深度的增加，整个钻柱质量会迅速超过 6.5 ~ 9t，该钻压通常是破岩的最佳钻压，少于 50 根钻杆(钻至 300m 深度)的总量就达到了这个值。这也就是为什么需要在钻机顶部安装天车，由于它能承重几百吨，可使加在钻头的重量保持最优。

图 3.2　现代钻机 (©Corbis)

需要动力强劲的泵来循环钻井液体系，钻井液现场通常被称为泥浆，是由复杂液体、固体和气体所构成的混合物的通称。主要作用是，当其在钻具与井壁之间的环形空间向上流动时，在携带岩屑的同时冷却、润滑钻头，减缓钻头的磨损，防止井壁坍塌，防止井喷。

钻井全过程实时监控也比较重要。钻速快慢取决于岩石的硬度，在花岗岩里钻速一般不超过1m/h，在粉砂岩中钻进速度可达20m/h，日进尺100m是比较常见的。20世纪20年代钻的最深的井只有1500m，30年代末钻成的最深井达到了4km，1950年达到了6km，70年代在俄克拉何马的Anadarko盆地完钻了一批井深9km的井。但美国气井的平均井深从19世纪50年代的1km增加到2010年的2km，在同一个盆地，井深3～4km的井很常见。

随着井深的增加，通过螺纹连接的套管将下到预定位置，井眼轨迹监测可防止实钻井眼偏离设计轨迹并确保在完井前是安全的。第二次世界大战后固井和测井技术已经成熟，两家具有创新精神的公司在一个世纪后仍然占主导地位。1922年Erle P. Halliburton发明了水泥喷射混合器，他在俄克拉何马所拥有的公司一跃成为一个全球领先的油田服务商，提供包括固井、钻头、完井、射孔、油气井测试、井控等服务。

电法测井技术由Conrad Schlumberger(法国矿业学校)于1911年最先发明，该项技术成为钻井技术必不可少的一部分。1927年，Schlumberger(斯伦贝谢)公司推出了全球第一个可连续记录岩层电阻率的测井技术。1931年，该公司开始探索研究由井内液体和地层水的电极产生的自然电位；1949年，该公司又推出了感应测井技术，该技术通过向地层发射交变电流来测量岩层电阻率。防喷器是20世纪20年代又一重大技术革新，它由James S. Abercrombie和Harry S. Cameron于1922年发明；他们的最初设计耐压等级为20MPa，然而现在深井的防喷器耐压等级已达到了100MPa。

综合应用这些技术可区分地层的渗透性，区分是油气层还是水层。如今，斯伦贝谢公司仍然是测井行业的龙头老大，在新技术和微电子钻井实时监测领域也是如此。如今，通过电缆下入井内的小型测井仪器可以测得砂岩和页岩的不同伽马信号，中子测井可以用来评估岩石的孔隙度。当一口井完井后往往应进行测井，但是新型测井仪器可直接安装在钻柱下部的钻具组合里，在水平井钻进时进行随钻测井，其明显的优势是显著提高了油气层钻遇率。该项技术在过去成本较高，但是随着技术的进步，成本已经降低且已经成为常规技术，在第6章讲解美国页岩气革命时顺带阐述该技术发展的历程。

1947年，距离路易斯安那海岸16km的第一口海洋油气井的开钻开拓了油气开发的新篇章。陆地油井开发成本较低，然而海洋石油开发成本较高。浅水(水深在100m)油气开发可采用固定在海床上的平台；深水油气开发技术，包括平台基础(在海底设置大型混凝土结构并支撑作业平台)、张力腿平台(由张力腿系泊于海底)、半潜式平台或者浮式生产储油及卸载装置，随着深水石油开采技术的进步，已经实现了在海底建设丛式井并通过海底管道输送到陆地进行处理的生产系统。

3.1.2 完井与生产

当一口井钻完后，不同型号的套管将下入到预先设计位置并用水泥封固。下入套管的目的是为了维护油气井长期正常生产，一方面确保气体的自由流动，阻止地层流体侵入；

另一方面，防止产出气和凝析液渗漏至上覆岩层，尤其是进入浅水层。在最表层的套管称为导管，尺寸最大但下深较浅，为 10 ~ 15m；接下来尺寸更小的一层套管称为表层套管，这层套管常常下深几百米，要封隔水层；中间套管用来封隔大部分上覆岩层；生产套管下入储层，用于保护井壁。

当套管下完后，将下入直径更小的 (5 ~ 25cm) 生产油管，并固定在预定位置。至此，还没有油气会流入油管，因为它仍被油层套管和水泥环封隔住。射孔弹用于对套管和水泥环射孔；如今，射孔弹通过电火花点火，将穿透套管、水泥环和储层，这样就建立了油气进入井筒的通道。对于胶结较差的储层，如疏松砂岩，需考虑防砂，否则油管将充满砂子。

井口将安装永久式井口装置，以控制和监测气体产量。为了防止泄漏和井喷，它们的设计压力等级最高已达到了 140MPa，该值是标准大气压力的 1400 倍。井口装置包含复杂的套管头和油管头以及各种阀门，它通常有 1.8m 高，其每个出口安装有管道和阀门以监测生产；主阀与油管直径相匹配通常为常开，压力表安装在其上部，接下来就是翼阀、清蜡阀和油嘴。

气井产量取决于储层特性（包括地层压力）、井眼直径及井龄。全球单井日产气能力跨度超过 4 个数量级：高的可达百万立方米级，低的可至百万级，Saskatchewan 的低产井日产仅 $500m^3$。2012 年，加拿大有 145000 口生产井，年产量 $1670 \times 10^8 m^3$(CAPP，2014)，单井日产气量 $3100m^3$(年产气量 $110 \times 10^4 m^3$)；同年，美国有 480000 口生产井，年产气 $6810 \times 10^8 m^3$ 干气，(USEIA，2014b)，单井日产气量 $3900m^3$。相比之下，位于西西伯利亚的 Urengoy giant 气田单井日产气为 $(50 ~ 58) \times 10^4 m^3$(Seele，2012)，北穹顶完钻的向卡塔尔二期 LNG 工程供气的 30 口气井平均日产气 $275 \times 10^4 m^3$，向卡塔尔一期 LNG 工程供气的 22 口气井日产气量 $200 \times 10^4 m^3$，向卡塔尔三期 LNG 工程供气的 33 口气井平均日产气 $120 \times 10^4 m^3$(Qatargas，2014a)。

美国和加拿大可靠的统计数据表明，单井平均产气量是连续下降的。20 世纪 50 年代，美国单井产量不到 $5000m^3/d$；1971 年，单井产量达到峰值 $12300m^3/d$；1985 年降至 $4500m^3/d$(Schenkand Pollastro，2002)。2005 年，单井产气量为 $3300m^3/d$；2012 年单井产气量略有回升，达到 $3900m^3/d$(图 3.3) 虽然持续下降但下降速度很低。加拿大情况类似，1980 年，单井产气 $13500m^3/d$，目前仅为 $3000m^3/d$(CAPP，2014)。也可以人为限制单井日产量来延长气井的寿命。格罗宁根气田在 1976 年达到峰值 $814000m^3/d$，后来逐渐下降；2010—2020 年间，乐观估计平均单井日产气 $40 \times 10^4 m^3$(296 口井，年产 $436 \times 10^8 m^3$)(NL Oil and Gas Portal，2014)。产量下降意味着利润下降，除非天然气价格大幅上涨。

美国详细的数据表明，略高于 10% 的气田产量没有外输走，而留在气田 (USEIA，2014a)。2012 年，粗略估算总产气量为 $8360 \times 10^8 m^3$(43% 生产于气井，17% 来源于油井，剩下的为页岩气和煤层气)，仅有总量的 0.7% 被燃烧排放，11% 被用来注入地层保持地层能量。一旦储层压力开始下降，需采用注水或者注气这两种主要技术，以驱替剩余油向井筒流动，延长采油期。通常向地层中注入水（淡水、半咸水或者海水）来保持地层压力。气体也有相同的用途，有些气田采用 CO_2(可以作为解决 CO_2 封存问题的一个方式)，伴生气体也是一种方便的而有益的选择 (可以提高最终采收率 20% ~ 40%)。

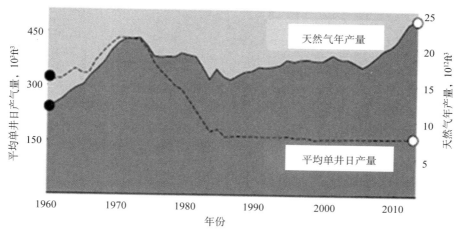

图 3.3   美国天然气产量

美国井口产出气的价格 (生产商在交易中心的销售价格) 用美元 /10^3ft^3 来表示。历史井口产出气价格记录可追溯至 1922 年，当时为 0.11 美元 /10^3ft^3(USEIA，2014c)。在 20 世纪 30 年代大萧条期间，价格降至 0.05 美元 /10^3ft^3；从 1938 年起，联邦电力委员会 (FPC) 开始强制执行州际天然气价格规范；1954 年,最高法院裁定所有的天然气销售都应得到 FPC 调控;因此，所有的出厂价都是规范的，FPC 设定了较高的天然气售价，以满足开采成本及适当的盈利 (Foss，2004；NaturalGas.org，2014)。这个系统导致价格太低，同时也产生了巨大的官僚主义负担，多次改革也未能解决，价格低廉刺激了消费增加，但是勘探开发行业低迷，因而造成供应短缺。

1978 年，这个问题最终被《天然气政策法案》解决。该法案指定了一个独立的天然气交易市场，允许市场以出厂天然气价格进行销售。出厂价在 20 世纪 60 年代平均为 0.16 美元 /10^3ft^3，70 年代这个价格接近 0.20 美元 /10^3ft^3，1979 年涨至 1.18 美元 /10^3ft^3；从 1985 年开始，美国天然气价格管制开始放松，直到 1989 年《天然气出厂价格解除管制法》(NGWDA) 的出台。1993 年 1 月 1 日，关于天然气出厂价格的管控规定全部被废除。最后，1992 年联邦相继规范并拆分了运输及销售业务，管道运营商不再销售天然气，让顾客自由选择、购买、储运。在 20 世纪 80 年代和 90 年代，出厂天然气价格在 1.5 ~ 2.5 美元 /10^3ft^3 之间波动，在 2008 年突然增长至最高纪录 7.97 美元 /10^3ft^3，到了 2012 年又降至 2.66 美元 /10^3ft^3 (图 3.4)。

最后，笔者将用几段的篇幅来讲解天然气开发的井网密度。井场的面积和井网密度相差很大，例如，Jordaan，Keith 和 Stelfox(2009) 发现，在加拿大艾伯塔省单井井场占用面积范围为 (1.5 ~ 15)× 10^4m^2(平均为 $3×10^4$m^2)。然而美国典型的常规天然气井井网密度为 0.4 口 /km^2，而在开发巴尼特页岩时，井网密度为 1.1 ~ 1.5 口 /km^2；在一些页岩气田，井网密度可高至 6 口 /km^2。(NYSDEC，2009)。但是整体来说，未来井网密度会下降，因为水平钻井技术能从一个井眼里钻遇更多的储层；在 Marcellus 页岩气开采中，垂直段将揭开储层

15m，然而水平井可在目的层钻进 60 ~ 2000m(Arthur 和 Cornue，2010)。

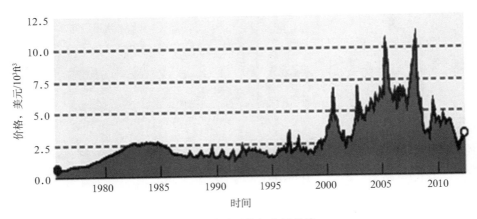

图 3.4 美国天然气出厂价格

天然气产量的能量密度（被井场或者油气生产设施占据的单位面积产生的毛能量）通常为 2000W/m^3，对于超级气田，这个值可以高出一个数量级。没有其他的超大气田会像格罗宁根气田那样不引人注意：格罗宁根气田由 29 个远程控制的生产单元组成，每个生产单元拥有 8 ~ 12 口井，这些井呈带状分布，产出气全部输入处理厂 (Nederlandse Aardolie Maatschappij,2009)，每个生产单元占地面积 11×10^{4}m^2，因而总计仅 300×10^{4}m^2。乐观估计，2010—2020 年每年产量将达到 436×10^{8}m^3，这个气田开发的能量密度达到 16000W/m^2（图 3.5）。

图 3.5 格罗宁根气田的一个生产单元 (Imagery2014，Aerodata International Surveys，Map Data 2014)

3.1.3　天然气处理

若采出的天然气为纯甲烷，或者是微含 N_2 和 CO_2 的甲烷，就不需要进行处理。但是这类气藏极其稀少。如上所述，从地层里采出的气体和液体的混合物成分极其复杂，包含有至少 2 种（通常是 6 种）化合物。这些化合物在管道运输前必须加以处理。处理天然气的目的，是保证天然气能成为满足规定条件和要求的燃料，而不是将其净化为纯甲烷或者是标准成分的均质混合物。

相比于原油炼化，天然气处理难度较低。提炼成品油需要高温高压及催化反应，相比之下，天然气处理实质就是分离的过程。将液体和不需要的（有腐蚀性的和不能燃烧的）气体分离出来以达到管道运输和商业利用的质量标准。这些标准规定了除甲烷外各组分的最高浓度：对 CO_2、N_2、O_2 和水蒸气含量有严格的限制。由于输送天然气的能量密度限制，因而要去除天然气凝析液，主要是乙烷和丙烷。

某些简单的天然气处理就在生产井附近进行，在卧式分离器里进行重力分离（水沉降在罐底，轻烃类在中间，气体在罐顶）是最简单的也是最常见的方式。全球首个油气分离器是在 1863 年使用的。但是在大型气田，天然气处理是一项重要业务，采出的原料气通过小尺寸低压管线汇集到处理厂；根据其组成，原料气将通过至少 2 种（通常 4 种）净化流程，分离出油和凝析液，分离出有价值的轻烃，去除水分，去除 CO_2 及含硫成分，有时也要去除 N_2(Mallinson，2004；International Human Resources Development Corporation，2014；NaturalGas.org，2014)。

天然气必须脱水，其目的是防止水在管道中冷凝，造成潜在的腐蚀。脱水主要是通过液体吸附，但固体吸附也常用。常用的液体干燥剂有二甘醇或三甘醇，当与原料气接触时，这些亲水性化合物会吸收水分，吸收水分后，它们变得更重，将沉降至底部的腔室里。水分将被蒸馏而分离出来（乙二醇的沸点为 288℃，比水高），因此这些干燥剂可以重复利用。湿气从立式圆柱形接触器底部（5～8m 高）进入，然后向上爬升，通过由顶部向下流动的乙二醇溶液（为了最大限度增加接触面，采用塔盘和填充材料），最后干气从塔顶流出。

水分同样可以通过固定吸附剂去除，通常在吸附塔放置氧化铝和硅胶。这种方式既高效又适合大量的高压气体处理，这也就是该方法被称为跨坐式系统的原因，脱水器放置于压缩机站的管线下游。脱水采用两个平行的管束，以保证已饱和水的吸附介质再生，这种吸附方式比乙二醇吸附价格昂贵，但它更有效（它的露点低到 −100℃）。

管线里不允许存在能形成酸性物质的气体，这就需要去除天然气中的 CO_2、H_2S（以酸腐气味著称）和其他含硫化合物（如 CS_2、COS、硫醇）等。去除 H_2S 气体的方法主要是通过氨溶液吸收，类似于乙二醇干燥的方式（气体在管束里向上爬升通过乙二醇溶液）；固体吸附含硫气体也是可行的，通过克劳斯法可以回收硫黄（一系列氧化、冷却、再加热、催化转化、再冷却）。回收的硫黄是用来合成硫酸的原材料，加拿大西部酸性气田的 H_2S 脱硫产生了大量的硫黄，在温哥华港看到的正远销亚洲的硫黄堆就是来自于此（图 3.6）。

伴生气脱烃是非常有必要的，它们含有的一些重质组分的比例比非伴生气的湿气气藏高。随着产出气在井筒里上升到地表，压力会逐渐降低，轻烃会分离出来；或者该过程也可通过在地面储罐里进行重力分离而实现。但是对于以甲烷为主的干气，轻烃回收和分馏也是必要的。这样做的目的是：降低烃露点防止其在天然气运输过程中冷凝；满足天然气的燃烧热值，分离出轻烃。轻烃作为原料 (乙烷、丙烷、丁烷) 和燃料 (丙烷、丁烷) 在市场销售的价格更高。

图 3.6 温哥华港的硫黄

低温分离器根据烷烃沸点不同来分离出轻质油和轻烃。在大气压力下，甲烷的沸点为 −161.5℃，乙烷的沸点为 −88.6℃，丙烷的沸点为 −42℃，异丁烷的沸点为 −11.7℃；分离轻质烷烃都是在膨胀降温过程中完成的，加压的湿气被逆流的甲烷预冷至 −34℃，这将液化所有 C_{3+} 烷烃；丙烷 (C_3H_8) 和丁烷 (C_4H_{10}) 作为液化石油气销售，可以装在冷藏罐车和船舶里进行运输，也可以装填至大型储罐里或者小型便携容器里，作为烹饪和加热的燃料。所有的烷烃都可以作为工业原料，因而可单独销售 (详情见第 4 章)，大部分戊烷 (C_5H_{12}) 和更重组分烃类液体都混到汽油里了。

剩下的甲烷和乙烷混合气进入脱甲烷塔，通过 JT 阀或者涡轮膨胀冷却。当压力下降时，其温度降至 −100℃，低于乙烷的沸点，组分再次液化 (几乎所有的，通常为 90% ~ 95%)。还有一种分离效率相对比较低的方法，即原料气向上流经充满吸附油的塔，该方式可回收高达 40% 的乙烷和 90% 的丙烷，吸收了轻烃的油被引入蒸馏塔，通过蒸馏，轻烃被分离出来，剩下的原油循环利用。

如今，美国拥有 600 座天然气处理厂，很多中央处理厂年处理量较大。处理厂位于主要产气区和销售市场附近，例如，苏格兰的 St. Fergus 处理厂处理了来自北海天然气总量 20%(Total，2014)，从艾伯塔进口的天然气通过芝加哥附近的 Channahon 的 Aux Sable 处理厂分离出轻烃，在艾伯塔已经分离出了水和酸性化合物 (图 3.7)。天然气处理的必要性、投资和成本取决于原料气组成。北海的 West Sole 气田产出气为干气，因而不需要处理，其成分为 95% 的甲烷和 3.1% 的乙烷，不到 1% 的重质烷烃，1.1%N_2，0.5%CO_2，无含硫化合物。

相比之下，Qatari 的天然气甲烷含量低于 77%，乙烷占 13%，更重烷烃占 3%，H_2S 占 1%。

图 3.7　加拿大艾伯塔中部的天然气处理厂

3.2　天然气储运

天然气管线建设成本较高，常埋在地下且通常具有极高的运行可靠性。为了保证其安全运行，需要专门人员对管道进行腐蚀风险管理，管道发生事故将产生灾难性后果 (AGA, 2006)。原油、成品油集输管线和天然气管线，从管道铺设到对不间断管道监测，在技术上有很多共性，但又有很多不同点；原油和成品油几乎不可压缩，然而天然气呈气态，可压缩；在管道中输送的天然气被加压至 1.4 ~ 10.4MPa，至少是标准大气压的 14 倍。这意味着天然气增压至 1MPa，密度将增加 10 倍 (由 $0.85kg/m^3$ 增加到 $8.4kg/m^3$)。

石油管道是全球石油工业很重要的组成部分，而天然气管道是不可缺少的。现代石油工业 (原油开采和运输、成品油生产和经销) 高度依赖管道，其他更经济的原油运输方式也是有的；跨海之间最经济的运油方式是双壳巨型油轮，国际原油贸易可以利用卡车、铁路和驳船。自 2008 年起，由于新建管道不能满足 North Dakota 页岩油产量快速增长的需求，北美铁路运输快速增长；相比之下，铁路、公路、驳船和油轮不能用来运输常温常压的天然气。没有大管径、长距离的管线，长距离天然气集输将无效益可言，这种燃料只能被产气区附近城市的工厂、家庭、机构和企业使用。

另一个重要的区别是管线的功能。油田往往具有广泛的集输管线网络，大管径的干线把原油输送至炼油厂、港口，或者直接输送给国外的采购商；成品油管线将汽油、柴油和燃料油输送至本地的油库和分销商。相比之下，将天然气分配至单个用户的小管径 (0.5 ~ 6in 或者 1.22 ~ 15.24cm) 管线才是天然气管道系统最密集的部分。在美国，它们的总长度接近 $300 \times 10^4 km (180 \times 10^4 km$ 分配管线将天然气输送至工业用户，$120 \times 10^4 km$ 管线将天然气输送至商业用户、公寓、居民家中）；2012 年，陆上大尺寸管道 (4 ～ 48in 或者 10.16 ～ 121.2cm) 干线总长度达到了 477500km，而气田集输管道加起来不足 17000km。

20 世纪 70 年代，现代油气开采商业化后，主要大城市建成了广泛的管道网络，向商业和家庭供气。在 19 世纪的后 30 年和 20 世纪早期的几十年，由于缺乏长输管道，限制了天然气的大规模使用。19 世纪 70 年代，通过把松树树干挖空，建成了一条木制管线，但是这种管线无法承压。早期的低压输送煤层气管线由铸铁制成，当时是将燃气从附近的煤矿输送至城市的第一条管线，该管线将燃气从莫里斯河输送到魁北克的 Trois-Rivières 用于城市照明，该管线建成于 1853 年，全长 25km。

大规模管线建设得益于 19 世纪 60 年代炼钢技术的改进 (Smil，2004) 和无缝钢管技术的发明。该技术由 Reinhard 和 Max Mannesmann 发明 (Koch，1965)；1885 年，他们推出了皮尔斯扎制方法；几年后发明了皮尔格扎制方法，一种拉长钢管的同时减少其直径和壁厚的方法。一个世纪后，Mannesmann 技术仍是钢管生产的主导技术，但是这个公司被收购了；2000 年，Mannesmannröhren-Werke 成为 Salzgitter Group 旗下的子公司 (Salzgitter Mannesmann，2014)。

1872 年，超过 80km 的锻铁管线将天然气输送至宾夕法尼亚州 Titusville。1886 年，匹兹堡接收了来自附近气田的天然气，这些天然气是通过锻铁和铸铁制造的直径 60cm 的管线输送过来的。但是长距离管线仍然很少见，最早的长输管线之一是建成于 1891 年从印第安纳州到芝加哥的管线。第一条天然气出口管线 (直径为 20cm) 于 1895 年建成，从安大略省的 Essex 郡到底特律，穿越了底特律河，全长不足 40km。从 1906 年 (美国天然气生产数据有统计记录的最早年份) 到第二次世界大战结束期间，美国天然气产量增加了 85%，然而大部分伴生气直接排放或者烧掉。1920 年，美国浪费和使用的天然气比值为 0.83；1930 年，这个比值上升到 1.47。

20 世纪 20 年代，在得克萨斯州、阿肯色州、俄克拉何马州和其他州相继发现了一些大气田 (其中，最著名的是 1922 年特大型 Hugoton 气田的发现)，需要铺设大量管道将这些气田气输送至美国中西部城市。这些需求给管道技术的发展提供了良好的契机，如电阻焊接、接缝电闪光焊接 (大大提高接缝强度)、大口径 (直径可达 60cm) 无缝钢管制造 (长达 12m，这比以前提高了 2 倍)。从得克萨斯州到芝加哥，美国建成了第一条长输管线 (长度 1600km，直径 60cm)；该管线于 1931 年建成，工期 1 年，接着从得克萨斯 Panhandle 到密歇根建设了第二条长输管线 (Castaneda，2004)。

3.2.1　现代管道建设

第二次世界大战后从得克萨斯州到东北输送天然气时利用了两条著名的石油管线，大口径和小口径 (两条管线长度均有 2000km)，分别于 1942 年和 1943 年建设，当时是为了将成品油和原油集输至费城和纽约 (TETCO，2000)，该管线于 1945 年被弃用。1947 年，它们被得克萨斯西部储运公司购买，转而用来输送天然气。刚开始输送压力低，增压后输送能力提高了 10 倍。1953 年，海湾地区生产的天然气到达了英格兰。第二次世界大战后一系列技术进步——冶金、管道制造、挖沟、焊接、管道保护、管道铺设、性能更好的压缩机，开启了长距离、大口径、大输送量输气管道建设的新时期。第二次世界大战后 10 年见证了管道铺设速度的大幅提高，主要在于开挖机械化技术的成熟以及 1948 年出现的应用双面埋弧焊技术处理纵向接缝使得高强度钢管的制造技术更趋成熟。

由于涂层 (在管道安装过程中使用煤焦油或沥青磁漆)、防止管道腐蚀的阴极保护技术和牺牲阳极技术的应用使得管道寿命大大延长。这些技术在第二次世界大战前基本没有，甚至完全没有，一旦应用得当，阴极保护 (尤其是结合深井阳极) 技术能让管道的壁厚和强度几乎永久不变 (AGA，2006)。影像学技术的发明增强了对焊缝的检测精度，因而大大提高了管道的安全性。从 20 世纪 60 年代开始，智能清管器取代了较为原始的低精度的管道检测工具；新一代智能清管器装备了高分辨率的磁通量传感器和超声工具，可以探测管道的任何异常情况，从而帮助确定开挖区域。

带刷清管器用来清洁常年未清洗的管道。第一代管道检测工具装备了电子传感器的清管器，用来检测管道的壁厚和管壁的完整性。20 世纪 60 年代，出现了塑料涂层技术，如今熔结环氧涂料的使用，在管道建设过程中不易受到损害，因而使管道的寿命大大延长 (AGA，2006)。利用新型液体涂料可以补涂、维修和修复老化的管道，延长管道寿命，同时相比于直接更换管道，成本更低 (Alliston，Banach 和 Dzatko，2002)。可能最显著的技术进步当属管道定向穿越技术，该技术不需要开挖地面，利用钻机可穿越公路河流和有建筑物的地表。

输送气体的能力也提高了。由于沿程摩擦和地形高程差，气体流速会降低 (通常为 30km/h，速度范围在 5 ~ 12m/s 之间)，从而导致降低压力，因而沿程进行增压是很有必要的。根据地形和输气量，每隔 60 ~ 110km 就要建一座压缩机站 (图 3.8)；将西西伯利亚的天然气输送到欧洲的世界上最长的出口天然气管线，沿 4500km 的管线建有 41 个压气站，平均 110km 一座。除非紧急情况下的关停、周期性测试站内的应急关闭系统或其他的检修，这些站都是全年运行。站内建有分离器和洗涤器去除天然气中固体或者液体杂质，天然气增压会使其温度升高，因而进入管道前还需要冷却，出口消声器用于降低压缩机产生的噪声，备用发电机用于在紧急情况下向压缩机供电。

首批安装在美国压缩机站内的动力机，始于 20 世纪 30 年代，采用的是有水平柱塞的火花塞发动机；后来在 1950—1970 年几乎全部被整体式发动机取代。这种大型发动机共享曲轴与压缩机，虽然运行费用高，但是效率更高，目前仍然在美国压缩机站很常见。燃气轮机 (航改型和工业固定型设计，最高功率达 15MW) 从 20 世纪 60 年代起，就一直是主要管线压缩机站的最佳选择 (想知道更多关于这类机器的信息，见第 4 章)。引进更可靠、更高效的燃气轮机基本上摆脱了对电力和液体燃料 (先前压缩机主要动力来源) 的依赖，可以利用输送气体的一小部分为这些紧凑的机器提供燃料，长输管线压气站消耗的燃气量通常仅占输送量的 2% ~ 3%(相比之下，高压输电线路损耗高达 6% ~ 7%)。

天然气管线对环境的影响有限，它们的机械化施工需要一条能够通过重型挖沟和铺管机器的通道，这条通道通常宽为 15 ~ 30m。当管线埋入后 (地表以下 1.5m)，此通行地带必须保留以保证后期维修。这条地带宽度 10 ~ 30m，可以放牧或者种植庄稼，加拿大甚至允许在离管线 1m 开外种植低于 1.8m 的树木。在北极冻土铺设管线技术要求很高，管线必须放在锚定的钢性支架上，同时管线必须配备伸缩短节以弥补温差变化引起的管线热胀冷缩。

图 3.8 美国压缩机站分布

决定运输成本的两个主要因素是管道的输送能力和长度；例如，管线长度由 2000km 增加到 4000km，长度翻番，单位能量输送成本也会翻番。输气量由每年 $50 \times 10^8 m^3$ 增加到 $100 \times 10^8 m^3$，将减少 30% 的运行成本，输气量增加到 $200 \times 10^8 m^3$，成本要减半 (Messner 和 Babies，2012)。假如有一个选择：在管输与 LNG 之间，那么管道输送将会更便宜，口径为 60 ~ 70cm、长度高到 3000km 的管线和口径为 140cm、长度达到 5000km 的管线运输成本更低。

只要精心建设和良好维护，管线寿命都较长，这也就是人们为什么对第二次世界大战后 (20 世纪 50 年代和 60 年代) 美国迅速修建了如此多的大型天然气输送管线一点也不感到惊讶的原因。2012 年，美国陆上天然气管线总长度达到了 477500km，其中的 48% 修建于 1950—1970 年 (这两个 10 年各自建设的管线长度相当)。35% 的管线有了 50 年的历史 (PHMSA，2014a)。老管线的安全性是我们所关心的，Kiefner 和 Trench(2001) 通过对输油管线事故分析，认为管道服役年限不能代表其目前状况，真正关键的是管道建设和维护中采取了哪些手段和技术。这就是 Kiefnerand Rosenfeld(2012) 会得出如下结论的原因：维护得当和定期评估的管线可以永远安全输气。随着服役期的加长，管线腐蚀破坏可以通过定期完整性评估和修复来弥补。

主干线和分销管线网络气体泄漏量要求不得超过总输气量的 1%。管线泄漏不仅增加了输气成本，同时向大气排放了温室效应较强的气体 (详情见第 7 章)。不幸的是，人们无法对天然气通过管线运输和其他运输方式的安全性进行比较。管道输送原油比铁路运输安全 40 倍，比油罐车公路运输安全 100 倍，但显而易见的是，这种比较对于天然气不适用。液化石油气通过铁路罐车运输不属于可直接比较的燃料范畴，液化天然气可以通过卡车分装，目前对于这类燃料，还没有大量运输的方法。

美国全面的统计数据可以帮助追踪重大管道事故发生频率和严重性，以及对人类造成的危害和财产损失。1994—2013 年间，输油气管线发生严重事故的数量逐渐减少（造成人员死亡和住院的），死亡人数（年均 2 人）和受伤人数（年均 10 人）均较少，除了 2000 年和 2010 年发生的事故分别造成了 15 人和 10 人死亡外 (PHMSA，2014b)。支线的事故常常由明火或者建造时的缺陷引起，支线事故总量为主干线事故数量的 6 倍；在这 20 年间，平均每年致使 53 人受伤、14 人死亡，但是总体上还是呈下降趋势。

长期来看，天然气管线造成的年均死亡人数为 16 人，这类事故死亡率为 0.005/100000。把这个值与滑倒或者出车祸导致的死亡相比发现，2012 年，美国跌倒受伤人数为 1340 万，交通事故致使受伤人数为 360 万 (Centers for Disease Control，2014)；2010 年，26000 人因为跌倒而死亡 (8.4/100000)，车祸致人死亡 33500，车祸死亡率达到了 10.9/100000(Murphy，Xu 和 Kochanek，2013；CDC，2014)，这意味着车祸或者跌倒的死亡率是天然气管线事故造成的死亡率的 2000 倍。

要完成整个美国的天然气运输系统的描述，就不能不提到 2012 年。本年度美国陆上有 17000km 支线管线，海洋也有 7800km 输气主干线和 9800km 的支线，整个网络由 200 个管线系统组成；网络拥有 5000 个接收点，1400 个互连点，1100 个中转点。网络与墨西哥和加拿大的主输气管线相连（图 3.9）。此外，在美国和加拿大主要管线沿线修建了将近 40 个市场中心（大部分修建于 20 世纪 90 年代），其目的是给天然气销售者和购买者提供两个或者更多管线系统、运输服务和必要的行政服务 (Tobin，2003)。

美国拥有 19 个天然气交易中心，12 个位于得克萨斯州和路易斯安那州，2 个位于伊利诺伊州，加利福尼亚州、新墨西哥州、科罗拉多州、怀俄明州、宾夕法尼亚州各有 1 个。亨利中心，以亨利•哈姆雷特命名，位于路易斯安那州南部，靠近伊拉斯（属于雪佛龙公司旗下的 Sabine 管线），位于 9 条主要管线相交的位置，它已经成为美国未来天然气交易的中心 (Sabine Pipe Line，2014)。亨利中心天然气价格按每百万英热单位多少美元来表示。美国亨利中心天然气交易价格作为该国天然气现货（批发）的标准价格。2009 年前，天然气价格出现周期性的短暂峰值；2000 年 12 月为 8.9 美元 /10^6Btu，2005 年 10 月 为 13.42 美元 /10^6Btu，2008 年 6 月 为 12.69 美元 /10^6Btu(USEIA，2014c)。自 2010 年 3 月起，月平均价格保持在 5 美元 /10^6Btu，除了 2014 年寒冷的 2 月（月平均价格为 6 美元 /10^6Btu，2 月 14 日出现 8.15 美元的峰值价格外），2012 年天然气以 1.95 美元 /10^6Btu 的价格见底。

20 世纪 90 年代后期，亨利中心的天然气价格比欧盟平均价格略高，比日本液化气进口价格低 15% ~ 25%。直到 2008 年中期，美国天然气批发价格比欧洲略低，比日本低 20%(EC，2014)。美国页岩气产量迅速增加引起了巨大的反差，造成美国天然气批发价格迅速下跌。2010 年春季，英国现货价格（同样，从 2008 年底开始下跌）类似于美国天然气价格下跌。但是德国现货价格是美国价格的两倍，日本 LNG 进口增长了三倍。这些差异在 2013 年扩大，亨利中心的价格为 3.71 美元 /10^6Btu，英国 (Heren NBP 指数) 价格为 10.63 美元 /10^6Btu，德国进口价格为 10.72 美元 /10^6Btu(是亨利中心价格的 3 倍)，日本 LNG 进口价格为 16.17 美元 /10^6Btu，是亨利中心价格的 4.35 倍 (BP [British Petroleum]，2014a)。

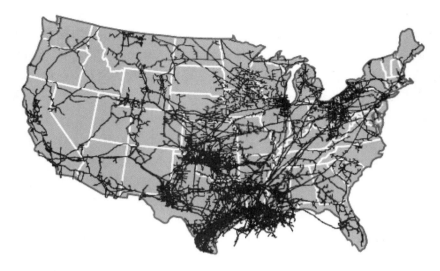

图 3.9　美国的天然气管网

石油与天然气的价格在历史上是紧密关联的，但在 2008 年这种关联性开始脱离。在 1991—2008 年，石油与天然气的价格比（美元/单位总能量）在 1～2 之间波动，但是后来迅速升高，到 2012 年短暂超过 8。以 2013 年平均价格为基准——亨利中心天然气价格为 3.73 美元/10^6Btu，西得克萨斯原油交易价格为 97.98 美元/bbl——原油供应价格为 60MJ/美元，相比之下天然气则为 280MJ/美元，两者有 4.7 倍的差异。天然气相比于原油更为便宜，因而天然气在所有适宜替代成品油的地方，均为一个大的优势。

从美国天然气管网图可以看出，它们在沿着墨西哥湾的海岸地区，始于得克萨斯州的最南端和路易斯安那州的最东端，在阿肯色州南部和路易斯安那州北部以及俄克拉何马州高度（世界上最密集的）集中。中西部地区的堪萨斯州、爱荷华州、伊利诺伊州和威斯康辛州；东部地区的俄亥俄州、宾夕法尼亚州和纽约州北部；西部地区的科罗拉多州、亚利桑那州南部和加利福尼亚州建有相对稠密的管线网络。哥伦比亚天然气储运公司（经营区域为美国东北部）运营管理美国州间最大的天然气系统，负责管理的管道年输气能力为 $860 \times 10^8 m^3$。但北方天然气公司（年输气能力为 $780 \times 10^8 m^3$，经营区域从得克萨斯州横跨到伊利诺伊州）运营更长的主管线（25400km vs 16600km）。得克萨斯州东方储运公司（年输气能力为 $660 \times 10^8 m^3$，14700km 管线）排名第三，将墨西哥湾来气输送至东北。笔者将描述世界上最长的天然气管道，该管道横跨亚欧大陆，建设的目的是应对全球天然气贸易的增长。

3.2.2　天然气储存

天然气储存是天然气生产和分输系统不可缺少的部分。由于对天然气季节性需要的增加，满足需求的方式之一是增大管道输送的输气量（这个量是淡季的几倍），显而易见这是不经济（不实际）的方式。在气候较暖和的时候（不需要天然气取暖，因而用气量减少），天然气供应也要应对（平日和周末）由家庭烹饪和工业用气造成的用气量波动。为了应对需求波动，需储存一定量的天然气，确保天然气在冬季有充足供应以满足纬度较高的国家取暖需求，这些国家季节性住宅和商业取暖消耗天然气量占全年的90%。

随着用天然气发电的比例越来越高（见第4章），发达国家的各个领域都对天然气进行大量储备。这些国家用天然气发电以满足用电高峰（由于空调制冷造成的用电量超过纪录），这种情况在短时间内往往需要大量天然气储备。上游管道发生事故无法供气或者其他事故会造成短暂停气，因而必须有一定的天然气储备以确保供应不间断。美国天然气储备公司——世界上最大的天然气生产商，在天然气价格波动中为了盈利，价格低时储存天然气，价格高时出售。

天然气不是一种易腐商品，可以很好地储存，根据需求量进行销售，但是其储存需要一定的条件。将天然气储存在枯竭的油气藏是最常用的、也是最古老的选择。至今它仍然是储气最常用的选择，一旦气体被采出，地下岩石孔隙闭合，经过几十年的开发，已经掌握这些孔隙的性质。储运天然气所需的一些基础设施可重复利用，有了这些，枯竭油气藏储气库（只要位于天然气用户所在城市的附近）常常是天然气储存最经济的方式。但是枯竭油气藏的孔隙度限制了储气量，其渗透性可以通过聚能弹射孔来改善，提高其吸气能力和导流能力。

储层压力需要保持，因而需要足够的垫层气（通常是整个储存气量的50%）。这部分气体虽然没法采出，但是储气库的储气能力是按必要时能提取的天然气量来评判的。枯竭油气藏储气库可以储存大量的气体，因而它可以作为主要的季节调峰方式；夏季的时候注入天然气，在12月至次年3月慢慢采出（这种储存方式不能短时间大量产出天然气）。这就意味着这类储气库一年仅利用一次，不像盐穴储气库，储存天然气用于调峰时一周可以利用一次，因而其利用率更高。美国现建有350座枯竭油气藏储气库，主要建在寒冷的东北和中西部地区。

盐穴储气库是第二种最好的储存大量天然气的方式。其良好的密封性和结构强度确保了其经久耐用，但是首先需要钻出井眼作为溶腔，然后注水溶解成足够的盐水，在岩穴穹顶下形成人造地下洞穴，这类盐穴大部分位于地表以下500～1500m的深度。盐穴储气库造价高，但其储气的可靠性是最高的，只要洞穴有足够的垫层气（洞穴体积的1/3）以使整个空间保持有足够的压力，瞬时吞吐量大（少于1h）并且采气速度快，因而，它们最适合用来天然气调峰。这就是燃气发电保持较快的增长，且数量也持续增长的原因（见第4章）。然而，与枯竭油气藏储气库相比，储存在岩穴的天然气体积较小，因而盐穴储气库不适合于战略储备。美国已建成了50座盐穴储气库，大部分建造在得克萨斯州和路易斯安那州，这两个州拥有数量众多的盐丘。

在无枯竭油气藏或者缺乏自然盐层的地区，将天然气储存在含水地层是另外一种地下储气方式。这些含水地层很明显有较好的孔隙度和渗透性，但不容易确定水层体积、孔隙度和潜在的储气体积。用来储存天然气的储层必须拥有含水沉积储层且必须上覆不可渗透的盖层以防止气体逃逸至饮用水层。含水层储气库也需要大量的垫层气（高达储气体积的80%）以保证所需的流量。有时需要将高压气体注入含水层的孔隙中将水排走；几乎所有情况下采出气均需干燥，长期注气很有可能有大量的气体渗出水层。

美国的数据提供了每周或者每月的天然气储存信息，如容量、基数、储存方式及运行的气体储存量 (USEIA，2014d)。2012 年，枯竭油气藏储气库储气量占了全部储气量的 85%，含水层储气库储气量占了 10%，剩余的储存在盐穴储气库，三者库容所占的比例分别为 81%、9% 和 10%。但是按实际能供应的气量及工作库容计算，这个比例为 75∶10∶15(USEIA，2014d)。2013 年美国总库容量达到了 $2400 \times 10^8 m^3$，这个体积是美国年消费量的 1/3，总库容量的一半是工作库容。自 2000 年以来实际储存量，在 10 月份最高的 $2000 \times 10^8 m^3$ 与夏季最少的约为 $1350 \times 10^8 m^3$ 之间波动。

天然气液化使得地面储存成为可能。地面储罐仅能储存有限体积的气，但其可立即供气。在美国，首个这样的设施于 1941 年在俄亥俄州 Cleveland 建成（更多内容参见第 5 章）。截至 2000 年，美国建有 100 个 LNG 储罐群（有或无液化），这些储罐群建于那些缺乏地下储气库的地区（新英格兰和中大西洋沿海地区），用于调峰；2012 年，LNG 总库容低于 $10 \times 10^8 m^3$，是地下储气总量的一小部分，但对调峰至关重要。

3.3　天然气产量的变化

几十年来，原油开采过程中采出的伴生气是一种不受欢迎的副产品，直到长输管线出现，这种状况才有所改善。它只能在当地使用，在第二次世界大战前的美国，这种情况开始转变。但是在中东，直到 20 世纪 70 年代，仍是如此。Faisal al-Suwaidi，前卡塔尔天然气公司首席执行官，回忆 1971 年世界上最大气田北穹顶气田的发现，当时很失望，为什么卡塔尔如此不幸运，不像邻国沙特阿拉伯那样盛产石油。当时，商业化的天然气液化还处在早期阶段，全球也没有 LNG 市场，采出的伴生气只能用来提高当地油田的采收率或者用于当地加热和发电，因而大量的非伴生气面临的是处理难题而非机遇（在第 5 章，我将讲解 al-Suwaidi 是如何利用天然气的转变使卡塔尔成为全球最富的国家之一）。

当地缺乏天然气需求，采出气不得不通过管道输送到烟囱里直接烧掉，这种浪费且污染环境的作法在 20 世纪 70 年代后大大减少，但是仍有大量待处置的气体，每年全球直接烧掉的量仍然让人吃惊。第一个记录全球直接烧掉的天然气的数据表明，在 1970 年，全球共直接烧掉了 $1650 \times 10^8 m^3$ 天然气，其中伊朗 $300 \times 10^8 m^3$，委内瑞拉 $180 \times 10^8 m^3$，美国 $140 \times 10^8 m^3$，接下来就是沙特阿拉伯和苏联，这些国家浪费了生产的大部分天然气 (Rotty，1974)。尽管 1970 年后，工业迅速发展，每年浪费的天然气比 40 年前少。2010 年，估计全球直接浪费了 $1340 \times 10^8 m^3$，主要集中在西伯利亚油田、尼日利亚和伊朗，这些量加起来占美国全年消费量的 20%(Roland，2010；GGFR，2013)。美国天然气浪费量在 20 世纪 70 年代减少了 75%，然后一直波动，但总体占比仍较低。但是在 2000—2012 年，由于页岩气产量快速增加，浪费量翻了一番 (CDIAC，2014；图 3.10)。

不仅仅由于燃烧排放，几乎所有情况下市场上销售的天然气总体积总是比实际采出的要低（美国统计的净采出体积）。最近几年，在美国这两者之间的差值达到了 20%，燃烧排放浪费掉的少于 1%，11% 用来注入地层补充地层能量，3% 是从天然气分离出来的非碳氢气体，约有 4% 在生产过程损失掉 (USEIA，2013a)。就像已经解释的，进一步的（相对较

小和可变的) 损失发生在长距离运输及分销过程中；最终到达客户的天然气只占最初实际采出的 75%，即使在没有燃烧排放天然气现象的国家也是如此。

　　全球天然气生产的重要转变是在第二次世界大战后。1890 年全球天然气产量不到 $40 \times 10^8 m^3$，1900 年不到 $70 \times 10^8 m^3$，这些产量几乎全部在美国和俄罗斯 (UNDESA，2013)。到了 1930 年，上升到 $560 \times 10^8 m^3$；1934 年，世界能源会议发布了首个统计年鉴，天然气主要生产国除了北美就是俄罗斯 (年产 $16 \times 10^8 m^3$)，其他国家也生产少量天然气，如奥地利、波兰、阿根廷、文莱、沙捞越 (马来西亚的一个邦) 以及荷属东印度群岛 (WPC，1934)；1945 年，全球天然气产量达到了 $1200 \times 10^8 m^3$ (主要原因为第二次世界大战时美国消费量增加了 50%)，5 年后产量翻了一番达到 $2200 \times 10^8 m^3$；到 1960 年全球产量达到了 $4400 \times 10^8 m^3$。

图 3.10　宾夕法尼亚州的天然气燃烧排放

　　接下来全球天然气产量呈快速线性增长。1975 年，天然气产量达到了 $1.2 \times 10^{12} m^3$；2000 年，刚刚超过 $2.4 \times 10^{12} m^3$(Smil，2010a；BP，2014a)。21 世纪，全球产量增加了 340 倍，1900—2000 年，全球累计采出天然气 $65 \times 10^{12} m^3$(Smil，2010a)。从能源角度来说，这相当于 2.3ZJ 能量 (zeta = 10^{21}J)，煤炭贡献了 5.4ZJ，原油贡献了 4ZJ，这意味着在高能量文明的 20 世纪，天然气贡献了所有化石能源贡献总量的 20%；相对而言，煤炭贡献了 46%，成品油贡献了 34%。若只针对 20 世纪下半世纪，则原油贡献了 39%，煤炭贡献了 38%，天然气贡献了 23%。

　　在 21 世纪的前 12 年，天然气产量增加了 40%，达到了 $3.4 \times 10^{12} m^3$。2012 年除了传统的生物燃料外，天然气提供了所有化石燃料贡献能量的 28%，所有主要商业能源的 24%(BP，2014a；图 3.11)。伴随着供应的多样化，天然气出口迅速增长。第二次世界大战前，天然气开采主要落在美国头上；1900 年，美国年产量几乎等于全球的产量，但只有不到 2% 的出口；1950 年，这个比值上升到 75%；1970 年，出口比例仍为 60%。苏联天然气产量快速增长，在 1970—1990 年，产量增加了 2 ~ 3 倍；欧洲产量（荷兰格罗宁根气田以及挪威和英国北海的天然气）在 20 世纪 70 年代增加了 1 倍；沙特阿拉伯的产量在 20 世纪 90 年代增加了 3 倍，由于上述原因，美国出口份额到 1990 年降至 25%。

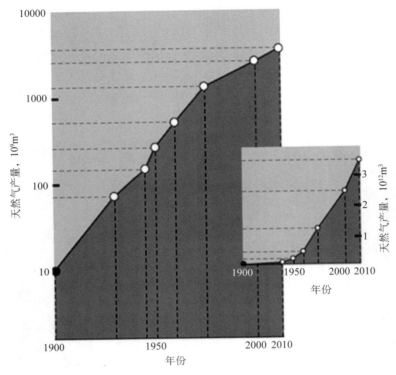

图 3.11 全球天然气产量

后来，随着苏联解体，原苏联国家的天然气产量下降，随后处于停滞状态，直到 2000 年才恢复了原产能。但是原苏联一些原来生产天然气的加盟国家的产量翻了几番；在 1990—2000 年间，澳大利亚天然气产量增加了 2.2 倍，马来西亚增加了 4 倍，中国和伊朗增加了 6 倍，特立尼达和多巴哥增加了 9 倍，卡塔尔增加了 18 倍。2010 年，美国产量只占全球天然气产量的 19%。通过跟踪全球几个主要天然气生产国（年产量达于 $200 \times 10^8 m^3$）的动态，也说明生产的多样化。1970 年只有 5 个国家年产量超过了 $200 \times 10^8 m^3$（美国、加拿大、荷兰、罗马尼亚、苏联）；1980 年，扩大到 8 个国家（新增的国家为墨西哥、英国和挪威），1990 年扩大到 18 个国家（原苏联的加盟共和国俄罗斯，乌克兰，乌兹别克斯坦，土库曼斯坦）；2012 年扩大到 27 个国家。

2012 年，50 多个国家（全球每 4 个国家中就有 1 个国家）有一定规模的天然气工业（年产量大于 $10 \times 10^8 m^3$）。最近的一些发现表明这个数量还会持续增加。由于莫桑比克发现了新的海上气田，该国天然气储量与印度尼西亚相当；地中海气田的新发现（2009 年发现 Tamar 气田，2010 年发现 Leviathan 气田）使以色列成为天然气出口国；2014 年，该国与巴勒斯坦民族权力组织和约旦签署合约。此外，对于占全球半壁江山的十几个主要油气生产国，天然气地位比原油更重要。2012 年，从能量的角度来说，对于俄罗斯和阿尔及利亚来说，这两种化石燃料贡献相当。但是对于阿根廷、澳大利亚、埃及、印度尼西亚、马来西亚、荷兰、挪威、卡塔尔、土库曼斯坦和乌兹别克斯坦这些国家来说，天然气比石油更重要。

用能源投资收益率 (EROI) 来形容更加贴切。这个指数为能源生产过程中能源产出和能源消耗的比值，其实质是能源投资中能得到多少能源回报，常被一些生态经济学者拔高了，但一直被大多数能源经济学家所忽视 (Hall，2011)，因而仅拥有少数地区的天然气 EROI 指数。经济学家 Guilford，Hall 和 Cleveland(2011) 估计了美国 20 世纪原油和天然气的 EROI 指数；这个指数呈下降趋势，从 1919 年的 20：1 到 1982 年的 8：1(当年钻井数是最多的)；1986—2002 年，这个值恢复到了 17：1；但是在 21 世纪的前 10 年，这个指数的平均值迅速下降到 11：1。

Grandell，Hall 和 Höök(2011) 估计挪威的油气开采 EROI 指数从 20 世纪 90 年代的 44：1 到 1996 年达到最高值 59：1，后来逐渐下降，到 2008 年该指数为 40：1。但是这些研究包含了两种不同燃料的回报，他们的 EROI 指数仅可作为一个基本的指标(和预期相比)。虽然从长期看，ERO I 指数呈递减趋势，但是仍然有较高的回报率。对 20 世纪最后 10 年和 21 世纪前 10 年加拿大天然气开发进行了详细的研究，根据 Freise(2011) 的研究，自从加拿大常规天然气的 EROI 指数从 1993 年的 38：1 降到 2005 年的 15：1 后，该国天然气的 EROI 指数即已进入永久下降期。

4 作为燃料及原材料的天然气

天然气并不是第一个有广泛商业应用的气态物质：家庭、工业以及商业机构开始燃烧天然气前近一个世纪，就有人造煤气的燃烧。这种作为煤焦化副产品的燃料，首次出现在18世纪后半期。第一个生产照明用气体的专用设备（烟煤的炭化，也就是在有限供氧条件下高温加热炉里的燃料）开始为工业、商店以及街道照明供气，伦敦开始于1812年，巴尔的摩开始于1816年，布鲁塞尔开始于1818年，纽约开始于1825年，波士顿开始于1829年，芝加哥开始于1849年 (Webber，1918)。到19世纪中期，欧美国各大城市都有独立的煤气厂。1855年，引进 Robert Bunsen 燃烧炉（混合适当比例的煤气与空气，以产生安全的火焰用于烹饪和取暖），促进了家庭大规模地使用煤气。1860—1900年，城镇燃气的生产及销售成为新工业时代的主导产业之一 (Hughes，1871；图4.1)。

图 4.1　纽约煤气照明和烹饪 (© Corbis)

生产煤气过程中氨液和焦油必须进行分离。实际上，煤气就是以氢气 (48% ~ 52%)、甲烷 (28% ~ 34%)、二氧化碳 (13% ~ 20%) 以及一氧化碳 (3%) 组成的混合气，能量密度低于 20MJ/m³（较常规天然气低 60%）。燃烧煤气为室外和室内提供照明的效率非常低。但由于早期的白炽灯也很低效；并且由于电力的广泛运用，首先需要配置室外输电线以及在室内布线，导致美国和欧洲在19世纪80年代建立第一批城市发电厂之前，煤气在许多大城市已应用了几十年。

在整个20世纪上半期，燃气行业较活跃，在某些地方，燃气行业活跃期一直持续到了

20 世纪 50 年代，有的甚至持续到了 60 年代。城镇燃气首先在照明市场输给了电灯泡（从 20 世纪 30 年代开始到荧光灯的出现），但它仍是家庭用电和烹饪方面的有力竞争者。天然气的供应（美国许多城市在第二次世界大战前，欧洲在 20 世纪 70 年代）致使城镇燃气时代结束，然而以往燃气站产生的焦油将长期污染附近的土壤和水体，美国有多达 50000 个这样的地方（Hatheway，2012）。

天然气的三个属性使其成为非常理想的燃料：清洁燃烧、燃烧过程中调节方便、（一旦管道建成）按需输送。这使天然气成为一种受人喜爱的能源，具有多种用途。不足为奇的是，随着时间的推移，天然气的使用程度会发生改变；并且它的使用也受到下列因素的影响：基础设施的有无（在美国西部，城市房屋被连接起来，以接收城市煤气，持续了几十年，天然气在这里很容易销售）、可靠地供应（许多大型石化厂的位置被证明接近主要气田）和价格（尽管技术进步，液化天然气仍比管道天然气昂贵）。

截至目前，天然气作为燃料的最重要用途是为从冶金到精细制造业的各种工业过程提供所需的热量或蒸汽。这个市场是在 19 世纪最后几十年出现的，随后天然气被用于家庭取暖、烹饪以及许多商业和工业设施的主要燃料。从 20 世纪 80 年代开始，许多商业和工业部门也使用天然气进行制冷。天然气作为燃料的另外一个主要市场的增长，是取代了煤炭以及燃油进行发电，在大型集中供电区，使得基于燃气轮机更加分散供电成为可能。

全球采出天然气中相对较小的部分不是用作燃料，而是用作原材料。世界上最重要的化肥生产绝大多数依赖于廉价的天然气，虽然采用其他方法也可合成氨，但作为原料以及作为给合成过程提供能源的燃料，没有一种比甲烷廉价。而且，在这个充斥着的塑料制品的世界，甲烷和天然气凝液（乙烷、丙烷、丁烷、戊烷）是很多复杂化合物最简单的母体。如果这些碳氢化合物不能提供现代石化工业的很大一部分基础材料，现代社会的物质条件将完全不同。

此外，甲烷是合成甲醇最重要的原材料，也是一种用于生产甲醛、醋酸以及其他最终变为树脂、塑料、油漆、黏合剂和硅树脂的重要化工原料。至少现阶段，甲醇的生产是最重要的将气体转化为液体的过程，这种工艺可产生更有价值并且易于运输的燃料。汽油、煤油和柴油的生产一直是终极目标，虽然技术上可行，但它面临着许多工程和经济方面的挑战。在介绍主要消费领域之前，将用几个段落总结美国及其他国家的天然气定价。

正如预期，大量的工业消费者得到最便宜的天然气，商业机构支付的较贵，住宅消费者购买的天然气最为昂贵。2013 年，美国三种消费的平均价格分别为 4.66 美元 /10^3ft^3、8.13 美元 /10^3ft^3 和 10.33 美元 /10^3ft^3，3 种价格的比率为 1∶1.74∶2.21，表明天然气对商业机构和住宅消费者的价格相对昂贵；2000 年，这 3 种价格的比率为 1∶1.48∶1.75(USEIA，2014c)。天然气的消费总额（总额按当前价格计算）从 1945 年的 8.37 亿美元涨至 1975 年的 85 亿美元；随着价格管制的撤销，天然气的消费总额由 1990 年的 300 亿美元增至 2000 年的 700 亿美元，并在 2013 年达到 1130 亿美元，其中住宅用户的消费额为 510 亿美元，商业机构的消费额为 270 亿美元，工业的消费额为 350 亿美元 (USEIA，2014c)。

随着价格管制的撤销，美国家庭仍比欧洲以及东亚消费者支付的价格低。2012 年，当美国的平均价格为 0.38 美元 /m^3(10.71 美元 /10^3ft^3) 时，欧洲住宅用户的平均价格是 0.83

美元 /m³(EC，2014)。2013 年，当美国住宅用户的平均价格为 0.37 美元 /m³ 时，欧洲 22 个主要城市住宅用户的平均价格为 0.95 美元 /m³，价格从斯德哥尔摩 (所有气体均为进口) 的 2.66 美元 /m³ 至布加勒斯特 (近 90% 的消耗来自国内资源) 的 0.40 美元 /m³ 不等，也就是美国天然气价格的 2.6 倍 (Energy Price Index，2013)。日本住宅用户则必须为进口液化天然气支付更多，液化天然气的价格将近 1.7 美元 /m³，接近美国天然气价格的 4.6 倍。

4.1 工业用途、加热、制冷及烹饪

天然气的工业用途相当广泛。油气生产占据了国家能源产业相当大的份额，前面章节中已经介绍了天然气在油气田 (包括二次采油) 以及天然气处理厂的用途，通过增压进行管道输送。在石油和天然气行业，天然气的一个全新并且至关重要的用途是从加拿大的油砂中生产液体燃料。通过燃烧天然气，提供驱油所用的蒸汽，从而进行循环蒸汽吞吐或者蒸汽辅助重力驱油。露天开采和原位开采被认为是油砂的两种主要开采模式，每生产 1bbl 沥青质原油需燃烧 25 ~ 35m³ 天然气 (NEB，2014a)。

根据文献记载，中国人口最多的内陆省份四川是最早使用天然气的地方，主要是利用天然气燃烧来蒸发卤水 (Adshead，1992)。这种做法可追溯到汉代 (公元前 200 年)，尽管一直沿用到近代早期，但它并没有被引用到其他地方。在西方，天然气的首次使用 (19 世纪最后几十年) 是用于街道照明以及作为优质燃料用于许多工业过程。首次应用后很快就被电灯所取代，但工业一直是天然气的最大用户。根据最早且可靠的美国天然气消费结构显示，1906 年工业用天然气占总销售额的 72% 左右，其余部分用于家庭和商业企业 (Schurr Netschert，1960)。在加拿大，埃德蒙顿是第一个改用天然气取暖和烹饪的城市 (由 130km 长的管道从艾伯塔省输送)。

4.1.1 天然气的工业用途

1950 年，美国工业领域使用的天然气占总量的 60% 左右，到 2013 年这一比例下降至 34% 左右，但仍略领先用于发电的 31% (USEIA，2014e)。此外，相比其他部门，工业部门的天然气消费量代表着一个更大的最终能源使用份额。这些部门的能源消耗严重依赖于电力 (商业部门的超过 75%，家庭的超过 65%) 或依赖于液体燃料 (运输超过 95%)。回顾美国经济中能源的构成，天然气约占金属制品制造中总能源需求的 55%，占食品工业的 52%，占金属铸造和运输设备的近 50%，占化工行业的 45%，平均约占 36%——据工业领域制造业能源消费调查报告 (ICF International，2007)。

根据绝对数据，天然气的最大消费领域是化工行业，紧接着是石油炼制业、食品制造业及造纸业。天然气使用最为广泛的三种方式为：(1) 为多种工业加工提供生产所需的热水和蒸汽；(2) 空间加热、中央空调、废物处理、焚烧；(3) 利用燃烧产生的热量直接加热、进行预热和材料熔化 (特别是金属)，以及干燥和除湿。燃气除湿系统保证材料和产品的水分被降至低于可能引起缺陷的水平。许多行业也使用天然气来补充其他燃料的燃烧：通过与木材或煤以及其他物质进行共燃可提高整体效率并降低排放。追求清洁生产，也就是几乎没有颗粒物，没有 SO_x 的排放，有效控制氮氧化物，并减少温室气体的产生。这意味着

将使用更多的天然气,工业部门对天然气的依赖可能会增加。

天然气的高效应用包括红外加热设备和直接接触式热水器。标准工业热水器和锅炉靠间接提高水的温度,通过热交换器与封闭在容器或管道中的液体加热,运行效率低于70%。在直接接触式热水器中,冷水被引入设备的顶部,当它向下流经填料(不锈钢结节环)时,由气体在该设备的底部燃烧进行加热,整体效率可高达99.7%。直接接触式热水器被广泛应用于供暖、纺织、食品制造业以及大型洗衣店(Quik Water,2014)。

食品生产需要大量的热水、蒸汽和干热进行烹饪、烘烤、发酵和消毒,并且乳制品、果汁、葡萄酒和醋必须加热到 72℃进行巴氏灭菌以消除有害的病原体。根据需要,这可能会出现在处理过程中的某个环节或在产品完成前的最后一个步骤。迄今为止,在造纸过程中对热的最主要需求是,用于干燥湿纸,每生产 1kg 纸张需要去除 1.1 ～ 1.3kg 水,该过程是通过蒸汽加热钢管来完成的(Ghosh,2011)。

窑厂普遍使用天然气来烧制防火砖、石器、陶瓷以及精美瓷器。在美国,80% 的砖是在燃气窑中生产的,在烧制的最后一个阶段(玻璃化),温度高达 1360℃(BIA,2014)。天然气用于更大规模的硅酸盐水泥生产,仍然显得价格过于昂贵,即便在美国,该行业也主要是依靠煤炭、石油焦炭以及可燃垃圾,天然气仅占 5% 的能量供应。高炉冶铁仍高度依赖煤炭,尤其是在贫氧环境下对煤的碳化(高温干馏)。但在 20 世纪,由于煤粉、油或天然气作为补充燃料致使金属冶炼使用焦炭的量降低了 60% 以上(de Beer,Worrell 和 Blok,1998)。

钢铁制造的零件通常使用天然气进行各种处理,其中包括淬火(加热到规定温度后快速浸入油、水或盐水中快速冷却,最常见的为钢材制造)、回火(脆性降低后加热到特定温度,然后让该金属冷却)及退火(提高金属塑性,通过加热到规定温度,保持它的所需时间,随后缓慢冷却)。通过与特定的材料一起加热使钢铁表面沉积更多的碳,使其表面硬化。有色金属需经过退火和固溶热处理(加热随后快速淬火)。

4.1.2　天然气的加热与制冷用途

第二次世界大战前,北美许多农村地区仍普遍使用燃烧木材的火炉,城市房屋的采暖主要靠单个房间中的煤炉,或是在地下室用燃烧煤炭的锅炉加热循环水,通过铸铁散热器采暖。1885 年后,主要是通过由 Dave Lennox 制造的铆接钢制煤炭炉加热空气通过自然对流进行采暖。燃油加热炉是在 1935 年制造出第一个强化空气燃煤炉之前的选项。第二次世界大战后强化空气加热炉占据了主导地位,且燃料迅速由煤炭转为天然气。

这些炉子加热后流入的新鲜空气与通过地板和墙壁内的管道散发的暖空气对流。他们配置了一个指示灯和电动机来强制加热空气的流动,1950 年后得到普遍应用,经过改进后,其体积变小,性能提高。北美天然气炉的等级是由他们的年度燃料利用率决定的。1975 年前,天然气炉的年度燃料利用率仅为 55% ～ 60%,通过烟囱排放的热废气占购买天然气总量的 40% ～ 45%。中效燃气炉最终将天然气中高达 78% ～ 82% 的能量转换为家庭用热。

在加拿大,中效燃气炉的销售于 2009 年 12 月 31 日终止,并且只提供高效(冷凝)天然气炉(年度燃料利用率大于 90%)以及带有能源之星标签(至少 95%的年度燃料利用率)

的燃气炉（图 4.2）。这些炉子运用微处理器控制，带有电子点火（因此没有指示灯）、二级热交换器以及高效电动机，并且可以通过安置在起居室内带有程序的自动调温器来实现开启和关闭，它们的热损失极小，可不需要烟囱，富含二氧化碳的尾气排放是通过房子旁边的聚氯乙烯或 ABS 塑料管道完成，燃烧产生的水由地漏排出。许多家庭也使用天然气烧水，并且最新加热炉的设计效率优于以往机型的效率。

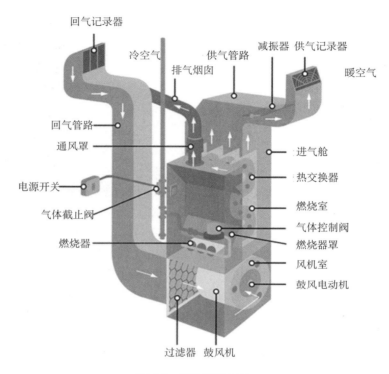

图 4.2　高效天然气炉

第二次世界大战后商业场所（写字楼、专卖店、商场）和机构部门（中小学、大学、医院、博物馆）的空间扩展造就了一个由天然气提供最佳加热服务的新用途。2013 年，美国商业部门所消耗的天然气超过 1950 年的 8 倍，相当于家庭消费的 2/3(1950 年，不足 1/3)。商业场所和机构部门是使用天然气进行制冷的先驱，尤其是在炎热天气，工作时间较长的大型设施（学校、办公室），或者经常需要几乎恒定冷负荷的医院、酒店和超市更具吸引力(ESC，2005；Uniongas，2013)。天然气作为动力的制冷设备，包括低噪音且高效率的吸收式制冷机（它们还可使用来自其他作业现场天然气燃烧的废料）；以及用于干燥除湿的蒸汽机驱动的制冷机组（可以承受高温，减少超市制冷机组的霜层）。

4.1.3　天然气的烹饪用途

在 19 世纪最后 20 年，由于城镇燃气生产商寻找失去电力照明市场后的销售量，燃气烹饪首次进入美国西部城市。在英国，1/4 的城镇家庭于 1898 年利用天然气做饭，并于 1901 年达到 1/3(Fouquet，2008)。20 世纪初期的 20 年内，在所有工业化国家的大城市中，燃气灶已经变得很普遍。截至 1930 年，在美国燃气灶（燃烧煤气、天然气）与使用木材和煤炉灶的数量比接近 2 : 1。廉价的电力限制了天然气第二次世界大战后在北美的发展，但即便如此，在 21 世纪初，大约 1/3 的美国家庭使用天然气进行烹饪。

用天然气做饭的优势包括热量分布均匀（火焰也可以加热烹饪器具的边部）、能够更快更精确地完成烹饪、热强度（通常由专业厨师掌控，特别是对中餐的快速烹饪）的即时控制并具有迅速改变温度和瞬间切断热量的功能。但天然气较电力昂贵，更难以清洁（尤其是与新的用电平底锅相比），不适合烘烤（燃烧后会释放水汽），并可能更危险（明火以及意外熄灭引发的气体泄漏等危险），尤其是当没有排气罩时，它是室内空气污染的一个重要来源。

Logue 等 (2013) 发现，在加利福尼亚南部，室内燃气灶产生的 CO 超过周围空气的标准，并且烹饪也会产生超过环境标准的 NO_2。一份欧盟呼吸健康调查显示，男性的呼吸道症状与天然气烹饪之间没有明显的关系；但相对于女性，利用天然气烹饪比利用电力更容易引发呼吸道阻塞等症状 (Jarvis 等，1998)。挪威最近的一项研究发现，与使用电烹饪器具相比，燃气烹饪会产生更多的致癌烟雾，但两者的水平均低于职业允许的阈值。

4.1.4 液化石油气

最后，用几个段落讲述液化石油气（丙烷和丁烷的混合物）作为燃料的情况。它的许多工业用途与天然气是一样的：可作为烘炉、熔炉、窑、水加热以及金属高温处理过程中的燃料，可用于氧丙烷切割和焊接，也可用于制造从化妆品到杀虫剂等各种家用产品。在建筑工地，这种便携式燃料可用于加热建筑物和沥青，在道路修补过程中。液化石油气的农业用途包括对畜棚、谷物和水果干燥的空间加热，并且还可为农业机械提供动力（更多关于它的使用，详见第 7 章）。

液化石油气 (LPG) 也可用于一系列休闲活动。最有名的用途是作为烹饪的便携式燃料，可作为野外露营以及休闲车上的燃料。可以使用多种可重复填充的金属圆柱体进行储存，但也有液化石油气驱动的船只（因其泄漏后对水质影响最小，选择它比选择汽油更好），以及现在的热气球行业依赖液化石油气的燃烧提供强大动力，驱动空中观光大气球。虽然在北美没有液化石油气作为燃料的汽车，在欧洲 (AEGPL，2014) 有 450 万辆液化石油气燃料汽车。同样也会在第 7 章详细介绍其在可移动领域的应用。

4.2 发电

一旦天然气价格变得低廉，并且供应量大，发电行业明显是它的下一个市场，但是过去长期存在的燃煤和燃油电厂（并且从 20 世纪 60 年代开始，扩大核能发电）使得它是一个缓慢的替代过程。1950 年，即使是在经过半个多世纪不断扩大天然气开采的美国，用于发电的天然气仍仅为民用天然气的一半；1975 年，民用天然气仍然占到 55%；但在 20 世纪最后几年，用于发电的天然气量即已超过家庭用于取暖和烹饪的量。到 20 世纪 50 年代末，所有的燃气发电机组都集中在中型和大型中央发电厂，在这里，天然气在锅炉中燃烧产生的蒸汽驱动发电机组。

1950—2000 年，用于发电的天然气量同比增长超过 8 倍，在 2000—2012 年它增长了 75%。1950 年，在美国天然气贡献了用于发电的所有化石燃料的 20%(煤炭 66%，占主导地位)；1975 年，它的份额仅增长到 21%，但天然气总消费量已经翻了两番。随后燃气轮机的崛起使大家首选天然气用于发电，现在这些高效、可靠的机器在所有主要经济体中占据主导地位。到 2000 年，其所占份额下降，再次跌破 20%，但 (2007 年开始) 更便宜的天然气供应使其增加到 2013 年的 33%。就实际发电而言，天然气所占的份额更低，在 2013 年约为 27%。全球所占的市场份额更低，2010 年世界上 21% 的电力是通过天然气燃烧提供的。

装机容量与实际燃气发电机份额之间的差异，主要是由于燃气机的重要性上升。正如以下将要讲到的，涡轮机燃烧天然气具有无与伦比的效率(在大型燃煤电站，蒸汽机联合循环比蒸汽发电机高 50%)，但它们的负载系数较低，因为它们需兼顾峰值供电和应急需要，不同于大型中央发电厂的汽轮机，它们的供电较为平稳。2012 年的美国统计数据显示，煤炭燃烧的平均负载系数为 55%，天然气仅有 33%。

中央燃气电厂通过油田附近的管道或液化天然气再气化的末站提供的燃气进行发电，其气电转换效率通常为 33% ~ 35%(针对老站)，1990 年以后的电站达到 35% ~ 38%。即便如此，这在一些国家仍然很重要，特别是在日本，建造了最大规模的大功率(大于 2 GW)电厂，以取代燃煤和燃油发电站，改善日本人口稠密的沿海城市的空气质量。接近 20 个基于 LNG 的大功率电厂位于与填海土地相邻的地方，由于配套了高大的锅炉、发电机大厅、烟囱和气体储罐，因此极易辨认。日本最大的燃气发电站位于富津的千叶州，达 5.04GW，跨越了首都和东京湾(图 5.7)地区；第二大燃气发电站是位于大阪的三重县东部的川越市，达到 4.8GW。

东亚其他的 LNG 进口国、且拥有大型燃气发电站的国家，包括中国、中国台湾、韩国、俄罗斯、澳大利亚。而马来西亚依靠国内廉价的天然气发电。装机容量为 5.597GW，俄罗斯的 Surgut-2 位于西伯利亚西—中部地区(汉特—曼西斯克地区)，是 2014 年世界上最大的天然气发电站。纽约的 Ravenswood 发电站装机容量为 2.48GW，燃烧天然气、燃料油、煤油等，因为它在罗斯福岛大桥南部皇后区，仅占据 $12 \times 10^4 m^2$ 的方形区域，说明这些大型设施非常紧凑。但在美国，小容量燃气轮机已主导了几十年；2012 年，为大型汽轮发电机产生蒸汽的燃气锅炉不及天然气发电容量的 20%，接近 30% 的是简单循环燃气轮机，52% 的是联合循环燃气轮机 (CCGT)。因此在本节其余部分将重点描述这些机器的崛起以及其非凡的性能。

4.2.1 燃气轮机

燃气轮机的探索可追溯到 18 世纪末期，John Barber 的专利基本正确地阐述了燃气轮机的原理，但没有机会转换为一个可工作的机器。实现这个想法，对于后代而言仍是一个挑战。1903 年，Aegidius Elling 制造的带有一个离心压缩机的 6 级涡轮机，可产生一些净功率；1903—1906 年，由 Société des Turbo-moteurs 公司制造的离心式涡轮机原型样机达到的净效率不足 3%，远不如当时最好的蒸汽机。与此同时，燃气轮机制造的先驱，Brown Boveri 制造出了第一台燃气轮机的原型机 (Smil，2006)。

　　燃气轮机的第一次实质性进步是在第一次世界大战期间。Sanford Moss(其第一台燃气轮机的设计可追溯到 1895 年)于 1917 年成立通用公司的新涡轮机研究部门,开发出采用美国战斗机中往复式发动机的热废气驱动的一款涡轮增压器。更多关于涡轮发动机的建议和专利的出现是在 20 世纪 20 年代,但唯一实际应用的是一款由 Hans Holzwarth 设计、由 Brown Boveri 为德国钢铁厂建造的一个小型燃气轮机。真正商业上的突破是在 20 世纪 30 年代,主要得益于先进的材料、强大的市场需求以及两位年轻工程师的无私奉献,他们分别是英国的 Frank Whittle 和德国的 Hans Joachim Pabst von Ohain,他们研发出第一款适合飞行的涡轮机 (喷气式发动机)(Smil,2010a)。

　　第一个规模化用于公用事业的固定式燃气轮机是 Brown Boveri 于 1939 年为 Neuchâtel 的市政发电站建造的 (Alstom,2007)。该燃气轮机的额定功率为 15.4MW,但由于其压缩机消耗了近 75% 的输出功,并且由于所有的废热均为放空排放,实际可用功率不足 4MW,导致效率较差,刚超过 17%。值得注意的是,该涡轮机经过 63 年的使用后,才于 2002 年退役。燃气轮机在第二次世界大战后的发展是缓慢的,除了美国没有现成的天然气以外,公用事业市场以燃煤蒸汽轮机和水轮机为主,以及中东出口的廉价石油为发电提供新的燃料,也是其发展缓慢的重要原因。大型锅炉燃油发电对于煤炭缺乏国家是至关重要的,如日本,从而带动了经济的快速扩张。

　　在美国,西屋电气和通用电气均于 1949 年推出了第一款可用于发电的燃气轮机 (功率低于 1.5MW),10 年之后,美国最大的燃气轮机的总功率仅有 240MW,不及如今一台大机器提供的功率。1960 年,涡轮机最高额定值达到 20MW,在 1965 年总装机容量达到 840MW;1965 年末一个突发事件迎来了燃气轮机高速扩张的新时代。1965 年 11 月 9 日,美国东北部地区,从新泽西州延伸到新罕布什尔州以及加拿大安大略省的部分地区,整个面积超过 200000km^2 遭遇了停电,大约有 3000 万人遭遇长达 13h 的停电 (USFPC,1965)。

　　公用事业公司开始意识到,快速可启动型燃气轮机将产生巨大的影响。虽然燃气轮机必须由外部装置驱动 (一部小电机即可),但它的输出可在几分钟内达到满载,而蒸汽轮机则需要几个小时。1965 年后,美国公用事业公司用短短 3 年时间,安装新燃气轮机的容量达 8GW;在 10 年之后的 1975 年,燃气轮机的总容量扩大超过 30 倍,接近 45GW。然而这种快速扩张,由于天然气价格的上涨 (OPEC 的石油价格在 1973–1974 年增长了 5 倍) 以及电力需求的下降 (经过多年的快速扩张) 而终结。

　　油气价格在 20 世纪 80 年代中期的下跌导致燃气轮机出现恢复性增长,截至 1990 年,美国公用事业公司安装的燃气轮机占其总装机容量的一半,并且全球范围内新燃气轮机的订单超过蒸汽轮机的订单 (Valenti,1991)。同样重要的还有,伴随着这种数量上的增长而来的是令人印象深刻的质量上的改进。燃气轮机处于最可靠的现代机器之列:如果维护得当,燃气轮机运行 25000h(即不间断运行 2.85 年) 后,才需要维修。这种可靠性使其成为连续工业应用中的首选,如石油和天然气行业在加工厂、炼油厂以及管道泵站用于驱动泵和压缩机。

　　它们也是非常有效的,正如前面已经指出,1939 年 Brown Boveri 设计的第一台燃气轮机的效率只有 17%；30 年后，效率接近 30%；1976 年通用电气最大的发电机 (100MW) 效率达到 32%；到 2000 年，燃气轮机达到的热效率略高于 40%。因此，发电厂使用最好的蒸汽轮机与最好的简单循环燃气轮机，它们的性能非常相似。但是燃气轮机能够以联合循环方式运行，所以性能要好得多。早期燃气轮机的容量较低 (小于 10MW)，并且尾气温度低于 750℃。这 2 项仅仅允许余热用于预热锅炉用空气，或者加热锅炉人口水。

更大容量的燃气轮机 (1970 年的 50MW，20 世纪 80 年代中期的 100MW，20 世纪 90 年代中期的 200MW)，较高效燃烧及较高的尾气温度 (燃烧温度在 20 世纪 60 年代末期为 1000℃多，提升至 90 年代的 1250℃；尾气温度由 50 年代初的不足 400℃，上升到最新机器的 600℃)，提供了一个前所未有的机会来提高发电效率或最大限度地提高基于燃气轮机的热电联产的系统效率。

4.2.2 联合循环燃气轮机

在 20 世纪 60 年代末和 70 年代初，预制的联合循环式发电厂进入市场，冠以蒸汽和燃气机 (通用电气) 或者蒸汽与燃气机 (西门子公司) 或者功率与组合效率 (Westinghouse) 等名称。最终，该技术成为广为人知的联合循环燃气轮机。经过一个快速的成熟期后，联合循环燃气轮机成为电厂新增容量和改造老厂最为常见的选择 (Balling，Termuehlen 和 Baumgartner，2002；Rao，2012)。将燃气轮机和蒸汽轮机整合到一起的原理为：离开燃气轮机的气体，具有足够的热量可加热蒸汽 (在附带的热回收蒸汽发生器内)，而蒸汽的膨胀可运转耦合的蒸汽轮机。这种联合循环燃气轮机的效率是通过 2 个涡轮机的效率相加再减去其乘积：将效率为 42% 的燃气轮机与效率为 32% 的蒸汽轮机相组合，得到的联合效率略高于 60%。

经过后来的技术改进，效率可高达 68% ~ 69%，并可能与其他方式进一步组合 (添加固体氧化物燃料电池或光伏太阳能)。现阶段，最大的组合燃气涡轮机容量已经达到大型中央发电厂的中型 (400 ~ 600MW) 蒸汽轮机的水平。西门子公司于 2007 年推出当时最大的组合燃气涡轮机：SGT5-8000H 型额定出力为 340MW、能满足 530WM 的联合循环发电厂，且联合效率为 60%；并且后来，它将简单循环出力增加到 375WM，联合循环出力增加到 570WM(Siemens，2014)。通用电气公司的两款最新机型，9HA01 和 9HA02(分别于 2011 年和 2014 年推出)，是目前简单循环出力纪录的保持者，分别为 397MW 和 470MW，那个大一些的机型以联合循环方式，可提供 710MW 的毛容量和 701MW 的净容量 (GE，2014a；图 4.3)。

热电联产 (CHP)，余热不能转换为电能，但在相邻的工厂可直接进行再利用，更为常见的是给工业部门 (尤其是食品和纺织工业) 提供热水或空间加热，如集中供热站 (以往主要依靠煤炭或燃油加热，现在使用废弃物质)。除较高的整体效率外，热电联产的优点还包括减小对空气的污染并增加当地的供应安全。热电联产厂在欧洲和日本的城市地区已经相当普遍，现在也被广泛应用于中国快速发展的城市。在欧洲，热电联产现占所有电力的 10% 以上，并且在大多数使用 CHP 的国家，天然气是主要燃料。这些国家包括荷兰、西班牙、意大利、德国和英国。

图 4.3　通用电气公司的燃气轮机

　　热电联产一个特别有趣的案例是在荷兰温室中使用，现在覆盖面积已经超过 $60km^2$。于 1987 年开始实践，该方法可以节省高达 30% 的总能量费用。天然气的燃烧不仅为温室提供大量的光和热，而且产生的 CO_2 可将封闭空气中的 CO_2 浓度提高到至少为 1964.29mg/m^3(2014 年全球大气环境 CO_2 平均浓度为 785.71mg/m^3)。这种做法导致荷兰温室种植的两个主导农产品 (辣椒和西红柿) 的生长速度更快，产量也更高 (Wageningen UR，2014)。

　　随着引进航改型涡轮机进入市场 (Smil，2010a；Langston，2013) 喷气式发动机成为天然气发电的一项新选择。通用电气公司设计的第一款 (LM6000：额定容量为 40.7MW，效率为 40%) 是基于长期用于驱动波音 747 和波音 767 以及多种空中客车机型的 CF6 发动机。到 2013 年，通用公司提供了额定出力为 16.4 ~ 105.8MW、功率为 50 和 60Hz 的几种型号 (GEPower&Water，2013)。其他两家大型喷气发动机制造商劳斯莱斯和普惠 (P & W) 也提供了他们的航改型燃气轮机，前者基于其广泛使用的特伦特系列喷气发动机，后期基于 20 世纪 60 年代期间驱动第一架波音 727 和波音 737 飞机的 JT8D 发动机。惠普公司也研发了橇装型燃气轮机，它们能完全组装在拖车上，并且在到达目的地后一个月内发电。

　　惠普公司的 FT8 27MW 燃气轮机安装在一个钢制基础上，带有安装好的辅助支持系统。移动整表橇装机组仅需 2 台拖车，到达预定地点 8h 后即可开始发电 (PW Power Systems，2014)。发电机组，控制拖车、占用的道路、燃料与电力连接以及一个安全的周边缓冲区仅占地600m^2；而 60MW SwiftPac 则需要混凝土地基、占地700m^2 并且交货 3 周后才可用于发电。紧凑的燃气轮机很容易在现有发电厂的厂区内安装，这样就可避免审批新厂址带来的麻烦。例如，1968 年建成的迪德科特 A(2GW) 燃煤发电站在选址时，就遭到很多当地人的反对，但于 1997 年建成的迪德科特 B(1.36GW) 燃气轮机发电站，实际是隐藏在迪德科特 A 厂区内，其占地面积不足原始站区的 10%(Smil，2015)。

　　燃气轮机数量的不断增加以及其所占新安装容量的份额，标志着燃气轮机的应用得到普及。2013 年全世界有 26000 多台燃气轮机，其中有以简单循环和联合循环方式运行的涡轮机，也有热电联供系统，其中北美占近 1/3，亚洲占 1/5(普氏能源资讯，2014)。2012 年，美国燃气轮机安装容量达 121GW，约占化石燃料发电的 15% 和 11% 的夏季发电能力，它们总共只产生了 3% 的电力。如此低的份额可以用需求峰值期间燃气轮机的使用来解释：

在非高峰时段,它们的功率因子通常只有 1% ~ 3%,而在高峰时段 (美国现在的高峰时段是 13–17 点) 会上升到 10% 以上,在东北地区 (东北电力协调委员会,高峰期是从 10 点延长到 20 点) 和得克萨斯州 (峰值更为集中于 15 点) 则会超过 25%(USEIA,2014f)。

燃气轮机的调峰作用,可从季节性天然气消费量中看出。2013 年 7 月和 8 月的用气总量 (包含空调的高峰需求) 较 1 月和 2 月高 40%。因此,美国的新增发电能力以燃气轮机为主并不奇怪。2013 年,燃气轮机新增发电能力超过 50% (新增发电能力共 13.5GW,其中燃气轮机约占 6.9GW),其中简单循环和联合循环几乎平分;2012 年就总发电量而言,天然气为燃料的燃气轮机 (CCGT) 占 20%,蒸汽轮机占 41%(包括 29% 的燃煤电厂和 8% 的天然气火力发电站),水轮机约占 7.5%,风力涡轮机占 5.5% (USEIA,2013)。

由于不断增长的需求和高质量、高价格材料的使用,燃气轮机的安装已经越来越昂贵,但燃气轮机仍比任何其他常用的发电方式更便宜。USEIA(2014g) 计划在 2019 年前针对整个运行系统逐步控制发电成本:煤约 95 美元 /(kW·h),核能 96 美元 /(kW·h)(一个非常值得商榷的价值),生物能 103 美元 /(kW·h),陆上风能 80 美元 /(kW·h)(海上风能 204 美元 /(kW·h),太阳能光伏 130 美元 /(kW·h),常规版的燃气轮机 66 美元 /(kW·h),高级版的燃气轮机 64 美元 /(kW·h)。

没有其他固定的原动力能够像以天然气为燃料的现代涡轮机一样结合如此多的优点,拥有最紧凑的结构,因此它是所有发电机里尺寸最小的,可以很容易地在现有火电厂或工业设施的范围内安装;可以通过卡车、驳船或船舶低成本地运输到各站点;维修简单,让人信赖;快速投运与调节,可以在几分钟内达到满负荷,因此非常适合用于满足峰值负载或其他需求的突然波动;由于是空气降温,它们不需要设置水冷却 (不像蒸汽汽轮发电机);噪声较低,在 100m 距离以内消音器使噪声保持在 60db 以下;通过采用联合循环设计,它们拥有无与伦比的利用率,并且二氧化碳排放量最小。

4.3 作为原材料的天然气

所有的化石燃料都可以燃烧并发光发热,而且也可用作原料,最重要的是作为化工原料提供后续合成或处理所需的基本成分。因天然气是最轻的烷烃混合物,具有作为化学合成原材料的天然优势。在燃烧过程中,所有烷烃均会释放热量,但无论是未处理还是处理后,天然气均不能用作原材料。天然气作为原材料,需要先分离出它的组分,然后才可用于特定的用途。

甲烷是合成氨 (NH_3) 中最重要的成分,可生成氢气 (用于加氢裂化和加氢脱硫) 和甲醇 (CH_3OH) 及其衍生物。乙烷 (C_2H_6) 是最轻的天然气液体,可被转化成乙烯 (C_2H_4),其聚合反应可得到最大并且最有价值的合成产品链。丙烷 (C_3H_8,也用作便携式燃料,最常见的家庭取暖、小型炉和烧烤) 可转变为丙烯 (C_3H_6),是仅次于乙烯的聚合物成分。利用丁烷 (C_4H_{10}) 可制得丁烯 (C_4H_8),是合成橡胶的基础材料,但它也可与汽油混合,还可与丙烷一起作为液化石油气进行销售。

天然气作为原料的主要用途是生产炭黑。炭黑呈现粉末状或颗粒状,主要元素为碳,纯度相当高 (至少 97%,不同于黑炭,或烟灰,碳元素小于 60%)。工业用炭黑主要集中在橡胶工业。在美国，70% 的炭黑用于轮胎的增强填料，10% 用于其他汽车产品 (如皮带、软管等)，10% 转换为模制和拉伸的橡胶制品，其余的则作为颜料，主要用于印刷油墨 (现普遍存在于复印机和激光打印碳粉盒)、涂料树脂和薄膜 (ICBA，2014)。

第二次世界大战之前的美国，天然气是生产炭黑的首选原料，国外或者附近油田利用廉价的天然气与石油来生产汽车时代所需的不断增长的橡胶。1920 年美国生产天然气的 8% 被用于炭黑行业，1940 年这一比例升至近 18%(Schurr Netschert，1960)。工业依赖于热裂解炭黑处理，将天然气与适量空气注入反应器中，通过热化学分解，产生富含碳和氢的燃料。天然气燃烧产生热化学分解所需的能量，其中的碳被分离、致密化并通过筛检或造粒加工到合适的规格。一旦天然气价格变得昂贵，将转向利用原油。到 20 世纪 70 年代中期，大部分材料 (目前约为 800×10^4t/a) 已经从重芳烃油转变为油炉加热工艺，并且到 2000 年美国的 23 家炭黑厂只有一家采用以天然气为主的原料 (Crump，2000)。

以往 H_2 是由水蒸气的重组而产生的 ($CH_4+H_2O \longrightarrow CO+3H_2$)，现阶段约有 1/2 的 H_2 来源于化石燃料 (另一半主要来自蒸汽与煤炭转化的液态烃，而电解水需要昂贵的电能来实现，全球供应中不及 5%)。氢的主要用途是原油炼制、分馏、脱烃、脱硫 (Chang，Pashikanti 和 Liu，2012)。现在每年处理差不多 4Gt 的原油，其平均需求量大约为炼油厂原油加工总量的 5%($60m^3$/t 油)，H_2 的年总消耗量约为 20×10^6t。全球市场的其余约 50×10^6t 被用于化学合成 (生产甲醇、聚合物、溶剂和药物) 以及一系列的工业应用，从玻璃制造到食品加工 (不饱和脂肪酸被氢化以产生脂肪)，并且其中的一部分被用作火箭的液体燃料。

4.3.1　合成氨

甲烷作为原材料，主要用于制作氢气 (用于合成氨)。世界上最重要的氮肥需要用到氨。如果没有氮肥，全球农业将无法养活至少 40% 的当前人口 (Smil，2001)。氮、磷和钾三大元素的充足供应对提高农作物产量至关重要。钾主要是由钾化合物提供 (氯化钾)，一处相对丰富的矿物质，只需开采后经过破碎即可应用于农田。磷矿开采高度集中在少数几个国家 (美国、摩洛哥和中国)，并且运用矿物质与酸反应制备的化合物 (过磷酸钙) 更易促进植物的生长。

传统农业中氮元素主要来自有机物 (肥料、植物残茬) 和豆科作物 (共生固氮细菌)。19 世纪见证了一个相对短暂并密集开发鸟粪石 (在某些亚热带岛屿积累鸟粪) 的过程，在智利硝酸盐是第一种无机肥料，其开采及销量不断上升。20 世纪初期，出现了两种次要的无机肥料 (硫酸焦化操作和氰氨化合成硫酸铵)。但真正革命性的一次突破是在 1900 年才实现的，当时 Fritz Haber 在高压以及金属催化剂的作用下成功合成氨。巴斯夫的 Carl Bosch(当时全国最大的化学公司) 致力于将 Fritz Haber 的发现运用于商业过程，世界第一个合成氨厂于 1913 年 10 月开始投入运转 (Smil，2001；图 4.4)。

活性氮发明与使用消除了传统上所有区域农作物的产量只能依靠降雨或灌溉的做法。显然合成氨需要氮气和氢气两种气体。自 19 世纪 90 年代以来，通过对空气液化并分离出其中最重要的成分就可得到氮气。BASF 的第一个工厂以及其他在第一次世界大战后建立在欧洲的所有其他企业，它们均利用煤炭制造氮气。这个过程首先需要生产富含 CO 的气体，然后在金属催化剂的作用下，CO 与水蒸气反应生成 CO_2 和 $H_2(CO+H_2O \longrightarrow CO_2+3H_2)$。

图 4.4　Fritz Haber 和 Carl Bosch

德国工程师认为轻质液态烃的混合物石脑油作为燃料将会比煤炭更好，但因其价格昂贵并且在第一次世界大战后期欧洲并无现货可用。BASF 最终 (1936—1939 年) 发明了一种新的部分氧化过程 $[C_nH_{(2n+2)}+n/2O_2 \longrightarrow nCO+(n+1)H_2]$，使其可以使用几乎所有的碳氢化合物，无论其相对分子质量是多少，均可使重质燃油成为合成氨的原料，尤其是在印度和中国 (Czuppon 等，1992)。由于部分被氧化的重碳氢化合物具有比 CH_4 更低的氢碳比，它们作为原料需要的输求量较大，并且需要较大的设施来处理大量的 CO 和 CO_2。

甲烷是同源烷烃系列中最轻并且是所有碳氢化合物中碳氢比例最高的，用水蒸气转化是最经济的选择，每个 CH_4 分子产生 3 个 H_2 分子 ($CH_4+H_2O \longrightarrow CO+3H_2$)。虽然德国在第一次世界大战后期没有可用的天然气，BASF 的一位工程师 Georg Schiller 于 20 世纪 20 年代发现了如何在一个外部加热炉中使用镍催化剂重组 CH_4。这个专利被转让给新泽西标准石油公司，该公司于 1931 年在巴吞鲁日炼油厂开始生产 H_2，但第一个使用水蒸气和甲烷合成氨的工厂始建于 1939 年 (加利福尼亚州 Hercules Powder 公司)。

美国和苏联在第一次世界大战后进行氨的合成，完全是基于天然气与水蒸气的重组，直到 20 世纪 50 年代末欧洲仍然是基于煤炭合成，但随着原油进口的上升、格罗宁根和北海天然气的发现以及西伯利亚天然气的进口导致合成原料迅速转换为碳氢化合物。在其他地方，只有中国在继续建造相当多的小容量煤基处理厂。自 20 世纪 60 年代以来，以更高效的离心机取代旧式的往复式压缩机使得这种依赖进一步加强。

直到 20 世纪 60 年代，合成氨厂必须为每条流水线的平行合成系统准备一个单独的往复式压缩机。这些压缩机首先由焦炉煤气或蒸汽驱动，第一次世界大战后主要由电动机驱动，虽然有效但价格不菲 (安装和操作)，并且不能处理大量的空气，单个系统的 NH_3 日处理量不足 300t。休斯敦 M.W. 凯洛格公司于 1963 年首次引进一种新设计，现在凯洛格·布朗和鲁特是一家领先的建设和服务公司，大约全球合成氨产能的一半都与之相关 (KBR，2014)。

在凯洛格的新工厂，均采用蒸汽轮机驱动的离心式压缩机，这主要是由于天然气燃烧产生的蒸汽非常有效。使用天然气既作为原料也作为燃料供给的这一变化，使得工厂的能源供应更加便利,可实现整体能量转换效率的最大化,并使得采用更低的成本生产更多的 NH_3 成为可能。1963 年前,工厂合成回路的操作压力通常为 20 ~ 35MPa,而最新的合成氨工厂的操作压力低于 10MPa。凯洛格在得克萨斯的第一个单一系统的处理能力为 600t(NH_3)/d,此后不久出现了第一家日产 1000t 的工厂,20 世纪 60 年代末期,20 多个类似的设施在生产。

20 世纪 70 年代,这些最大的新工厂均来自中国,由于农业生产的需要带动了该国化肥工业的发展(Smil,2004)。到 20 世纪末,全球超过 80% 的氨合成依赖于甲烷与水蒸气的重组,自 2000 年以来建成的所有大型工厂都是以天然气为基础的,并且在建工厂单一系统的日产能力达 4000t,但是合成氨的顺序并没有发生改变:生产原料后紧接着的是转换反应,大大降低了 CO 的用量,并产生了更多的 N_2 和 H_2,然后将两个碳氧化合物去除,纯 N_2 和 H_2 在高压催化作用下合成 NH_3。

通过管道输送的天然气,首先通过去除 H_2S 和颗粒物质进行纯化,随后进行预热并压缩至重组压力,再与过热蒸汽混合。初级重组(在加热的钢制合金钢管内填充镍催化剂)产生 H_2 和 CO($CH_4+H_2O \longrightarrow CO+3H_2$)的混合物,并且该环节是任何氨合成工艺中能量消耗最大的。气体随后被引导进行二次重组(圆柱形容器装满合适的催化剂),在此未转化的 CH_4(初始体积的 5% ~ 15%)被氧化产生 CO_2 和 H_2O。由此产生的气体中含有 56% 的 H_2,23% 的 N_2,12% 的 CO,8% 的 CO_2 和小于 0.5% 的 CH_4 以及残留的水。冷却后,催化反应产生更多的 H_2($CO+H_2O \longrightarrow CO_2+H_2$),而所有剩余的 CO_2 是通过使用乙醇胺溶液或填充有微孔硅铝酸盐(沸石)的吸附剂的变压吸收器,任何残留的 CO 或 CO_2 均被催化甲烷化($CO+3H_2 \longrightarrow H_2O+CH_4$ 和 $CO_2+4H_2 \longrightarrow 2H_2O+CH_4$)。

合成气体(74% H_2,24% N_2,0.8% CH_4 和 0.3% Ar)随后被压缩(取决于工艺,一般为 6 ~ 18MPa)、加热(400 ~ 500℃),在催化剂(以前是基于磁铁矿 Fe_3O_4 和氧化铝、氯化钾、钙,最近还有钌)的作用下转化为氨($N_2+3H_2 \longrightarrow 2NH_3$)。出口气中含有 12% ~ 18% 的 NH_3,NH_3 随后被冷冻并储存,未参加反应的气体再次被压缩并导回至转换炉。除美国 KBR 公司外,其他主要的代理商、服务公司和氨厂的建设者主要是丹麦的托普索公司、德国蒂森克虏伯伍德公司和瑞士氨卡萨莱公司。

全球范围内改用天然气(作为合成氨的燃料和原材料)彻底改变了这个行业。20 世纪 50 年代后,其增长量尚不稳定,稳定的增长持续到了 20 世纪 80 年代末,首先是由于美国和欧洲扩大农作物的生产(包括人口的增长和肉食品的需求增加),其次是由于亚洲绿色革命高产水稻和小麦对氮肥的需求增加(Smil,2000)。氨的全球产量(约 80% 用于化肥,其余用于多种化学合成)从 1950 年的略低于 5×10^6t 上升到 1975 年的大约 50×10^6t。苏联取代美国成为世界上最大的生产国,随后又被中国超越了。然而 1989 年的年产量创了新纪录,后在 20 世纪 90 年代初开始回落(很大程度上是由于苏联后期产出下降,以及西方国家更有效地使用氮肥导致需求量减少),随后再度扩张。

2010 年,全球合成氨工厂的产能超过 180×10^6t,这一数值在 2015 年达到 230×10^6t(FAO,2011),实际上 2010 年合成氨的实际产量达到 159×10^6t,在 2013 年达到 170×10^6t(相当于 140×10^6t 纯 N),其中几乎 56×10^6t 在中国,印度 12×10^6t,俄罗斯

$12 \times 10^6 t$，美国 $10.6 \times 10^6 t$(USGS，2014)。这意味着在衡量总产量时，合成氨已经成为世界两大最重要的化学产品之一。从整体看来，进行生产硫酸和生产氨的方法大致相同，但是氨的分子质量相比于硫酸更低（氨的相对分子质量为17，硫酸相对分子质量为98)，因此，人工合成物质里面氨气是最重要的产品。20世纪50年代到60年代之间，率先在美国基于天然气的大型合成厂在全世界的工业界留下了长久的印记，大型工厂均靠近天然气的原产地，并且它们通常集成生产更复杂的固态、液体氮肥或复合肥。

美国最大的工厂（年产百万吨级）是在阿拉斯加州的基奈 $(0.63 \times 10^6 t)$、（路易斯安那州的唐纳森维尔（四个厂年产 $2.04 \times 10^6 t$)和俄克拉何马州的伊尼德，每一个年产量均接近 $1 \times 10^6 t$(IFDC，2008)。在加拿大，它们包括艾伯塔的塔雷德沃特和卡斯兰。西半球最大的合成氨厂集中在特立尼达西部海岸，2013年海岛上的海上气田为 11 家工厂供气，它们的综合年产能达到 $6 \times 10^6 t$。沙特阿拉伯的工厂都集中在该国东部的特大型油气田波斯湾附近的朱拜勒，在朱拜尔勒半岛北部的 Ras al-Khair 于 2016 年建立世界上最大（年产能 $1.2 \times 10^6 t$)的新工厂。俄罗斯最大的合成氨厂 (7 套设备年产能 $3.15 \times 10^6 t$) 是在伏尔加河的陶里亚蒂，靠近 2 个主要（现已衰败）油气盆地 (Volga-Ural) 和一个大型水电站（伏尔加河上的萨马拉电站)。

氨是所有化肥中含氮量最高的 (82%)，但是储存和使用无水氨均需要特殊的设备（罐、空心管将氨注入土壤)，并且在美国和加拿大受到较大的限制。多种方案均可解决氨的问题，其中由于尿素 (CH_4N_2O) 含有 45% 的 N，是浓度最高的固态氮肥，并且易于储存和使用，因它在亚洲水稻增长的主导作用使其成为全球主要的农作物氮的来源，其他常见的选项包括硝酸铵 (NH_4NO_3) 和磷酸二氢铵 $(NH_4H_2PO_4)$。

基于天然气的合成是最为便宜的工艺，基于其他两种原料（重质油和煤炭）的工厂建设成本是前者的 1.4 ~ 2.4 倍，运行成本高 20% ~ 70%，并且需要的能量也高出 30% ~ 70%。从基于焦炭的合成转换为基于甲烷气体的合成过程中，令人印象最深的主要原因是其节能效果 (Smil，2001)，合成氨需要的能量包括燃料和电力。1913 年在 Oppau 第一个商业运营的工厂，生产能耗为 100GJ/t NH_3；在 20 世纪 30 年代后期，基于焦炭的工厂能耗为 85GJ/t NH_3；在 20 世纪 50 年代，基于天然气的工厂使用低压转换和往复式压缩机使得能耗在 50 ~ 55GJ/t NH_3 之间。20 世纪 70 年代初，高压转换和离心式压缩机的出现，使能耗降至 35GJ/t NH_3。

到 1980 年，许多工厂每生产 1t NH_3 只需要 30GJ 能量，不久之后由 M.W. Kellogg 和 Krupp Uhde 设计的新工厂将其降至 29GJ 以下，并且现阶段基于天然气工厂的最好表现是 27 ~ 28GJ，只有 30% 高于化学计量的最低值 20.9GJ/t(Worrell 等，2008)。显然，全球平均值已经相当小（主要是由于与依靠重质油或煤炭相比，工厂的能源强度更高），其数值由 1950 年的 80GJ/t 降至 1980 年的 50GJ/t，在 2000 年降至 45GJ/t，根据国际能源署，2005 年全球加权平均数为 41.6GJ/t(ICF International，2007)。

4.3.2 天然气合成塑料

合成塑料很大程度上依赖于天然气中两种碳氢化合物，最重要的是甲烷，其次是乙烷以及丙烷，也是天然气凝液最大的组成部分。天然气的这些成分为 3 大聚合物的生产提供单体，它们分别是聚乙烯 (PE)、聚丙烯 (PP) 和聚氯乙烯 (PVC)。这 3 种产品的消费量占全球合成材料市场的 3/5；也可产生乙烯，但价格更昂贵；通过裂解原油蒸馏所获得的液态石脑油，现阶段正在研究从生物原料中提出乙烯，但是基于乙烷的乙烯所具有的价格优势不会轻易被超越。

乙烷裂解生产乙烯，纯化后可以被催化转化为不同种类的聚乙烯 (PE)。正如已经指出的那样 (第 2 章)，乙烷浓度 (累计浓度) 范围主要集中在 2% ~ 7% 之间，极值范围为 1% ~ 14%(格罗宁根 2.0%，得克萨斯雨果顿 5.8%，哈西鲁迈勒 7%，伊朗阿加贾里 14%)，天然气处理厂按照管道运营商规定的浓度降低高乙烷浓度，被分离的乙烷成为宝贵的原料。唯一的问题是当高乙烷含量的天然气生产出来后，却缺乏合适的处理工厂。这一直是宾夕法尼亚州的马塞勒斯页岩气开采过程中遇到的问题，在这里一些井生产的气体中乙烷含量高达 16%(Martin，2010)。

世界上约有一半的乙烯通过聚合 (单体小分子转化为长链或网络的分子) 产生各种规格的聚乙烯，聚乙烯是世界上最重要的塑料组成部分。聚合过程由英国 ICI 于 1936 年首创并获得专利，并于 1939 年 9 月开始商业化生产低密度聚乙烯 (LDPE)。高密度聚乙烯 (HDPE) 是在 20 世纪 60 年代发明的，其密度仅略高于低密度聚乙烯 (高密度为 $0.96g/cm^3$；低密度为 $0.93g/cm^3$)，但其熔化温度要高 20℃ (135℃ 与 115℃)，其抗拉强度是低密度聚乙烯的 3 倍多。在 20 世纪 70 年代出现了商业合成的比低密度聚乙烯强度更高的线性低密度聚乙烯 (LLDPE)，可转化为较薄的膜。

现阶段，全球乙烯的年产量为 $160 \times 10^6 t$，中东 (沙特阿拉伯利用其液化天然气生产)、美国和中国是较大的供应商。挤压、塑模、铸造以及吹制成不同类型的聚乙烯并制成大量随处可见及隐藏的产品。聚乙烯薄膜用于生产购物袋、垃圾袋、食品袋、包装和盖膜 (现在常见的栽培蔬菜)；低密度聚乙烯 (LDPE) 可制成巨大的耐冲击的水箱以及软泡沫包装；线性低密度聚乙烯 (LLDPE) 用于冷冻食品袋、重型衬板、游泳池和土工膜。领先的隐蔽用途主要包括住宅装修、水管、电力电缆的绝缘层以及膝盖和髋关节置换的材料。考虑到它们的广泛用途，值得庆幸的是，聚乙烯产品是最常用的再生塑料，三角形里面的数字 "2" 表示高密度聚乙烯 (HDPE)，三角形里面的数字 "4" 表示低密度聚乙烯 (LDPE)。

乙烯也是生产聚乙烯的原始材料，聚乙烯是世界上第二类最为常用的塑料。乙烯和氯气 (由氯化钠电解释放) 的催化反应产生二氯乙烷，二氯化乙烯裂解变成氯乙烯单体，随后通过聚合反应产生白色的聚氯乙烯粉。尽管全球聚氯乙烯产量低于聚乙烯，但该材料更是无处不在。接下来列举几个常见的类别，包括电线的绝缘层、污水管道、医院里几乎所有的一次性用品 (管材、包装袋、容器、托盘、盆、手套)、窗框、墙板、玩具、信用卡等。但不同于聚乙烯，聚氯乙烯经常被视为危害健康并对环境造成重大危害的来源 (Smil，2013)。

第三种主要的塑料是聚丙烯 (PP)，自 20 世纪 50 年代中期以来，通过裂解丙烷然后通过聚合丙烯进行生产。聚丙烯易燃并且易于被紫外线辐射降解，但是它仍然无处不在 (各种食品的容器、瓶子、垃圾桶和管道)，与聚乙烯的用途部分重合，但因其密度低、强度高、熔点高、抗酸以及各种溶剂，使其成为高温环境（最常见的许多物品在医院需要消毒）以及重载用途（工业管道、容器的盖子）优先使用的材料。聚丙烯也用于地毯和户外织物，在多个国家（包括加拿大）制成新的、更耐用的钞票。

丁烷氧化催化脱氢可生产丁二烯（$C_4H_8+1/2O_2 \longrightarrow C_4H_6+H_2O$），丁二烯的聚合反应可合成橡胶。聚丁二烯高度耐磨损，这使得它成为生产汽车轮胎的理想选择，也可用于作为电子产品的涂层以及制作各种弹性件。聚丁二烯橡胶的弹性较高，它常与天然橡胶混合，现在约占全球合成橡胶产量的1/4。最常见的（也最经济实惠）一种合成橡胶是苯乙烯和丁二烯的共聚物。而聚异戊二烯橡胶与天然橡胶的化学结构相似，但缺乏一些其他组分，因此两者的质量相差较大。

戊烷与3种轻烷烃相比是不同类别的原材料，不是通过催化反应转化为另一种化合物，在生产发泡聚苯乙烯（PS）过程中它用作发泡剂。聚苯乙烯是一种优异的绝缘材料，由90%～95%的PS和5%～10%戊烷制成。聚苯乙烯颗粒遇到少量蒸汽加热的戊烷将扩大约40倍；然后聚苯乙烯（PS）被冷却下来并再次加热达到最终膨胀量，生成一种由多达98%空气组成的一种材料。戊烷也可用作制造聚氨酯泡沫材料的发泡剂。

4.3.3　气—液转换

工业气—液转化经历了两个主要途径：甲醇合成生产酒精和费—托（F—T）工艺生产合成原油（Olah，Goeppert 和 Prakash，2006；de Klerk，2012；Brown，2013）。他们开始是通过催化蒸汽与富含碳质原料的固体、液体或气体重组合成气体（合成气）。初始原材料可以是生物材料，并且直到20世纪20年代，所有商业生产甲醇都是基于木材，因此它的通用名称为木醇。纳粹德国化学生产汽油是基于褐煤，南非生产的汽油和柴油（1955年始于萨索尔堡）都是基于无烟煤。美国和中东由于天然气量大、价格低，天然气已经成为主导原料。

甲醇（CH_3OH）直接由合成气（H_2，CO，和 CO_2 的混合物）生产，甲烷的生产已经在本章前面制造氨时进行过描述。随后放热发生催化反应结合气体变成甲醇（$CO+H_2 \longrightarrow CH_3OH$ 以及 $CO_2+3H_2 \longrightarrow CH_3OH+H_2$）。全球大约30%的甲醇产量（2013年约 $50 \times 10^6 t$）是用来制造甲醛（广泛应用于木材、制药和汽车行业），另有30%用于制造乙酸（主要用于黏合剂和涂料）、甲基氯（硅树脂）以及生产用于可回收塑料瓶的对苯二甲酸二甲酯（Methanex，2014）。甲基叔丁基醚（MTBE，添加到汽油中防止磕碰和提高辛烷值）的生产曾占甲醇消费的很大一部分，但该化合物在美国被立法取缔。其最重要的能源用途是制作混合燃料，添加到汽油的甲醇占2013年总产量的12%，并且它的使用范围迅速扩张，该用途将在第7章详细讲解。

甲醇的生产是最简单的气—液转换，一个较为复杂的过程可以把最简单的烷烃转化为高纯度的液态烷烃，包括汽油、柴油和煤油。这些使用 F—T 工艺的转换过程中首先在德国进行商业化（Weil，1949；Schwerin，1991）。Franz Fischer，Hans Tropsch 和 Helmut 在1923—1926年开发出这套流程，IG Farben 在1926年建立了一个原型装置。F—T 过程首先以裂解 CO 开始，随后形成液态烃，主要是烷烃 [$(2n+1)H_2+nCO \longrightarrow C_nH_{(2n+2)}+nH_2O$]，但也产生了一些烯烃和含氧化合物。基于铁和钴的催化反应产生不含硫和重金属的液体（因此它们燃烧很少污染空气），并且可以加氢裂化成各种燃料（液化石油气、汽油、喷气燃料、石脑油、柴油）、润滑剂和蜡白油。

第二次世界大战期间德国在 1943 年基于煤炭的气—液转换平均达到 12.4×10^4 bbl/d，但到 1944 年，由于盟军的轰炸使其产量降低至 3000bbl/d(Schwerin，1991)。第二次世界大战后，这种合成被废除，主要是由于中东的廉价石油进口，并且随着俄罗斯的原油产量增加导致这样操作企业盈利较少。第二次世界大战后美国建立了几个小型工厂并于 1953 年关闭，但在 1955 年南非萨索尔公司开始利用国内大型煤炭矿生产碳氢化合物，当该国进口由于种族隔离政策被禁运时，首先要降低对进口的依赖并维持国内供应 (Sasol，2014)。1997年 PetroSA Mossel Bay 工厂使用离海岸约 120km 的气田天然气，使卡塔尔和尼日利亚合资建立的萨索尔公司成为世界上第一个使用天然气进行气—液转换的工厂。萨索尔公司的第一家海外工厂——卡塔尔的 Oryx 天然气转换 (简称 GTL)(日产液 3.37×10^4 bbl) 公司于 2007 年开始运营，并且该公司有在北美建几个厂的计划。

在大型石油与天然气公司中，壳牌一直是最致力于发展大规模天然气气—液转换的公司 (Shell，2014)。自 1970 年以来，它已经在处理的所有阶段积累了 3500 多项专利，并利用其在马来西亚民都鲁建立第一个 GTL 工厂 (该工厂于 1993 年开始运行，现阶段日处理量为 1.47×10^4 bbl) 的经验，在卡塔尔的拉斯拉凡工业城建立了世界上最大的 GTL 项目。卡塔尔 Peral GTL 于 2012 年底进入全面生产，由于壳牌与卡塔尔石油公司签订的生产与共享协议使其成为工厂的经营者。Peral GTL 工厂使用来自世界最大天然气气田 (北方南帕斯天然气田) 的天然气，22 口井每天最多可生产 16×10^8 ft^3 的天然气，通过其专有的中间馏分合成技术，可生成 14×10^4 bbl 几乎不含硫、高度可生物降解、几乎无味的产品 (汽油、煤油、石脑油和石蜡) 以及 12×10^4 bbl 天然气液体和乙烷 (Shell，2014；图 4.5)。

图 4.5　卡塔尔 Peral GTL 工厂 (获得壳牌国际有限公司的转载许可)

当油价为 50 ~ 70 美元时可保证 Peral GTL 工厂处于盈利状态，但在它开始运行后油价在 100 美元 /bbl 左右波动，使得它获利很大，但这并没有导致全球蜂拥而至建造更多的大型 GTL 项目，高成本是一个关键性的遏制原因。在 20 世纪 90 年代末，GTL 工厂的资金成本估计低至 20000 美元 /bpd，壳牌的 Peral GTL 工厂的成本是 140000 美元 /bpd，尼日利亚 Escravos(沙索尔—雪佛龙) 的成本估计为 180000 美元 /bpd(de Klerk，2012)。Escravos 旨在通过与沙索尔、雪佛龙以及尼日利亚国家石油公司合作，在建设 Oryx GTL 工厂的经验上，建造日产 33000bbl(日处理 $325 \times 10^6 ft^3$) 的 GTL 工厂，以消除在尼日尔三角洲天然气的大规模燃烧问题。

但在 2014 年 6 月该项目运行之前，项目的完成时间多次被推迟 (Chevron，2014)，其建设成本 (接近 100 亿美元) 约为同样规模 Oryx GTL 工厂建设成本 12 亿美元的 8 倍 (Sasol，2014)。海湾国家的石化生产商正在经历地区天然气短缺，因而被迫使用液体原料 (Horncastle 等，2012)。需要注意的是，所有 GTL 项目的总容量 (小于 $40 \times 10^4 bbl$) 在 2014 年不足全球液态烃萃取的 0.5%，在任何情况下，这也许是说明 GTL 项目对全球液体燃料供应，产生的真正影响的最好方式。

天然气转换的最终目标是，将甲烷转化为廉价原材料的新方法商业化。也许最广为人知的实验演示是，在约 200℃ 的温度下使用铂二嘧啶化合物作为催化剂，将甲烷选择性地转化为甲醇 (Periana 等，1998)。固体催化会更好 (Palkovits 等，2009)。但正如常常发生的，实验室演示是一回事，扩大至大规模商业化生产是另一回事 (Service，2014)。其他令人感兴趣的建议是利用生物酶将甲烷转化为液体燃料 (Conrado 和 Gonzalez，2014)；或直接将甲烷非氧化性转化为乙烯、芳烃和氢 (Guo 等，2014)。但是在扩大这种工艺到每年生产数百万吨原料的过程中，挑战依然巨大。

5 出口及全球贸易的兴起

煤炭出口在中世纪的欧洲就有翔实的记录，它是在 14 世纪伴随着英国的销售开始的。在 14 世纪结束前，数十艘船只定期从纽卡斯尔运送燃料到法国北部至丹麦沿线的欧洲港口（Daemen，2004）。原油在国际贸易中的交易几乎同时开始于原油的商业开采，同时交易的还有许多精炼石油产品，包含一些重要的非燃料商品，如润滑油、石蜡、沥青等。到 19 世纪末，两个最大的石油生产国（美国和俄罗斯）也成为最大的石油产品输出国，产品主要销往西欧诸国。

到 1950 年，甚至在大宗石油进口到欧洲和日本之前，世界原油产量的 27% 是在国际间交易的，这一比例在 1960 年上升至 36%，到 1974 年已经接近 55%，在这之后欧佩克（OPEC）的行动使国际油价涨了 5 倍（UNO，1976）。相比之下，大规模国际天然气贸易几乎不存在或仅限于几个天然气生产大国之间。

1970 年只有美国、加拿大、荷兰、罗马尼亚、苏联 5 个国家年产天然气超过 $200×10^8m^3$。并且一旦扩大天然气供应，发展大宗天然气贸易所需要的重大资本投资在于维系北美和欧洲天然气贸易横贯大陆的管道；其次为从其他国家进口天然气而修建液化、运输、再气化天然气的投资于昂贵的基础设施。

而一旦这两个过程得到实施，后续发展相当迅速。1950 年，国际天然气贸易总额仅占交易燃料总量的 1%，甚至到 1960 年，唯一主要的出口源头是加拿大西部的天然气，大约 $26×10^8m^3$ 的天然气输往美国中西部。但到 19 世纪末，几乎 21% 的天然气被销往国外；2012 年，天然气市场交易量的 31%（21% 通过管道，10% 通过 LNG 槽船）、原油的 64%、烟煤的 16% 均属于国际贸易产品（WCA，2014）。作为燃料资源的一部分，现在天然气的交易量大约是煤的两倍，是原油交易量的一半，但是天然气在能量换算值上有更大的比例。2012 年，天然气出口量达到 36EJ（$1EJ=10^{18}J$），原油出口量是天然气的 3.2 倍，达到 115EJ，煤出口量大约为 31EJ，比天然气的国际贸易低 15%。

与原油和成品油产品销售相比，天然气交易比较单一。事实上，世界上的 200 多个国家（包括主要的原油生产国）中，每个国家都在进口一些成品油产品，沙特阿拉伯、俄罗斯、阿拉伯联合酋长国、科威特、尼日利亚、伊拉克、伊朗、卡塔尔、安哥拉、委内瑞拉、挪威、加拿大、阿尔及利亚、哈萨克斯坦和利比亚等 15 个国家是主要的原油出口国（通过油轮约运输 $100×10^4bbl/d$ 原油）。另有 20 个国家每天销售超过 $100×10^4bbl$ 的原油（CIA，2014）。相比之下，直到 20 世纪 60 年代，荷兰和阿尔及利亚的天然气开始出现在欧洲市场上时，再后来到 1973 年苏联的第一批天然气产品销往民主德国和联邦德国时，进口天然气的也只是有限的几个国家。但是到 20 世纪 90 年代，伴随着液化天然气的交易，出口天然气的国家开始增加。

2012 年，十几个国家通过管道输送成为主要的天然气出口国，按数量排序，俄罗斯出口最多，之后是挪威、加拿大和荷兰。这 4 个国家的天然气出口量占管道天然气出口的

61%。接下来出口天然气最多的 4 个国家是土库曼斯坦、阿尔及利亚、卡塔尔和玻利维亚。出口天然气（其在标准国际贸易分类中的术语为石油气体，货号为 3414）是这些国家外汇收入的一部分。下面是 2010 年这些国家对天然气销售的依存度：玻利维亚 41%，土库曼斯坦 40%，阿尔及利亚 20%，挪威 16%，俄罗斯将近 9%(Hausmann 等，2013)。正如稍后在本章中将要详细说明的，液化天然气贸易发展缓慢，但是其总量已经达到管道出口天然气总量的 50% 左右。2012 年液化天然气出口 $3300 \times 10^8 m^3$，管道出口天然气总量 $7050 \times 10^8 m^3$。在 18 个液化天然气出口国中，卡塔尔出口量最大，占 2012 年总量的近 1/3；远远落后，排第二的是马来西亚，约占液化天然气全球贸易总量的 10%，然后是澳大利亚、尼日利亚和印度尼西亚（每个国家销售量均大约占全球总量的 8%）。

本章将关注两大大陆天然气市场的一些细节：在北美，其目前快速变化的供应和需求与进口占全球总量的 18%；在世界上最大的相互联系日益紧密并逐渐整合链接亚洲特大型油田与欧洲进口商（俄罗斯西伯利亚、中亚和中东）的远东市场，涉及全球天然气管道贸易的 75% 左右。本章最后介绍了 LNG 产业的缓慢发展，并为目前的状态和近期前景作评估。LNG 会成为一个真正的全球性的，类似于原油和成品油的产品（有几十个进口国）吗？或者 LNG 的重要性仅局限于部分地区吗？

5.1 北美天然气贸易

北美天然气贸易的起源可以追溯到 19 世纪 90 年代。1891 年，加拿大开始从韦兰、安大略省出口天然气到纽约州北部的布法罗（当时美国重要的工业中心）；1897 年，底特律河底的一条管道将天然气从埃塞克斯地区输往密歇根州的底特律和俄亥俄州的托利多。之后，埃塞克斯地区下降的产量使得安大略政府禁止出口天然气和电力。加拿大已实际上成为美国天然气的小规模的进口国，这种情况直到第二次世界大战以后在西加拿大沉积盆地（在艾伯塔和英属哥伦比亚）有了重大的油气发现才得以改变，这使得加拿大成为重要的原油和天然气的出口国，天然气都输往美国。

2012 年，加拿大仅拥有世界上已证实天然气资源的 1% 多一点，但截至 2011 年，加拿大成为世界上第三大天然气生产国（仅次于美国和俄罗斯），也仅在 2012 年，加拿大的产量才被世界上拥有常规天然气资源最多的伊朗（超过天然气总储量的 18%)超过了 3%。3 种因素解释了加拿大有限的天然气资源储量和每年巨大的天然气采出量间的不均等性：(1) 加拿大对热能的需求高，平均采暖度日数[①]为 3500 ~ 4500，而美国平均采暖度日数仅为 2000 ~ 2500(CGA，2014)；(2) 工业生产的迫切需要，用于生产石油化工产品、人造肥料、铁和有色金属的冶炼；(3) 邻近美国这一巨大的天然气市场，数十年对天然气的进口需求一直在增长。

上述因素导致加拿大将大部分产出的天然气 (1980 年 30%、1990 年 38%、2000 年 49%、2010 年 41%、2013 年 51%) 输往美国；直到 1980 年，加拿大第二大天然气出口国（仅次于俄罗斯）的位置被挪威取代；2009 年，第三大天然气出口国的位置被卡塔尔的船运液

[①]　采暖度日数 (Heating Degree Days) 是指一段时间（以年或季）日平均气温低于 65℉(18.3℃) 的积累度数，如果日平均气温高于这个温度，那么这一天无采暖度日数。这一概念经常出现在采暖通风和空气调节技术指标中。

化天然气取代。加拿大出口的天然气只占美国进口天然气的一小部分。美国从墨西哥进口天然气也是少量和不定期的,在 20 世纪 80 年代达到 $29 \times 10^8 m^3$,接下来几十年没有进口,自 2000 年以来每年也不超过 $15 \times 10^8 m^3$。液化天然气进口从 1985 年开始,到 2000 年都是低于 $50 \times 10^8 m^3$,在 2007 年达到峰值 $220 \times 10^8 m^3$。

这意味着加拿大 1975 年提供了所有进口量的 99.5%,2000 年 94%,2007 年 82%,在 2013 年又高达 97%。1975 年加拿大天然气在整个美国消费中仅超过 5%,2000 年达到 15%,2007 年达到 16%,在西北太平洋的西雅图、中东部的明尼阿波利斯、密尔沃基和芝加哥等这些主要进口市场中占有较大的比例。按照绝对值进行对比发现这种贸易有更大的数量:2007 年当加拿大的天然气出口量突增到 $1070 \times 10^8 m^3$ 时,这比其他 6 个主要天然气生产国的总量还多,他们产出的天然气比现在沙特阿拉伯产出的还要多。

显然,这种规模的贸易量需要大量的管道设施 (USEIA,2008;NEB,2014) 和 30 个边界交叉点 (图 5.1)。在加拿大和美国经济一体化的有形资产中,或许管道设施是最不为公众知晓和重视的,不像从油砂岩中采出的、通过机动有轨车运输的石油那样吸引公众的注意。天然气交易发生在公众视野之外,唯一证明它们存在的证据是深埋的管道。

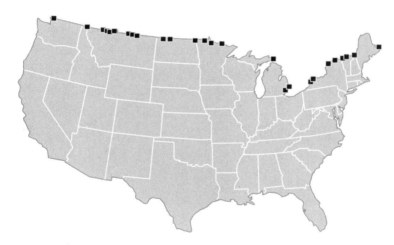

图 5.1　加拿大—美国管道交叉点

第一条从加拿大通往美国的天然气管道是由西海岸运输公司 (现在称为光谱能源公司) 修建的。该公司于 1955 年开始修建一条从加拿大不列颠哥伦比亚省东北部的泰勒到不列颠哥伦比亚省与美国边境接壤的直径为 60cm 的管道,1957 年开始输气 (CEPA,2014)。经过 6 年的规划、政治争议、财政、行政管理过程后,1956 年开始修建从艾伯塔—萨斯喀彻温省边境到多伦多的跨大陆管道。1957 年艾伯塔的天然气输送到了温尼伯,在穿过加拿大地遁岩层这一最难的地段后,这项工程最终于 1958 年 10 月完工。1976 年,管道延伸到了蒙特利尔,管道长度 (3500km) 仅次于苏联的西西伯利亚管线。横贯加拿大的管线在北美的天然气管线中有广泛的网络延伸 (拥有 13 个主要的系统和 60000km 干线中的 41000km)。

1981 年,山脚管道公司的管线将艾伯塔中部的天然气输往美国边境。西海岸能源公司运行的天然气网系统延伸到尤康的部分地区、穿越艾伯塔西北部、英属哥伦比亚,在亨廷登附近汇入美国干线，为美国西北市场提供天然气 [近年来供气量为 $(2000 \sim 3000) \times 10^4 m^3/d$]。光谱能源公司拥有将西部天然气东运到加拿大和美国市场管线中的近 5700km；还拥有海洋公司和东北管道公司，将天然气从新斯科舍运往美国的东部。联合管线 (完成于 2000 年，长 3700km) 将富含液体的天然气从英属哥伦比亚的东北部和艾伯塔省的西北部运往美国中西部，尤其运往芝加哥附近地区，近年的运输能力达到 $5000 \times 10^4 m^3/d$。

有一条特殊管线 (Kinder Morgan Cochin) 穿过美国 7 个州，从加拿大艾伯塔的萨斯喀彻温运送天然气液体到温索尔市、安大略省。但在 2012 年为满足艾伯塔油砂混合沥青开采的需求，该公司从伊利诺伊州反向运输凝析油到艾伯塔。现在加拿大—美国边境沿线总共有 31 个天然气进出口点：1 个在新不伦瑞克，3 个在魁北克，10 个在安大略，2 个在曼尼托巴，7 个在萨斯喀彻温，6 个在艾伯塔，2 个在英属哥伦比亚。穿过蒙大拿、爱达荷、北科塔和明尼苏达的 5 个进出口点运送了美国管道进口天然气的 70%。

即便现在美国从加拿大进口越来越多的天然气，但美国依然是墨西哥的天然气出口国。在 1973—1974 年全球第一次油价峰值后，其出口量降低了约 90%(从 1973 年的 $400 \times 10^6 m^3$ 降低到 1983 年的 $46 \times 10^6 m^3$)；但后来随着出口量不断的增长，到 2000 年已接近 $30 \times 10^8 m^3$，在 2013 年达到历史新高 $186 \times 10^8 m^3$。与此同时，出口到加拿大的天然气量甚至更多。季节性的货轮从美国运输天然气到加拿大，运输量大约为 $(2 \sim 3) \times 10^9 m^3$，但是这种状况随着美国页岩气的激增而改变。2011 年，加拿大天然气出口降低了 5%，而美国出口到加拿大的天然气增长了 27%，达到 $260 \times 10^8 m^3$ 以上，2012 年增长到 $275 \times 10^8 m^3$(为美国进口天然气总量的 1/3)。结果导致一些加拿大管线 (尤其是横贯加拿大的主管线) 的年输送能力降低 (2012 年的前 6 个月，安大略省易洛魁地区降低到管线输送能力的 43%) 和剩余客户运行管线成本增加 (NEB，2014)。

但是这些费用同加拿大降低的出口利润相比是微不足道的。20 世纪 90 年代，出口价格相对稳定 (天然气价格在 $1.5 \sim 2.0$ 美元 $/ft^3$ 间浮动)，但是之后价格上涨，2006—2007 年为 6.83 美元 $/ft^3$，2008 年达到历史新高 8.58 美元 $/ft^3$。同轮船运输历史费用相比，这种运输方式在 2006 年和 2007 年分别盈利 250 亿美元，2008 年盈利 300 亿美元。但是价格在 2009 年减半为 4.14 美元 $/ft^3$，在 2012 年盈利 279 亿美元 (考虑了通货膨胀，上次天然气如此的低价是在 20 世纪 90 年代)。加拿大天然气出口量降低的多少取决于美国页岩气的开采进程和美国 LNG 出口的份额。

加拿大有更多的天然气资源有待开发。经过长期的可持续考察，加拿大国家能源会议批准建设马更些河谷管线来输送北极波弗特海的天然气到艾伯塔，之后再运往美国，但是前景并不明朗，这是由于美国页岩气开采和阿拉斯加管线大大减少了美国长期对加拿大天然气进口依存度。截至 1986 年，美国天然气进口总量是稳定的 (仅有 $280 \times 10^8 m^3$ 的波动)，之后不断增长，到 2007 年为 $1300 \times 10^8 m^3$(USEIA，2014)。峰值之后就是不断地快速降低，到 2013 年进口量降低了 37%，对加拿大天然气销售有很明显的影响。随着美国新的管线将马塞卢斯的页岩气运往美国东北部和中西部市场，加拿大出口天然气量再也不会回到峰值时期了，但短时间内也不会降到临界水平。

任何情形下，这种变化都是显著的。1958 年美国成为净天然气进口国，当时美国购买其天然气总消耗量的 1%。此后，由于国内产量的停滞不前和对进口依存度的增长，导致了 21 世纪前二十年对液化天然气大宗进口的规划。

但是当进口比例在 2007 年达到峰值 16.3% 后，考虑到未来美国进口水平和对持续增长的进口依存度的担忧，进口趋势很快发生了转变。为了出口页岩气到亚洲和欧洲，美国一些气化工程转变为液化工厂，最能说明这种转变。在本章的最后一部分将对液化天然气做更进一步的阐述，并且在本书的最后一章将试着回答关于天然气前景的问题。

5.2 欧亚管网系统

美国进口天然气主要是由于国内生产不能完全满足较高的人均能源消耗，数十年来只能依靠增加从加拿大船运以及从外国购买少量的液化天然气来补充。相比而言，欧洲进口天然气是刚性的，只要欧洲大陆国家想在高能源消耗的情况下减轻对环境的影响，同时提高他们的生活质量，那么进口天然气就是不可避免的。增加天然气的进口量明显降低了煤炭（波兰主要的能量来源）的消耗。

欧洲天然气管网的发展主要受格罗宁根天然气的发现、北海天然气的发现、从俄罗斯西西伯利亚进口天然气、增加从北非和中东进口 LNG 这 4 次重大变革的影响（图 5.2）。按照年代顺序记录欧洲大陆所有的主要管线的建设，并描绘欧洲级的天然气管网（现在连接着西西伯利亚、中亚和阿尔及利亚）的兴起，将是非常烦琐的。下面将描述这个系统的主要管网，包含它最近的延伸，以及它未来扩展最引人关注的规划。

欧洲数十年来被认为缺乏大的碳氢储量，后来很幸运地发现了大气田：首先是在荷兰，接下来是在北海，通过简易的管线就给欧洲大陆 3 个最大的经济体提供了丰富的天然气资源。但是这并不能满足对能源增长的需求，欧洲大陆越来越依靠从苏联（1991 年之后是俄罗斯）进口天然气（Clingendael，2009；Hogselius，Kaijser， 和 Aberg，2010；Smeenk，2010）。欧洲天然气网络在 20 世纪 60 年代后期开始发展，1966 年格罗宁根天然气销售到了比利时和德国，1967 年销售到了法国。也在 1967 年，苏联乌克兰气田（第二次世界大战前发现的，希伯林卡仍是最大的一个气田）的天然气销售到了捷克斯洛伐克（在苏联侵占这个国家的前一年）。

1968 年，奥地利通过捷克斯洛伐克的一条短支线成为第一个从苏联获取了天然气的国家；接下来是联邦德国(1973 年)（同年，民主德国也连上了管线）、意大利(1974 年) 和法国 (1976 年)。这些天然气的输送使用的都是同一条于 1967 年修建的干线。虽然干线的输送能力从 1973 年的不足 $70 \times 10^8 m^3$ 增长到了 1980 年的近 $550 \times 10^8 m^3$(Gazprom，2014)，仍然不得不修建一条新的管线来连接西西伯利亚的大气田和中西欧。1982 年开始修建一条连接乌克兰—斯洛伐克边境的从乌廉戈气田到乌日哥罗德站的长 4451km 的管线。美国担忧苏联日益增强的政治影响力，因而反对在冷战时期修建这样的管线 (CIA，1981)，但是德国和欧洲一些其他国家（由法国和意大利领导的）以及日本给予了财政支持，他们还提供了必需的管道、管道铺设设备以及压缩机站所需的天然气涡轮机。这条管线是分段建设的，按照计划于 1984 年完成（图 5.3）。

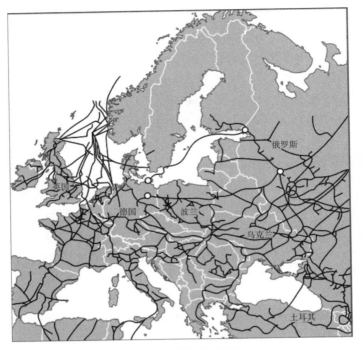

图 5.2　欧洲天然气管网

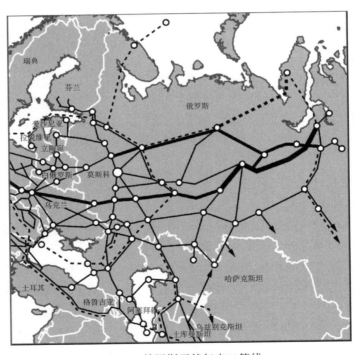

图 5.3　俄罗斯天然气出口管线

　　20 世纪 80 年代后期增加了平行管线，1994 年开始修建一条更靠近北面的从亚马尔半岛到德国的管线，与之前所有穿越乌克兰的管线不同，这条管线穿过白俄罗斯和波兰，通过斯摩棱斯克市和明斯克输送天然气到德国。长 4190km 的亚马尔管线于 1997 年开始运行，但是仅在 2006 年达到设计的满负荷输送能力 $329 \times 10^8 m^3$。第 1 章提到的另一条通往德国的管线由北欧油气流项目修建，该项目分别于 2010 年和 2012 年在波罗的海海底修建了两条长约 1224km 的平行管线，将天然气从维堡运往卢布林省 (Nord Stream，2014；图 5.2)。

　　欧洲大陆最北面从俄罗斯获取天然气的国家是芬兰，最南面的是希腊，俄罗斯的天然气也抵达了土耳其：天然气最初通过乌克兰、摩尔多瓦、罗马尼亚和保加利亚到达伊斯坦布尔，但是到 2003 年一条更近的长 1213km 的管线穿越黑海到达土耳其北部的萨姆松，之后又延伸到了安哥拉。到 2014 年，向西运输俄罗斯天然气的管线拥有 $2410 \times 10^8 m^3$ 的输送能力 ($1420 \times 10^8 m^3$ 通过乌克兰，$380 \times 10^8 m^3$ 通过白俄罗斯，$60 \times 10^8 m^3$ 到达芬兰，$550 \times 10^8 m^3$ 输送给北欧天然气管道)，蓝色油气管道是为输送 $160 \times 10^8 m^3$ 的天然气而设计的 (EEGA，2014)。俄罗斯天然气销往包含土耳其在内的 23 个欧洲国家 (从希腊到芬兰，从拉脱维亚到英国)。

　　天然气输往欧盟各国和其他一些非欧盟国家。2000 年输往土耳其 $1300 \times 10^8 m^3$ 天然气，2005 年增长到 $1540 \times 10^8 m^3$，之后一直保持在 $1540 \times 10^8 m^3$，直到 2013 年达到又一历史新高 $1615 \times 10^8 m^3$，这些天然气占这些国家天然气消耗的 30%，现在供给欧洲天然气总量的 16% 是经过乌克兰输送的。南部油气管线将会绕过乌克兰，直接穿过黑海运输天然气到巴尔干，首先供给保加利亚、塞尔维亚和匈牙利，然后连接到意大利已经存在的管线，这从 2016 年开始会增加 $630 \times 10^8 m^3$ 天然气的进口能力 (South Stream，2014)。2014 年 6 月，欧盟要求保加利亚停止南方油气流管线的建设，因为这项建设有悖欧盟关于公共采购和能源市场自由化的规定，2014 年 12 月，俄罗斯终止了这项建设，并决定修建一条到土耳其的新管线。

　　俄罗斯天然气公司 (原苏联天然气部的衍生机构) 现在产出俄罗斯天然气总量的 75%，控制所有俄罗斯天然气的出口，但是作为欧盟需求无可替代的主要供给商所带来的长远利益和高收益正在逐渐衰减，一是因为维持老化的西伯利亚油气田的产量和新油田的管线运输 (新的长途管线和液化天然气设备的需求) 需要高昂的投资；二是因为欧盟想使其资源多元化，减少对俄罗斯天然气的依赖度。但是事实让快速多样化的供给化为泡影，因为国内外政治、经济都在试图阻止许多国家政策。

　　东欧一些国家能源绝对依赖俄罗斯天然气，在西欧的德国和意大利也严重依赖俄罗斯天然气。2013 年，5 个欧盟国家 (芬兰、拉脱维亚、爱沙尼亚、立陶宛和保加利亚) 所消耗的天然气全部来自俄罗斯；斯洛伐克消耗天然气的 98% 以上、捷克共和国的 86%、波兰的 84%、希腊和匈牙利接近 70%、德国的 42% 是来自俄罗斯的。并且，俄罗斯天然气工业股份公司还指出，俄罗斯天然气占欧盟能源消耗的比例事实上正在增加 (从 2000 年的 25.3% 降低到 2010 年的 22% 之后，2013 年增长到 28.3%)，他们相比更近的阿尔及利亚和利比亚的公司是更可靠的供应商，因为他们能更好地应对天然气运输导致的季节性的浮动。

　　最重要的是，没有其他的供应商能将欧洲大陆在开采量和需求之间的缺口满足得这么好：2013 年欧洲的开采与需求量间的差距为 $3000 \times 10^8 \text{m}^3$，2025 年预期为 $4000 \times 10^8 \text{m}^3$，2035 年预期为 $4500 \times 10^8 \text{m}^3$；现在欧盟进口一半的天然气，到 2030 年，则可能要购买 75% 的天然气。欧盟不断增长地对进口天然气的依赖，与俄罗斯天然气供给的天然优势有如此高的相互依存度不会有突然戏剧性的转变。正如俄罗斯天然气工业股份公司投资负责人指出的，欧盟和俄罗斯之间的天然气贸易进行得太深入、太全面，因而不会失败 (Komlev，2014)。

此外，德国作为欧盟的主要经济体和俄罗斯天然气最大的进口国，受前总理施罗德·格哈德（现任北溪董事会主席）的领导，有着强烈的亲莫斯科倾向。而且德国商品大量出口到俄罗斯，许多大型公司（西门子、奔驰、宝马）以及大量的中小型企业不急于打破现有的贸易协议。俄罗斯天然气公司的股票价值在 2008 年 5 月到 10 月间减少了 75%，到 2014 年夏天只恢复了其损失额的 20%(俄罗斯天然气工业股份公司，2014)。该公司已通过制定战略价格来应对欧洲能源多元化举措（从特立尼达岛、多巴哥岛、卡特尔和从尼日利亚进口的少量 LNG)。

说到价格，以其最大的购买商德国 (380 美元 $/1000\text{m}^3$) 为标准，英国享有 15% 的折扣，但是瑞士要多支付 15% 以上，波兰几乎要支付敲诈一般的价格，贵 40%(Eyl-Mazzega，2013)。另外，石油和天然气出口占俄罗斯同许多欧盟国家对外贸易的 80% ~ 90%，仅天然气一项就占所有俄罗斯出口的 10%。俄罗斯天然气工业股份公司不得不以更灵活的方式，以保持这个利润流不降低；不得不投入更多资金来保障天然气输送的可靠性。

通过实施严格的竞争法，有条件地认证所有俄罗斯天然气的出口，或通过欧盟作为唯一的天然气购买商来面对俄罗斯天然气工业股份公司垄断的局面。Helm 列举了这些措施作为欧洲可信赖的安全能源计划的一部分，以此来提高欧盟的议价能力，但是它们早期的采纳是不可行的。更不可能的是，通过减少天然气的使用来促成欧洲能源多元化：大多数成员国将核能看作是不可控的风险，增加煤炭的燃烧会破坏低碳排放的承诺，风能和光伏发电电力仅占一次能源总量的一小部分 (Smil，2014)。

穿越乌克兰的管道并不是苏维埃时期建设的唯一管线，并在苏联解体后成为国际管线。在 20 世纪 70 年代和 80 年代，建设管线是为了将天然气从土库曼斯坦 (Shatlyk，Bayram Ali，Kirpichli) 和乌兹别克斯坦的大油田 (Urta—Bulak，Dengizkul，Kandym) 运往苏联的欧洲地区，之后通过联盟号管线运往欧洲国家。联盟号管线的支线向东北，穿过咸海西部输送天然气给南部的乌拉尔工业区。在南方，土库曼斯坦的天然气向东输送到吉尔吉斯斯坦、塔吉克斯坦和哈萨克斯坦的南部。现在已成为国际管线，将阿塞拜疆里海巴库油田的天然气输往俄罗斯、美国和格鲁吉亚。

两项近期事态发展使欧亚天然气出口发生了根本的转变（图 5.4)。2009 年，土库曼斯坦的天然气开始通过一条起点在乌兹别克斯坦，终点在新疆霍尔果斯的长 1833km(直径 1.067m) 的长管线输往中国。另一条平行的管线建成于 2010 年，它们也输送来自乌兹别克斯坦 ($100 \times 10^8 \text{m}^3$ 的长期合同) 和哈萨克斯坦的天然气。到 2020 年，逐渐增长的船运出口天然气总量会达到 $650 \times 10^8 \text{m}^3$(Gurt，2014)。2014 年 5 月，俄罗斯和中国最终达成了长期交易（最初涉及西伯利亚天然气），向中国出售俄罗斯的天然气。以恰扬达（在萨哈，之前的雅库特，储量为 $2.4 \times 10^{12} m^3$，目前还没有开采）和科维克塔（贝加尔湖西部，储量大约 $2 \times 10^{12} m^3$）油田的东西伯利亚天然气为气源，将在 2018 年开始输送 (Itar-Tsaa，2014)。

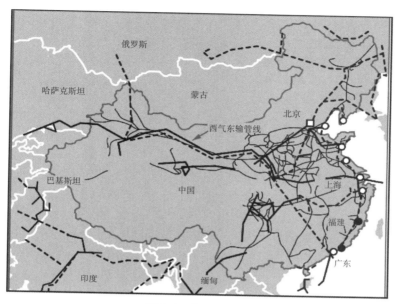

图 5.4   中国的管线

考虑到俄罗斯的巨大出口量和中国巨大的需求，每年 $380 \times 10^8 m^3$ 的天然气并不算多，但是这项交易将持续 30 年，因此总体积将超过 $1.1 \times 10^{12} m^3$，举例来说，这是阿塞拜疆或荷兰的总储量。然而，俄罗斯天然气公司的总裁指出，这项交易将影响整个天然气市场 (Itar-Tsaa，2014)，未公开的价格（每 $1000 m^3$ 在 $350 \sim 380$ 美元之间）将不会高于 2013 年同主要欧盟进口商签订的长期合同的价格。建设一条通往太平洋符拉迪沃斯托克（来满足未来俄罗斯液化天然气出口）的长约 4000km 的管线，将花费近 500 亿美元，通往中国的支线将额外增加 200 亿美元的投资，这些因素使得这笔交易的吸引力低于销售天然气给欧洲。

其他亚洲国家，远远落后于新兴的长距离干线连接中国同中亚和西伯利亚的超级管网。有许多短距离的管线用于销售天然气给邻国，埃及给约旦，叙利亚、黎巴嫩通过海底的支线给以色列（由于埃及国内高需求，导致供气量受到严重的限制。不断增长的人口和高昂的燃料价格补贴造成埃及国内需求很高），土库曼斯坦给伊朗，伊朗给亚美尼亚，缅甸给泰国。从 2013 年开始，缅甸天然气开始销往中国，马来西亚天然气也开始销往泰国。也许最显著的大规模计划是跨越阿富汗的管线，将土库曼斯坦的中亚天然气运往巴基斯坦北部和印度。完成这一项目仍然存在不确定性（明显出于安全原因），但是未来出口到印度，是长远规划，其销量不会小于出口到中国的天然气。如果没有供应和付款条件的限制，到 2025 年订单将会达到 $1000 \times 10^8 m^3$，10 年之后还会翻倍。

西欧天然气管网的发展有 3 个目的：通过海底管线将北海的天然气运往大陆市场；向内陆分配进口的液化天然气；修建更多新的互联站点，包括双向连接，可以使陆内供应有更大的灵活性。最早的用于天然气出口的海底管线是从挪威的 Heimdal Riser 平台到英国

St.Fergus 的 Vesterled 系统，于 1978 年建成。20 世纪 90 年代是大多数现有的出口管线投入运行的 10 年：欧洲 I 号和 II 号管线分别在 1995 年和 1999 年投入使用（从挪威海域到德国），到敦刻尔克的 Franpipe 管线于 1998 年运行，同时运行的还有从卑尔根附近旋转加工场到比利时的管线 (Subsea Oil and Gas Directory，2014)。Langeled 地区最长的出口管线 (1166km) 从 Sleipner 油田将天然气输往英国的伊辛顿，建成于 2006 年。

1983 年，欧洲同北非通过一条跨越地中海的管线（长 2476km) 第一次建立了联系，该管线从哈西鲁迈勒通过突尼斯将阿尔及利亚的天然气输往西西里岛，然后穿过该岛中心，经墨西拿海峡到达意大利和斯洛文尼亚。13 年后，阿尔及利亚的天然气向西经摩洛哥和直布罗陀海峡出口到西班牙、科尔多瓦，全程长 1620km。天然气随后到达马德里和北部一个低容量的与法国相连的站点。截至 2013 年，欧洲还有 19 个用于从北非、尼日利亚、中东、特立尼达和多巴哥进口天然气的再气化终端（撇开从挪威进口的一小部分液化天然气）。本章接下来将跟随行业的长远评估，进一步关注欧洲 LNG 进口的发展动态。

欧洲一直在找寻其目前除四大供应来源（俄罗斯、北海、格罗宁根、液化天然气）以外的途径：从阿塞拜疆、土库曼斯坦甚至伊拉克通过管道进口天然气。纳布科管线最初的设想是将阿塞拜疆的天然气经土耳其输往欧洲，之后还增输伊拉克的天然气。最初的计划是修建一条从土耳其 Ahiboz(在这从南高加索和伊拉克管线获得天然气) 到奥地利 Baumgarten 长 3893km 的管线，但是经过 10 多年的计划、谈判后，是否修建这条管线仍然是不确定的。一个选项是穿越里海的管线（年输送能力为 $300 \times 10^8 m^3$)，这条管线从土库曼斯坦到阿塞拜疆，之后经土耳其到达欧洲，完全绕开了俄罗斯。如果伊朗加入正常国家队的行列，将会对未来管线延伸的机会和俄罗斯、中国、中东、欧洲管网的大规模整合有重大的影响，但是伊朗在被什叶派控制近 40 年后，仍然没有迹象表明伊朗能成为与俄罗斯媲美的天然气出口国。

中东的不稳定状态一直是最主要的原因，导致没有慎重地计划从世界上最大的天然气田通过管线输送到欧洲市场；从卡塔尔到欧盟的管线不得不穿越阿拉伯地区。另外，修建从科威特和伊拉克或者叙利亚到达土耳其的管线，要花费数十亿美元的投资，这随着叙利亚和伊拉克的瓦解而变得不可能。但是卡塔尔的天然气储量非常大，生产成本也很低，因此卡塔尔决定以技术上要求更高，但最终会获得回报的 2 种方式来开采它们：建造世界上最大的气—液转换项目（详见第 4 章）；获得世界上最大的天然气液化能力和最现代、最大的巨型液化天然气 (LNG) 船队。

5.3　液化天然气 (LNG) 储运的发展

不断增加的燃料是以液化天然气的形式交易的。液化需要将气体冷却到 −162℃，使其体积减小到气体状态的 1/600，与甲烷在大气温度下的密度 0.761g/L 相比，其密度为 428g/L(1m³ 的液化天然气质量为 0.43t)。

液化天然气通常是在几个独立的单元中完成的，通常约 300m 长 (Linde，2013)。液化气在通过连接的管线运输到 LNG 槽船的恒温罐之前，存放在绝热容器中。典型的液化天然气中含有 94.7% 的甲烷、4.8% 的乙烷，以及微量的更高分子量烷烃和氮气，其能量密度为 53.6MJ/kg(22.2MJ/L，天然气的为 0.035 ~ 0.037MJ/L)。

　　液化天然气由特殊的 LNG 槽船运输 (图 5.5)。最大的船 (卡塔尔的 Q-Max 号) 能运送 $26.6 \times 10^4 m^3$ 的天然气 (Qatargas，2014)。Mozah 号 (以卡塔尔埃米尔妻子的名字命名) 是第一艘这种等级的船，由三星重工于 2008 年建造，现在还在往英国运输 LNG(Marine Traffic，2014)。卡塔尔目前有 14 艘这样的 LNG 槽船，长约 345m，宽 53.8m，高 12m。一艘大容量 LNG 槽船的负荷量能存储 6PJ(1PJ=10^{15}J) 的流动能源 ($22.GJ/m^3$)，足够 70000 个美国家庭一年的消耗。再气化在海水蒸发器中进行。大多数现役的终端再气化装置的处理能力为 $(4 ~ 5) \times 10^6 t/a$，最新的接收终端的能力为 $(3 ~ 5) \times 10^6 t/a$(IGU，2014)。

图 5.5　液化天然气槽船

　　大规模液化天然气工业的进步是一个逐渐完善至完美的例子，其进程不仅取决于技术能力，还取决于人们愿意支付高昂的费用从海外进口天然气的意愿。全球 LNG 市场的漫长道路开始于 1852 年，那时 Thomas Joule 和 William Thompson(后来的 Kelvin) 发现高度压缩的气体流经多孔喷嘴到常压时会有轻微的冷却 (Almqvist，2003)。直到 1895 年，这种增量冷却的技术才应用到实践中，Carl von Linde 申请了可靠的空气液化流程的专利 (Lined，1916)。20 年后，Codfrey Cabot 申请了通过海洋管线运送 LNG 的专利 (Cabot，1915)，但是由于美国是唯一一个使用天然气的国家，因此没有将此专利商业化的可能性。

　　但是液化天然气的存储有重大的发展，第一个小型的液化天然气项目在西弗吉尼亚完成于 1939 年，另一个稍大的液化天然气项目在克里夫兰于 1941 年完成，两者都是为了峰值时期储存这种高能量密度的燃料。不幸的是，1944 年在克里夫兰，一个新的更大的但是建造不完善的储存罐失效了，点燃了蒸发的液化天然气，引起的爆炸导致 128 人死亡。随后对这起事故的调查表明，储存罐失效是由其设计不科学导致，面对困扰着 LNG 工业储存的现实，意义更为深刻的是 LNG 的运输，本质上风险极大 (USBM，1946)。第二次世界大战后液化天然气的生产迅速扩大，但是美国作为全球唯一的天然气生产商，欧洲和日本进口廉价的中东原油，因此并没有激励发展昂贵的液化天然气进口。

第一次示范性的出货运输仅 5000m³ 的液化天然气，发生在 1959 年的 2 月 (从洛杉矶的查尔斯湖到泰晤士河畔的坎维岛)。"甲烷先驱"号并不是真正的槽船，而仅是一个自由转换的容器 (建于 1945 年，作为第二次世界大战时期超过 2700m³ 容量的货船)；在 1967 年被废弃之前，它接下来还运送了几次 LNG 到坎维岛。1961 年，英国气体协会签署了从阿尔及利亚阿尔泽 (3 趟列车，每年只有 0.9×10⁶t 的运送能力) 进口液化天然气的长期协议。气体界的一篇社论将之 (1961 年 11 月 11 号) 称为"常识性的巨大胜利"。从哈西鲁迈勒通过阿尔泽到坎维岛运送天然气开始于 1964 年，两艘专用 LNG 槽船 ("甲烷公主"号和"甲烷进步"号) 服务于这条线路，每艘运送 27400m³ 的天然气 (Corkhill，1975)。1972 年，Sonatrach 在斯基克达增加了另一个液化天然气设施，同时增加的还有液化天然气装置和运送的货轮。

日本成为下一个 LNG 进口国。由于国内缺乏碳氢化合物，出于使其能源多样化的愿望来进口能源 (那时只有原油和煤)，并能减少沿海大城市严重的空气污染。20 世纪 60 年代末，商业上最可行的机会是从阿拉斯加获得 LNG。1969 年，两艘 LNG 槽船"极地阿拉斯加"号和"北极东京"号 (每艘的运载能力大约为 70000m³) 开始在阿拉斯加库克湾 (菲利普石油公司和马拉松石油公司在此建立了一个单一的液化天然气厂，年生产能力为 1.5×10⁶t) 和东京 (Marine Exchange of Alaska，2014) 之间兜售液化天然气。首次从亚洲国家进口 LNG 开始于 1972 年，当时文莱的液化天然气被运往大阪。

但在 20 世纪 70 年代早期，随着新的液化天然气进口国的加入 (法国从阿尔泽，西班牙和意大利在 1970 年从利比亚玛尔萨的一个新的 EI Brega 厂)，未来欧洲液化天然气的购买开始变得扑朔迷离。格罗宁根，位于荷兰靠近斯洛赫特仑的特大天然气田，发现于 1959 年 7 月 22 日，随着后期钻井揭示了该气田的巨大规模，这项发现不仅结束了荷兰使用煤炭的历史，而且使荷兰成为其欧洲邻国主要的天然气出口国 (Smil，2010)。同时，在北海寻找碳氢化合物最终获得了原油和天然气：1965 年 9 月发现了第一个大气田西索尔油田，3 个月后发现了维京气田，20 世纪 60 年代末又连续有了更多的发现。

结果导致英国进口阿尔及利亚 LNG 的合同在 1979 年到期之后没有续签，1984 年建成了第一条大输量的管线 (Urengoy-Uzhgorod)，从俄罗斯西伯利亚输送天然气，使未来欧洲进口液化天然气的可能变得更小。同时，美国液化天然气的进口量远低于最初的设想。1971 年 9 月，在一个可能性最小的地方 (马萨诸塞州的埃弗雷特) 美国第一个再气化终端设备投入运行。它位于米斯蒂克河北岸，离法纳尔山不到 4km 的，LNG 槽船逆流而上穿过市中心；此外，该终端与波士顿的摇石国际航空港，西北—东南方向的跑道距离不足 5km。

接下来将关注液化天然气运输、对接、装载、卸载或由地震或恐怖袭击引发事故的潜在风险，潜在的风险源于运输气体的低温、扩散性和可燃性。同潜在的核反应堆事件相比，Wilson(1973) 担心这些灾难的可能性 (特别是爆炸溢出的甲烷)。几年后，Fay(1980) 担心大规模的泄漏很容易发现，而小规模的试验却不易被察觉。自然而然，在"9·11"之后，人们更加担心 LNG 槽船成为恐怖袭击的目标或者成为恐怖袭击作案工具 (Havens，2003)。

但是半个世纪以来，Acton 等记述 (2013) 了现代液化天然气工业非凡的安全性，他们研究了发生在 1965—2007 年世界范围内的有关液化天然气调峰系统或接收装置的 328 起事故。他们发现，事故频率是非常低的（每年 0.24 起，近期大多是 0.14 起）。约 75% 的事件中碳氢化合物排放量小于 100kg，大多是由于储存和外输装置引起的；只有 7% 的事件是由火灾、爆炸、快速相变、物质长期储存减小的重力因素引发的，操作和维护缺陷是主要成因。唯一一类增加事故概率的是液化天然气卡车，其操作往往在液化天然气终端控制之外。

自从液化天然气国际化后，没有其调峰系统或接收装置造成伤害的报道，因此，自然可以得出进口、再气化、分配液化天然气并不是公共风险这样的结论。至于液化工厂，只有一次灾难性的爆炸导致了多人死亡和巨大的经济损失。这起严重的事故发生在 2004 年 1 月 19 日，在阿尔及利亚地中海海岸斯基克达的一个液化天然气工厂里，当时一个蒸汽锅炉（用于产生蒸汽给压缩机提供动力）爆炸，并引发了巨大的天然气蒸汽云的二次爆炸 (Hydrocarbons Technology，2014)。爆炸和由此引发的火灾 (8h 才扑灭) 造成 26 人死亡，74 人受伤，摧毁了 3 个液化天然气列车，损坏了一个罐，还剩两辆列车和一些储罐。最重要的是，自 1964 年来，一直没有造成生命和货物损失严重的航运事故，也未对港口以及从各大陆输送液化天然气的设施造成伤害。

美国另外两个终端，在马里兰州湾点和佐治亚州厄尔巴岛，从 1978 年开始进口液化天然气，但是两年后它们就被关闭了。路易斯安那州的查尔斯湖终端于 1981 年开放，第二年就关闭了。随着美国天然气价格的反常，液化天然气前景变得暗淡，1985 年高油价崩盘，1986 年美国没有进口任何液化天然气，但是 1988 年恢复了从阿尔及利亚到查尔斯湖的船运。20 世纪 90 年代的变化不大，能源价格相对较低和稳定。这使得日本成为唯一的液化天然气的买家，日本于 1977 年同阿拉伯联合酋长国（阿布扎比）和印度尼西亚（从东加里曼丹的 Bontang 气田进口液化天然气，一年后也从阿伦厂通过槽船运输）、1983 年同马来西亚 (Bintulu 液化天然气厂) 签订了新的长期进口合同，到 1984 年，液化天然气交易总量的 75% 卖给了日本。1991 年，澳大利亚西北大陆架的液化天然气也添加到了日本进口的行列中。

随着经济发展基于日本模式的两个东亚国家或地区，开始成为液化天然气的进口商，这种状况开始发生改变：韩国于 1986 年，中国台湾于 1990 年开始从印度尼西亚进口。而日本的情况是，他们是长期供应的合同购买方，从年产能力适中的厂家通过小 LNG 槽船运输。20 世纪 90 年代晚期，两家公司开始从世界上最大的气田出口液化天然气：1996 年 9 月三艘卡塔尔 LNG 槽船开始运输，1999 年 8 月两艘拉斯加斯 LNG 槽船上线。卡塔尔在 Faisal al-Suwaidi 的领导下，与壳牌石油公司、埃克森美孚石油公司发展为全面合作伙伴关系，并继续发展世界上最大的液化天然气出口能力（每年 77Mt），能源量相当于 2012 年阿拉伯原油第一季度的出口量。

1999 年，特立尼达和多巴哥的大西洋液化天然气公司是拉丁美洲第一家在西南海岸的福廷角建设液化天然气装置的公司，它开始向美国（给埃弗雷特）出口，同时尼日利亚的第一批次两辆列车开始在尼日尔三角洲的邦尼岛运行。20 世纪末，液化天然气工业已经成熟，但是在它成为全球关键的能源角色之前仍有很长的路要走。全球有 12 个液化天然气出口国，约 100 艘 LNG 槽船运输 140×10^6t 的能源到 9 个进口国，其总量相当于天然气出口总量的 20%，但是还不到全球天然气消耗总量的 6%(Castle，2007)。

大多数液化天然气厂年输送能力为 $(1 \sim 2) \times 10^6$t，最大的年输送能力为 3.5×10^6t。

20 世纪，25 年里最大的 LNG 槽船并没有改变：1975 年的纪录是 126227m³，1978 年超过了 130000m³，在接下来的 25 年里最大 LNG 槽船的容量只是有轻微的增长，2003 年达到 145000m³，主要是世界上最大的 LNG 进口国日本，对可以在其港口停靠的 LNG 槽船的规模加以限制。因此，20 世纪的液化天然气出口的转变是一个逐步推进全球能源发展的典范转换 (Smil，2010)。

如果认定市场份额的 5% 是全球重要性的门槛，那么液化天然气出口应是在一个多世纪之后才达到其最初的商业液化门限 (1959 年第一次从路易斯安那到英国的尝试性运输的 50 年后)。2000 年，进口液化天然气在日本、韩国和中国台湾提供了很大的一次能源份额；但同欧洲和美国相比，也仅仅是很小的部分，他们进口的原油和成品油较之欧洲和美国也是微不足道的。但是在 21 世纪的头十年，无论是在扩大出口基地，还是基础技术改进上都打破了缓慢发展的漫长魔咒。

2000 年阿曼成为 LNG 出口国，希腊和波多黎也成为最新的进口国；到 2003 年，随着美国国内天然气产量的下降，美国国内所有的再气化终端自 1981 年以来首次都投入了运行；2004 年，得克萨斯州鹈鹕港附近的第一个海上终端获得了批准。液化天然气出口商的行列不断扩大，2004 年的埃及，2007 年的挪威和赤道几内亚也加入其中；葡萄牙和多米尼加共和国于 2003 年，印度于 2004 年，墨西哥和中国于 2006 年成为新的进口商。更重要的是，美国天然气产量不断下降、价格不断攀升，需要大规模增加液化天然气的进口，这种需求不能仅靠现有的出口商来满足，还得靠俄罗斯在巴伦支海的最大的海上油田什托克曼的发展。中国不断增长的能源需求和国内主要城市的严重空气污染表明，世界经济的快速发展需要更多的液化天然气合同，正如澳大利亚和印度尼西亚的发展经历一样。

2008 年，液化天然气运输量达到全部天然气总量的 25%，在 21 世纪头十年里年出口能力增长了一倍多 (2000 年为 $100 \times 10^6 t$，2009 年约为 $220 \times 10^6 t$)；同时，LNG 槽船最大尺寸也增加了两倍多。在几十年的停滞之后，新的大型 LNG 槽船开始使用，这带来了明显的经济优势，但需要解决由装载、卸载和蒸汽处理变化所引发的技术难题 (Cho 等，2005)。通常在 LNG 槽船上安装被绝缘材料包裹的大型铝球——Kvaerner-Moss 壳，虽然浪费空间，很笨重，但可以使用 30 年以上。

采用薄不锈钢材料设计的新型膜可用于容器内壁。卡塔尔利用这种革新的优势，订购了 45 艘 (从 $21 \times 10^4 m^3$ 的 Q-Flex 级到 $26.6 \times 10^4 m^3$ 的 Q-Max 级) 新的大型 LNG 槽船 (卡塔尔，2014)。这种能力的增长意味着，经过几十年缓慢增长或停滞，从 20 世纪 20 年代至今，最大 LNG 槽船体积终于增长到足够与大型油轮相竞争的规模。但是建造 LNG 槽船的费用仍比原油油轮的费用贵很多：一艘容量为 125000 ～ 138000m³ 的 LNG 槽船成本 (约 2 亿美元) 约为一艘 250000 净重吨数 (吨位) 的原油 (约 1 亿 2000 万美元) 货轮的 2 倍 (IMO，2008)。由于原油比液化天然气高 60% 的能量密度 (原油为 36MJ/L，液化天然气为 22MJ/L)，大型原油货船每次运载的能量是液化天然气货轮的 4 ～ 5 倍。

随着液化天然气出口不断上升，进一步扩大设备、船队和处理能力达成了强烈的共识，但两项意料之外的事件干预和影响了原本设想的发展阶段。最糟糕的是，第二次世界大战后经济衰退 (2008—2010 年) 减少了能源需求，并影响了未来所有基础项目的发展；而水力

压裂技术 (2005 年只有一小部分专家赞成的生产方法，到 2010 年成为美国现代历史最具宣传性的革新) 成为美国天然气 (也包括原油) 供应的主要手段。水力压裂技术的突飞猛进，导致了 3 个显著的变化：北美天然气价格骤降、美国原油和天然气价格空前降低、不仅取消了液化天然气的进口，而且美国计划出口液化天然气。

这时全球液化天然气工业自英国尝试开始已有半个世纪了 (GLNGI，2014；GIIGNL，2014；IGU，2014；BRS，2014)。到 2014 年年中，有 27 个液化天然气厂和 86 艘 LNG 槽船运行于 17 个国家 (安哥拉在 2013 年成为最新的出口商)，还有 11 个工厂正在建设中，22 个工厂处于规划阶段 (图 5.6)。卡塔尔的拉斯拉凡是世界上最大的液化天然气出口厂，年出口能力为 10×10^6t(卡塔尔，2014)，卡塔尔 (占发货量的 1/3) 仍是最主要的出口国。全球贸易总量在 2013 年达到 236.8×10^6t(略小于 2011 年的纪录 241.5×10^6t)，其中 60% 的进口天然气消耗在亚太地区，欧洲远远落后于亚太地区 (约 33×10^6t)。约有 77×10^6t，或出口液化天然气总量的 1/3，在尼日利亚和卡塔尔主导的现货市场进行短期交易。大多数的合同还是长期的，与原油价格相关联，在欧洲的价格为 12 美元 $/10^6$Btu，在日本为 15 美元 $/10^6$Btu。液化天然气船队由 357 艘 LNG 槽船组成，其中有近 100 艘新船，其运输能力达到 54×10^6m^3。

图 5.6 澳大利亚卡拉沙终端向亚洲出口液化天然气

对出口国液化天然气销售的重要性最直接的证明是，查看液化天然气销售在它们年度出口收入中所占的比例。按递减顺序，根据国际标准贸易分类 (货号 3413：LNG) 方法，2010 年年度由豪斯曼等计算 (2013) 作为哈佛—麻省理工学院的经济复杂性项目，排行前十的国家是：卡塔尔占 42%，特立尼达和多巴哥占 34%，阿尔及利亚占 15%，也门占 15%，阿曼占 14%，埃及占 9.8%，尼日利亚占 8.5%，印度尼西亚占 5.7%，马来西亚占 4.9%，阿拉伯联合酋长国占 4.4%。但是一些原油出口国相比卡塔尔对液化天然气出口的依赖而言，更依赖于单一的原油出口，原油出口占阿塞拜疆出口总量的 89%，尼日利亚占 86%，沙特阿拉伯占 76%，科威特占 67%。

2013 年 29 个国家进口液化天然气，他们拥有 104 个再气化终端。同年，又增加了 3 个进口国家：以色列、新加坡及相当引人注目的马来西亚——世界上第二大出口国 (2013 年销售 24.7×10⁶t，进口 1.6×10⁶t)。再气化量达到历史新高——每年 688×10⁶t，这意味着 2013 年其利用率降低到仅为 34%，扩大到 9 个国家的浮式再气化能力超过 44×10⁶t。日本这一最大的进口国，拥有数量最多的再气化装置 (24 台)，其中东京湾富津终端是世界上最大的再气化设施，每年能接收 19.95×10⁶t，其大部分用来供应世界上第二大 (4.5GW) 的燃气电厂 (TEPCO，2013；图 5.7)。巴布亚新几内亚在 2014 年 5 月成为日本最新的液化天然气供应国，该国 190 亿美元的大规模项目 (从南部高地和西部省份运送天然气) 也供应中国大陆和台湾 (PNG LNG，2014)。

图 5.7   东京湾富津终端

液化天然气设施通常占用较小的土地面积，大多为 (30 ~ 120)×10⁴m²。一台年处理能力为 3×10⁶t，占地 80×10⁴m² 的液化装置，可以转化的输出功率密度为 6400W/m²。拉斯拉凡最早的 3 台液化机车 (年处理能力为 10×10⁶t) 占地 3.7×10³m²(卡塔尔，2014)，运行输出功率密度约为 4600W/m²。新的模块化设计甚至更加紧凑：挪威梅尔克岛附近的哈默菲斯特年处理量为 4.3×10⁶t，仅占地 70×10⁴m²，运行时输出功率约为 10000W/m²(Nilsen，2012；图 8.4)。再气化装置有类似的甚至更高的功率密度。美国最大的液化天然气接收终端，路易斯安那州 Cheniere 公司的 Sabine 终端，拥有功率密度最大为 8300W/m² 的吞吐量。日本海岸的东—潟终端 (占地 30×10⁴m²，年处理能力为 8.45×10⁶t) 功率密度几乎达到 48000W/m²；东京湾富津终端拥有世界上最大的再气化厂 (仅占地 5×10⁴m²，年处理能力为 19.95×10⁶t)，大约有 60000W/m² 的输出功率密度。

6 资源的多元化

尽管"非常规天然气资源"这一术语会持续沿用，但是美国非常规天然气资源的开采已成为一种常态，例如页岩气、致密砂岩气和煤层气 (CBM) 等根据美国能源信息署 (USEIA) 统计资料发现，1990 年美国非常规天然气产量仅占天然气总产量的 18%，2005 年超过了 60%，到 2012 年已高达 73%(USEIA，2014i)。除了美国和加拿大，大多数天然气生产国并没有将非常规天然气资源作为能源的重要组成部分。非常规天然气主要由 4 种不同的资源组成：储集在致密页岩中的页岩气 (常常也在砂岩中)，储集在煤层中的煤层甲烷，储集在高压水层中的天然气以及储集在北极和海底中的天然气水合物 (或冰状笼形化合物)。

经过科研人员的不懈努力，终于找到了非常规天然气的合理开采方法。其中，经过反复试验之后，美国提出了一种方法。该方法简直让人难以置信，更确切地说是不合常理。但是，美国政府有许多人支持并坚信该方法一定有效。他们认为核装置爆炸作用将有效增加气藏的泄流面积，进而有利于致密气的经济开采。这些实验是 Plowshare 计划的一部分，且具有一定时代特征。当时许多人认为，核能可以作为一种有力工具并能将其应用于商业(US Congress，1973；Kaufman，2013)。

1967 年 12 月 10 日，在新墨西哥州进行了代号为 Operation Gasbuggy 的第一次试验，在地下 1270m 深处引爆了 $29 \times 10^3 t$ 的核装置 (1945 年 8 月 6 日，美国在日本广岛投掷的原子弹相当于 $12.5 \times 10^3 t$ 的 TNT 当量)，爆炸后一个月，在炸碎的石堆里面打了一口井，产出了 $5.7 \times 10^6 m^3$ 的气体并在原地进行燃烧。从能量的角度来说，利用核爆炸产生的 $120 \times 10^{12} J$ 换来了 $200 \times 10^{12} J$ 的天然气，如果不考虑生产核爆炸装置所需的能量，能量净利润约为 1.7 倍。1969 年 9 月 10 日，在科罗拉多州进行了代号为 Project Rulison 的第二次试验，引爆了 $40 \times 10^3 t$ 的核装置；1973 年，在科罗拉多州里奥勃兰克郡进行了代号为 Rio Blanco 计划的第三次试验，在地下 1.75 ~ 4km 深处低渗透砂岩中几乎同时引爆了 3 个 $33 \times 10^3 t$ 的核装置。

第四次代号为 Wagon Wheel 的核爆炸试验原计划在怀俄明州开展，在地下 2.7 ~ 3.5km 不同深度设置 5 个 $100 \times 10^3 t$ 的核爆炸装置，可以产生 800m 的破碎带，波及范围直径高达 300m，释放出的能量比预期开采的天然气能量的 35 倍还要高 (Noble，1972)。如果成功的话，美国原子能委员会和埃尔帕索将计划每年开展 40 ~ 50 次核爆炸之多，以大规模开采天然气。40 年后回过头来看，人们会觉得更加难以置信：就纯能量而言，这些频繁的核爆炸会被理所当然地认为一种能源开采方法？美国人怎么可能会接受，为了供暖、做饭而在绿草地、田野和森林下面利用核爆炸开采天然气呢？这些核爆炸带来的成果远低于人们的预期，因此核爆炸开采天然气的方法被废除了。

核爆炸开采天然气方法被摒弃之后，很快便开始致力于更有效的开采技术的研究。1993 年，Mankin 在回顾非常规天然气开发时谈到，大型水力压裂技术 (在井筒内形成延伸至储层深部的垂直裂缝) 得到了石油天然气行业和联邦研究基金委员会的强烈青睐；尽管如此，利用该方法开发致密砂岩气的作业费用仍然相当高，除非政府向油气开发商提供财政补贴。同时，对于从富含有机质的页岩中开采天然气，也并不比他人更少的悲观，主要是由于水力裂缝延伸、压裂液返排以及气产量下降快等问题。

　　Mankin 的结论刚好出版 25 年后，水力压裂技术引起了大规模的石油、天然气产量增加。他的这个结论值得完整地重提：由于单井产量较低，任何情况下，从泥盆系页岩中增产的天然气只能满足当地的或局部的需求 (Mankin，1983)。

　　另一方面，他坚信资源量及天然气长期的需求将导致最终的大规模开发；21 世纪早期，这些预言得以实现 (Mankin，1983)。Mankin 对页岩气开发做了非常肯定的的评价。他预计到 2005—2010 年，通过水平井钻井技术和水力压裂技术发展会实现页岩气大规模开发。

　　含气页岩广泛分布于各大洲，如图 6.1 所示。但是截至目前，只有美国实现了页岩气大规模开发 (Maugeri，2013；Zuckerman，2013；Gold，2014)。本章将重点追溯天然气发展历程，评价水力压裂技术发展现状，展望页岩气发展的前景。其余部分将介绍其他非常规天然气资源商业开发的先进技术及发展前景，包括煤层气、致密气和天然气水合物。作为世界上最大的产煤国，中国和美国也拥有大量的煤层气资源，同时，致密气储层（渗透率非常低）也广泛发育，海底深处还蕴藏了大量的天然气水合物。首先需要强调的是，在系统研究页岩气之前，从非常规油气藏中开采出的天然气仅仅是大量矿产资源中的一部分。

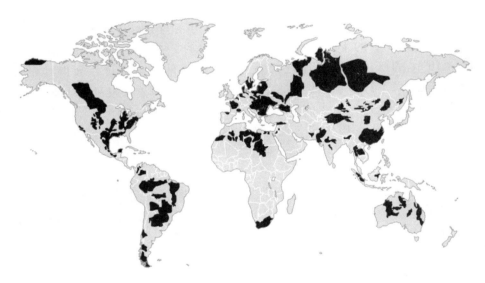

图 6.1   全球页岩沉积分布

　　首先介绍的是最容易找到且在早期开发阶段开发技术有限条件下最容易开采的油气资源。最初，天然气并非勘探目标，它是伴随着原油的产出而产出的，将原油液相和气相进行分离，便得到了天然气。随后的几十年，对天然气开发进行了深入探索，利用在石油勘探开发领域内积累的丰富经验，开发了许多大型气田。多数情况下，在各种恶劣条件下（如寒冷地区、热带沙漠地区及海上地区）开发油气田所需要考虑的不仅仅是高额投资问题，还需要考虑将产出油气输送至千里之外主要消费地区的长输管网建设问题。

随着开采难度小、成本低的矿产资源量的显著减少，人们将开发目标转向了分布范围更广的低品质储层或需要先进技术及高投入才能开采的高品质储层。矿产资源品质变差在许多金属矿产领域表现得非常明显，近些年采出矿石中的金属含量比现代工业初期的几十年开发出来的低了一个数量级。非常规天然气与常规天然气性质差不多，但是其开采难度更大。因此，非常规天然气的开发严重依赖于相关的技术进步。

6.1　页岩气

页岩气资源量和技术可采储量的评估经常被关注，同时还包括水平井钻井和大型水力压裂基本操作程序的描述、调控框架以及常见的环保问题 (USDOE，2009；NETl，2013；Speight，2013)。简明编写关于页岩气的相关技术及综合方法显得较为棘手，尤其是在平衡美国发展问题上。一些页岩气开发的争议事项仅仅是该挑战中的一小部分，最大的障碍主要是由于当前资源产出过剩导致大量不断增加的信息、诉求和反诉求等。由于来得太突然，因此备受关注。甚至一些长期从事美国石油天然气工作的人对此也表示非常惊讶。

2003 年，两位经验丰富的石油地质学家发表了关于北美天然气供给的评论，里面寥寥提了一下页岩气，将它与存在开发潜力的深水钻井、煤层气、致密气和水合物列在一起，认为低气价时代已成为历史，需要修建更多的液化天然气 (LNG) 装置以满足进口需要。但由于不可能短时间内修建大量 LNG 装置，因此，通过市场机制提高价格以分配现有天然气是唯一的办法 (Youngquist 和 Duncan，2003)。仅仅 6 年时间，美国借助于水平井钻井技术和水力压裂技术再次跃居成为全球第一大产气国。许多推测甚至认为，在 2020 年之前美国可能成为最大的 LNG 输出国。

但是在这个快速的转变之前，经过了长时间的 (大部分是不看好的) 技术酝酿。各种新型开采技术取得了不断地发展之后，才组合成成熟的商业化开采方法。几十年前，深井钻井过程中很难保证直井垂直钻进，经常出现井眼偏斜情况。随后开展了从一个井场钻探能够接触更多储层体积的定向井试验；1929 年，在得克萨斯成功钻出了第一口水平段较短的水平井 (USEIA，1993)。由于当时水平井钻井成本高且缺乏相关装备，水平井钻井直到 20世纪 70 年代才实现商业化。80 年代，在北美成功钻探了 300 多口水平井。在随后的 10 年里又钻了 3000 多口水平井。这主要归功于旋转导向钻井电机的研发与应用，使得即使是在90°弯曲及波状起伏的岩层中水平井钻进也能轻松实现。同时，这些导向电机还能与小尺寸连续油管 (直径为 2.5 ~ 11.25cm) 配表使用，再结合刚性钻杆，能够满足 4km 钻进需要。

很早以前，水力压裂的前身就应用于油井开采，其第一次应用要追溯到美国原油产量大幅增长的几十年前。最初是用硝化甘油将含油岩石炸碎，提高液体流动速度 (Montgomery和 Smith，2010)。20 世纪 30 年代，首次利用非爆炸性流体在岩石中形成酸蚀以提高产能。1947 年，在堪萨斯州进行了第一次水力压裂试验，印第安纳标准石油公司利用高压流体造缝，并依靠液体将支撑剂携带至形成的裂缝内，使产生的裂缝保持开启状态，进而释放出未开采的油气。

1949 年，Howard 申请了水力压裂专利 (Howard，1949)。哈里伯顿油井固井公司 (简称 Howco) 成为水力压裂技术的独家专利拥有者，并于 1949 年 3 月 17 日进行了第一次水力压裂施工 (Green，2014)，分别在俄克拉荷马州 Stephens 郡和得克萨斯州 Archer 郡进行，施工费用分别为 900 美元和 1000 美元。1949 年，Howco 共进行了 332 井次压裂施工，压裂后产量平均提高了 75%。因此，该项技术迅速被许多石油生产商采纳，到 20 世纪 50 年代中期，平均每个月压裂井次超过了 3000 口。据 Montgomery 和 Smith 估计，在 1949—2010 年，利用压裂方式完井井数累计有 2.5×10^6 口左右，高达所有完井井数的 60%。该项技术的关键是在储层中形成了长期有效的水力裂缝，形成的水力裂缝能够在数十年内保持有效的高导流能力 (Vincent 和 Besler，2013)。

1990 年，水平井钻井技术和水力压裂技术，成为石油工业提高原油产量运用最广泛的方法。美国天然气生产商采纳、改进并拓展应用这些技术是一个复杂而缓慢的发展过程。相关从业者给出了相应的解释 (Bowker，2003；Steward，2007)；在书中 (Levi，2013；Zuckerman，2013；Gold，2014) 被提及了；并从发展历程和国家政策的角度对天然气革命进行了分析 (Wang 和 Krupnick，2013)。

自 20 世纪 70 年代末开始，美国通过政府补贴的方式刺激了非常规天然气资源的开发，主要包括联邦基金资助研究项目 (首先是摩根敦能源研究中心，评价压裂效果和提高定向井钻井技术的东部页岩气项目) 及新型制图技术和 3D 成像技术 (有助于发现页岩最发育的区块) 的不断进步。1977 年，能源部工程中首次阐述了大型水力压裂；1986 年在泥盆系页岩中打出了第一口水平井，但是直到 20 世纪 90 年代才实现了页岩气商业化开采重大突破。

米歇尔能源开发公司创始人意识到联邦资助的好处，乔治·米歇尔组建了一个专家团队，在得克萨斯州 Barnett 页岩进行开采作业。他们于 1991 年钻的第一口水平井得到了天然气研究学会的资助，但是在其长期页岩气商业化开采过程中也充满着巨大的财政风险。1997 年，该公司研发出了价格更低的新型液体体系，该体系由少量砂子和从瓜尔胶豆中提炼出的稠化剂组成。

6.1.1 美国页岩气开采

自 Barnett 页岩被证实为具有经济开采潜力之后，2002 年 1 月戴文能源公司收购了米歇尔能源开发公司，将其水平井钻井技术以及水力压裂技术相结合应用在 Barnett 页岩。2002 年，Barnett 页岩共有 2083 口直井；5 年之后井的数量上涨到 8960 口，其中 55% 是水平井，折合约 5000 口水平井 (Brackett，2008)。直到 2007 年，Barnett 页岩仍然是美国新能源主要生产基地，其成功开发启发了研究者对其他页岩气区块的重新评估。2009 年，在阿巴拉契亚盆地发现了世界上最大的特大型天然气田，如图 6.2 所示。

美国大部分地区发育有泥盆系页岩，从纽约中南部到弗吉尼亚南部，从俄亥俄州东部到宾夕法尼亚州东北部，以及 Erie 湖东部都有发育，这些泥盆系页岩中富含干酪根，含油气潜力巨大。2002 年，美国地质调查局 (USGS) 预测阿巴拉契亚盆地下部 Marcellus 页岩气技术可采储量仅为 $566 \times 10^8 m^3$，凝析油 $14 \times 10^6 t$(USGS，2011)。6 年后，Engelder 和 Lash 推断，Marcellus 页岩天然气储量高达 $500 \times 10^{12} ft^3$，该页岩遍布了美国 4 个州。持续的天然气生产，产出了 Barnett 页岩气储量的 10%。如果像 Barnett 页岩一样，Marcellus 页岩将最

终产出 $50 \times 10^{12} ft^3$ 的天然气 (Engelder 和 Lash，2008)。

  采用标准单位计量，意味着 Marcellus 页岩地质储量近 $15 \times 10^{12} m^3$，最终可采储量大概 $1.5 \times 10^{12} m^3$，是 2002 年 USGS 预测结果的 25 倍。由于 Engelder 没有足够的公开数据来确定 Marcellus 页岩气产量下降曲线，因此他使用了 2008 年 Chesapeake 用于预测 Marcellus 页岩气最终采收率时的下降速度；同时，他还假设各郡有 70% 的页岩气是允许开采的，单井控制面积为 $32.37 \times 10^4 m^3$，最后得到有 50% 的把握能够采出 $13.8 \times 10^{12} m^3$ 天然气 (Engelder，2009)，相当于 2009 年美国天然气消费量的 20 倍。继 Engelder 和 Lash 之后，USGS 预测 Marcellus 页岩气可采储量甚至高达 $2.3 \times 10^{12} m^3$(USGS，2011)，是其 2002 年预测值的 40 倍。在本书最后一章预测天然气还能持续多久时，将再次谈及最终可采天然气储量预测结果的巨大差异问题。

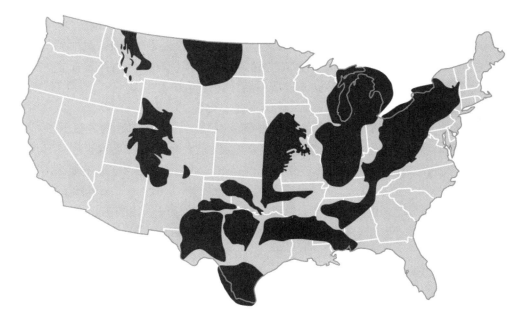

图 6.2 美国页岩沉积盆地

  继 Barnett 页岩气开发突破之后，其他页岩气区块也迅速开展了页岩气开发。2008 年，Fayetteville 页岩开始投产，到 2013 年，其产量翻了近六倍。Fayetteville 页岩投产后不久，Haynesville 页岩也正式投产，经过 3 年的开发，Haynesville 页岩气于 2010 年春季平均月产气量超过了路易斯安那州总产气量的 60%，但是在 2012—2013 年，其产量下降了 27%。自 2010 年开始，Marcellus 页岩气产量迅速上升。Eagle Ford(呈弧形沿着墨西哥边境东北到圣安东尼奥南部)、Woodford(整个俄克拉何马州地面以下) 和 Bakken 页岩也对美国油气产量做出了巨大的贡献。

  Bakken 页岩位于北达科他州西部威利斯顿盆地，广泛分布于曼尼托巴、萨斯喀彻温和蒙大拿，是北美最新发现既产油也产气的大型页岩油气储层。在北达科他州，水平井钻井及压裂投产后，在产油的同时伴随着大量天然气产出，由于管道输送能力有限，因此大量产出天然气不得不就地燃烧，截至 2011 年底，北达科他州产出天然气中 1/3 以上是通过就地燃烧处理，未投入市场 (USEIA，2011)。

通过分析新钻气井生产数据发现，主要几个页岩沉积盆地的页岩气产量差异较大。2007—2014 年，页岩气日产量及变化趋势差异都十分明显 (USEIA，2014)。Permian 盆地页岩气平均日产气量下降了一半，日产页岩气约 3000ft³；Eagle Ford 页岩日产气量维持在 1200ft³ 左右；Niobrara 页岩日产气量一直在上下波动；Bakken 页岩日产气量稳定上升但不足 600ft³；Haynesville 页岩和 Marcellus 页岩一直是主力产气区，Haynesville 页岩气从 2007 年到 2014 年翻了五倍，日产气量超过了 5000ft³；Marcellus 页岩气日产气量更是呈指数式增长，由 600ft³ 增长到了 6000ft³。2000 年，页岩气总产量仅占美国天然气总产气量的 1.6%；2005 年上涨至 4.1%；2010 年上涨至 23.1%；2013 年达到了 40%。

上述几个页岩区块页岩油气的开发，在当地产生了重要影响。同时，对石油天然气行业也产生了重要影响。大量新员工 (主要是单身男性) 突然涌入，使得当地住房短缺，迫使房地产价格上涨、超额征税等。石油天然气工业相对较高的收入导致其他行业成本相应增加，低收入服务机构用工短缺；同时，由于页岩气资源大量开发使得其他项目投资的机会减少，阻止了多元经济的发展。在初期膨胀阶段结束后，最终的结果将是不利于经济长期发展。相比于没有这类资源开发区域人口数量减小速度要快得多。

对环境的影响主要包括一些常见的不良影响以及其他新的损害。随着任何类型油气勘探、钻井及生产作业的进行，都会干扰当地正常生活、砍伐植物及破坏人类生存环境。可喜的是，目前页岩气钻井采用"工厂化"作业模式，在一个井场上打出多口分支井，压裂期间占地面积为 $(1.6 \sim 2.0) \times 10^4 m^2$，井场恢复以后占地面积仅需 $(0.4 \sim 0.6) \times 10^4 m^2$ (NYSDEC，2009)，如图 6.3 所示。关于大型水力压裂最明显的改变就是输送压裂液所需卡车数量急剧增加，不可避免地给两车道或单车道乡村公路带来了交通拥堵，破坏那些不能承载过重货物的道路路面，增大公路保养费用，降低生活品质，更重要的是，带来了更多致命的车祸 (Begos 和 Fahey，2014)。

由重型卡车和高压压裂带来的空气污染及噪声污染只是短暂的，关于地下水水质潜在污染问题才是人们长期关注的问题；同时这也吸引了许多环保主义者及其他公众广泛关注 (Kharaka 等，2013)。首先反对压裂的环保主义者关注了压裂液对当地地下水水源的污染以及饮用水从水龙头放出来后可以直接点燃的问题；其次，天然气泄漏后会对空气造成长时间污染以及存在发生地震潜在破坏的问题。压裂反对团队成员组成非常复杂，包括反对所有资源开发的专业环保主义者以及仅反对在其生活区 (后院、学校、球场等) 几百米深的井下进行压裂的民众。

反对压裂的活动引起了很大反响，很多专家对此做了诸多推断，如 Yoko Ono 认为它不仅仅会危及人类，地球、大自然甚至是整个世界都会遭到破坏；Robert Redford，Alec Baldwin 和 Iron Chef Mario Batali 也都这样认为 (Begos 和 Peltz，2013)。2013 年 9 月，反对压裂的浪潮甚至波及了达拉斯，该城市理事会解除了之前与 Trinity East Energy 公司达成的租赁协定。在外界看来，反对压裂的呼声明显高于支持的呼声，并认为在科罗拉多进行压裂就像恶化的癌症一样 (Ginsberg，2013)。

图 6.3　宾夕法尼亚州页岩气钻井现场

2014 年，Bamberger 和 Oswald 认为大规模压裂对公共健康有很大影响，尤其是对动物、儿童以及油气工作者。他们将因油气工业而受害的人比作被强奸的受害者，因为他们是弱势群体，面对如此伤害却无法选择避免。同年，Abrams 公布了名为"水力压裂不可告人的健康威胁：有毒物质是如何摧残人类生命的"采访，夸大了他们的申诉，部分申诉形成了法律诉讼。由于阿鲁巴石油有限公司压裂队破坏了达拉斯郡一个家庭的农场、家园、生活质量，使其家人、宠物和家禽染上疾病，于 2014 年 4 月 22 日在得克萨斯被判有罪，原告因此得到了 300 万美元赔偿费 (Matthews 和 Associates，2014)。

反对压裂的呼声在纽约州也同样存在，这些人希望任何钻探作业永远都不要在这座城市进行，最好是整个国家都不要进行压裂作业，因为他们认为这与吸烟是一个道理，保证吸烟健康的唯一办法就是禁止吸烟 (Navarro，2013)。2014 年，颁布了全州范围内的压裂禁令。下一章节将考察大型水力压裂用水问题以及关于饮用水污染和废水处理的复杂证据。

6.1.2　美国以外的页岩气

尽管美国针对水力压裂的优势和劣势一直处于争议之中，而在欧洲部分国家，如法国、荷兰、捷克和保加利亚等，因页岩气储层水力压裂可能会对环境造成污染，都反对页岩水力压裂。可以肯定的是，有一些因素阻碍了欧洲像美国一样接受这类天然气的开发。美国土地所有者拥有对其地下矿产资源进行开采的采矿权，而欧洲国家土地所有者却没有相应的采矿权。这个现实不会给欧洲国家民众带来任何动力去参与一个可能会对环境造成破坏的活动，或许这才是欧洲国家民众反对可能会对环境造成破坏的页岩气开发的最重要原因。其他重要的差异有：灵活得多的管道输送进入权；当然，另一个重要原因可能与美国主要页岩气开发区块人口密度基本都很低有关，因此针对页岩气开发的争论也要小得多。

由于含烃页岩(有机质含量不小于 2%)是世界范围内分布最广的地层,这给其他许多国家开发这类新能源留下了机会。除了美国以外,其他拥有大量页岩气资源的国家包括加拿大、巴西、阿根廷、俄罗斯(西伯利亚西部和中部地区)、阿尔及利亚、南非、巴基斯坦、中国和澳大利亚。世界范围内第一次页岩气资源量评估在 32 个国家开展,主要集中在页岩沉积盆地高品质区块内,因此,评估得到的总资源量比较保守。这次评估关键评判指标有两个:(1)天然气产量达到商业开发的可能性;(2)具有开发前景的页岩沉积盆地和地层,在可以预见的未来,预期的开发程度(Kuuskraa 等,2011)。

这次评估的结果表明全球页岩气总资源量为 $623 \times 10^{12} m^3$,技术可采储量为 $163 \times 10^{12} m^3$。中国可采储量比美国略高,与阿根廷、墨西哥和南非一起构成了拥有页岩气资源量最多的 5 个国家。经过美国国际先进能源公司两年后再评估发现,该机构两年前评估得到的可采储量存在一些不确定的因素(Kuuskraa,2013)。根据荷兰皇家壳牌公司在瑞典 Alum 页岩所钻的 3 口井推测,挪威技术可采储量由 $2.3 \times 10^{12} m^3$ 降为 0。2014 年,也发生了一起经过重新评估后,可采资源量几乎减为 0 的情况。加利福尼亚 Monterey 页岩可采储量相比于其 2011 年评估结果减小了 96%(Reuters,2014)。因此,随着对储层了解程度的不断深入,需要对技术可采页岩气储量重新进行评估。

2013 年,Kuuskraa 将利比亚页岩气预测储量削减了近 60%,将法国页岩气预测储量减小了 25%,南非和墨西哥减小了 20%(Kuuskraa,2013)。与此同时,乌克兰和阿根廷最新评价的盆地使得其储量相比于 2011 年评价得到的储量翻了三倍,加拿大总储量增大了近 50%。这些储量的增加使得世界范围内页岩气技术可采储量增大了 35%,折合气体体积约 $220 \times 10^{12} m^3$ 或 $7.7 \times 10^{21} J$。这一数字比英国石油公司于 2013 年底公布的全球最新常规天然气资源量预测值($185.7 \times 10^{12} m^3$)高出近 20%,几乎是页岩油可采储量($1.94 \times 10^{21} J$,折合 $3.35 \times 10^{12} bbl$)的 4 倍。但是,这一数据也只是暂时的,只有通过每个主要页岩盆地钻探大量探井并测试之后,才能更加准确地给出真实的技术可采储量结果。

中国页岩气可采资源量减小较少(仅 10%),但减小后使得美国页岩气资源量上升为世界第一位。中国页岩气评价为世界页岩气评价中近乎完美的案例,在真实评价页岩气开发潜力时充分考虑了其页岩气储层的复杂性和特殊性,而不仅仅是根据含页岩沉积盆地的面积及其有机质含量进行理论推测(Chang 和 Strahl,2012;Tollefson,2013)。尽管中国最初计划到 2020 年实现页岩气产量至少为 $600 \times 10^8 m^3$ (甚至高达 $800 \times 10^8 m^3$),但由于其缺乏页岩气水平井钻井和水力压裂两项关键技术等相关经验;同时,拥有开发页岩气必要技能的人员数量也非常有限;更重要的是,中国页岩相比于美国埋深更深、更加分散,地下裂缝和断层发育,地震资料不足等,因此,其开发成本必定更高。2014 年 8 月,中国将其 2020 年页岩气产量指标减半,减小至 $300 \times 10^8 m^3$ (Shale Gas International,2014)。

水源也是一个必须要考虑的问题。四川盆地拥有大量页岩沉积,但它也是中国人口数量最大的省份,需要大量水源进行灌溉、工业应用及超大城市生活用水等;西部塔里木盆地和准噶尔盆地本身就十分干旱,一直都严重缺水(Marsters,2013)。同时,还需要考虑制度上对企业的限制,包括国家对石油天然气工业的主导地位、缺乏有经验的、能承担风险的、愿意面对失败的小企业(这是在复杂条件下首创,新的生产方法,不可避免的一个结局)。

包括中国在内的许多国家，页岩气开发将不会像美国 2007 年后那样顺利。尽管关于水力压裂的各种禁令对页岩气开发没产生太大影响，但由于早期的失败，可能错过在经过长时间反复试验与调整后能够盈利的机会。2013 年，卡尔加里 Talisman 能源公司和休斯敦马拉松石油公司取消了在波兰的页岩气勘探业务。据 Kuuskraa 统计，2011 年波兰拥有页岩气可采资源量为 $5.2 \times 10^{12} m^3$，次年，波兰地质研究所将该地区页岩气资源量减小至 $0.8 \times 10^{12} m^3$。墨西哥大型页岩气开发速度已减缓至非常慢的速度，到 2014 年中期所钻井数不到 25 口。由于国内极其动荡的财政危机及能源政策的不确定，使得阿根廷大型瓦卡姆尔塔页岩气开发变得纷繁复杂。

6.2 煤层气与致密气

美国页岩气的成功开发引起了世人对其他类型非常规天然气的重视。尽管这些天然气形成的速度和程度与页岩气可能不同，但它们对天然气产量的贡献变得越来越重要。2004 年 Kuuskraa 指出，美国最大的 12 个气田中非常规气藏占了 8 个，位于新墨西哥州最大的两个气田——Blanco 气田和 Basin 气田是由致密气藏和煤层气藏共同构成的。排名第 5、第 6、第 8 和第 9（位于得克萨斯州、科罗拉多州和怀俄明州）的气藏为致密气藏，排名第 4 的怀俄明州 Wyodak 气田是大型煤层气藏。

6.2.1 煤层气

大量甲烷是在煤形成过程中产生的，煤层越深、年代越久远，所含甲烷量越高。沉积岩层中压力越大，含气量也越大。井深 100m 处，煤中含气量仅为 $0.02 m^3/t$；井深 500m 处，含气量为 $1 m^3/t$；井深 1000m 处，含气量可高达 $3.7 m^3/t$(IEA，2005)。气体通常紧紧地吸附在复杂的、几乎没有渗透性的岩层结构内，可喜的是，煤层内通常发育有大量内生裂缝（开启的天然裂缝）。这些内生裂缝构成了煤层气储层中主要的储集空间和渗流通道 (Laubach 等，1998)。由于煤层具有巨大的内表面积，因此，单位体积煤层中储集的气体体积是同体积常规天然气储层中储集量的 6~7 倍。但是，即使使用最新的、相对最有效的钻井和开采方法，目前也仅能开采出煤层中很少的一部分天然气。

如果地下采煤过程中通风效果不佳，煤层中的甲烷将可能发生爆炸（也称瓦斯爆炸），导致井下矿工发生伤亡事故。通常将导致发生瓦斯爆炸的气体称作煤矿气 (CMM)，煤矿气通常是从煤夹层中排出或者地下采煤后围岩垮塌后释放出。恰当的处理方法是，将气体浓度降低至爆炸极限以下（最好是体积含量小于 1%），然后通过大型通风设备将其排出。也可以对这些气体进行回收，通过氧化过程将其转化为 CO_2，或用于贫燃气轮机中，全球有 14 个国家每年利用 200 多种工艺方法避免了 $40 \times 10^8 m^3 CH_4$ 泄漏排放或有害的燃烧 (WCA，2014)。

相比之下，煤层气是从未开发的煤层中回收的，无论其最终是否被开采。煤层气开采之前，首先需要将煤层中的地层水排出，以便于降低煤层中的压力，进而使得吸附在煤层表面上的甲烷气体释放为自由气。随后，在未挖掘的煤层中打垂直井和水平井开采煤层气；为了从煤层中开采出更多的煤层气，可能还会用到水力压裂技术。因此，煤层气井开采煤层气可分为三个不同阶段：第一阶段，主要产地层水；第二阶段，煤层气产量上升而地层水产量下降；第三阶段，煤层气和地层水产量都下降(Garbutt，2004)。煤层气中甲烷含量较高，通常超过93%，因此，煤层气可以直接输送至已有的天然气输送管道内，并直接用于代替常规天然气。

20世纪80年代，美国首先开始了商业化大规模开发煤层气。2012年，美国煤层气产量占国内天然气总产量的5%，是页岩气产量的15%左右(USEIA，2014k)。正是由于页岩气大规模开发，使得煤层气产量在总产量中所占的比例仅为其2008年巅峰时期的25%。类似地，由于俄罗斯西伯利亚的天然气资源量非常丰富，其大量的煤层气资源还未进行开发。煤矿资源丰富的国家，如美国、加拿大、澳大利亚、俄罗斯、中国、印度和南非，其煤层气资源量也非常丰富。但截至目前，只有澳大利亚开始了煤层气大规模开发，昆士兰州高品质煤层产出的煤层气约为澳大利亚东部地区天然气产量(主要包括大量的海上常规天然气)的1/3(Geoscience Australia，2012)。

1997年，Rice预测美国煤层气资源量约为 $20 \times 10^{12} \mathrm{m}^3$，其中经济可采储量有 $3 \times 10^{12} \mathrm{m}^3$(Rice，1997)。2004年，Kuuskraa根据2002年的开采水平推测，美国技术可采储量只有 $8200 \times 10^8 \mathrm{m}^3$(Kuuskraa，2004)。2005年，国际能源署(IEA)宣布全球煤层气资源量为 $143 \times 10^{12} \mathrm{m}^3$。2004年，Kuuskraa预测全球煤层气资源量为 $(85 \sim 222) \times 10^{12} \mathrm{m}^3$(IEA，2005)。若煤层气最终采收率按20%计算，全球煤层气可采储量为 $(17 \sim 55) \times 10^{12} \mathrm{m}^3$，2012年已证实的常规天然气可采储量为 $185 \times 10^{12} \mathrm{m}^3$(BP，2014)。煤层气开发潜力最大的国家包括美国、加拿大、俄罗斯和中国。由于中国清洁能源极其缺乏，因此预计中国煤层气的发展将最为迅速。欧洲地区(包括英国、德国和捷克)、美国和中国已开采并废弃的煤矿中开采煤层气潜力十分巨大，老式通风通道以及新钻井已用于开采煤层气。

6.2.2 致密气

致密气是指储集在岩石中的甲烷气体，大多数储集在砂岩中，也有部分甲烷气体储集在粉砂岩、石灰岩和白云岩中。这些岩石的共同特点是原始基质渗透率极低，通常情况下小于0.01mD。大多数常规气藏渗透率介于 $0.01 \sim 0.5$D之间，也就是 $10 \sim 500$mD。这些岩石的致密性与其地质年代有关：常规天然气大多来源于古近—新近纪盆地，而致密气大多来源于古生代，这类储层由于长时间受到压实、固结和重结晶等作用，因此渗透率极低。1999年，中国在鄂尔多斯盆地发现了苏里格气田。该气田为典型的致密气藏开发区块(Total，2007；Yang等，2008；CNPC，2014)，如图6.4所示。该区块地层渗透率为 $0.02 \sim 2$mD，其沉积相为2.5亿年前辫状河流沉积，产层厚度仅有几米，埋深多为 $3200 \sim 3500$m。到目前为止，苏里格气田是世界上最大的砂岩圈闭气藏，储量高达 $2 \times 10^{12} \mathrm{m}^3$，该气田自2006年开始投入生产，年产量达到了 $50 \times 10^8 \mathrm{m}^3$。

由于致密气开采速度同井眼与储层接触面积直接相关，因此，在经济可行的前提下，通常会在致密气储层内尽可能多地钻探定向井和水平井，最好是在一个钻井平台上进行"工厂化"钻井作业。其他增产方式主要是利用水力压裂以及利用酸化技术溶解储层中的石灰岩、白云岩和方解石等物质，进而提高致密气储层渗透率。另外，从深井中排出地层水也是提高这类储层产能的重要手段之一。

图6.4　中国苏里格气田

全球致密砂岩气藏资源量高达 $510 \times 10^{12} m^3$，但是现有开采技术仅能开采出地质储量的 6% ~ 10%，折算为技术可采储量不超过 $50 \times 10^{12} m^3$。1980年，评估结果认为美国致密气地质储量高达 $26 \times 10^{12} m^3$。2004年，据Kuuskraa估计，技术可采储量超过 $8 \times 10^{12} m^3$，而美国能源信息署(USEIA)预测技术可采储量约为 $8.8 \times 10^{12} m^3$，明显高于煤层气评估储量，位居美国各类气藏储量第5位。除美国外，只有很少一部分公司拥有从致密气层中开采天然气的先进技术。已形成致密气商业化开发模式的国家主要有阿尔及利亚(Timimoun气田)、委内瑞拉(Yucal-Placer气田)、阿根廷(Aguada Pichana气田)和中国(苏里格气田)。

美国开采致密气已有相当长的历史了，于20世纪60年代就开始在新墨西哥州圣胡安盆地，开展致密气开采作业，引起了相关开采技术的兴起和发展的热潮。美国致密气藏广泛分布于全国各地，包括阿巴拉契亚盆地、丹佛盆地(主要是科罗拉多州和怀俄明州)、墨西哥湾盆地西部(得克萨斯州、路易斯安那州和密西西比州)、Permian盆地(得克萨斯州西部)、Uinta盆地(犹他州)和怀俄明州的Greater Green-Wind River盆地(USEIA，2010)。美国是唯一较大规模开采致密砂岩气的国家，目前其致密气年产量约为 $1700 \times 10^8 m^3$，占其国内天然气总产量的25%左右。

6.3　甲烷水合物

大量的甲烷水合物资源(也称作冰状笼形化合物)是在有机质沉积、甲烷生成过程中逃逸出并被晶格笼状冰水分子捕获所形成的(Kvenvolden，1993；Makogon，Holditch和Makogon，2007)，如图6.5所示。完全饱和的天然气水合物压力约为2.6MPa，每5.75个水分子中就有1个分子的 CH_4，相当于 $1m^3$ 甲烷水合物中有 $164m^3$ 甲烷。由于水合物中80%

为水，20% 为甲烷，因此 1m³ 甲烷水合物中有 164m³ 甲烷。1m³ 水形成 1.26m³ 的固体水合物时，能固结 207m³ 甲烷；若没有天然气，1m³ 水凝固后由于体积膨胀作用将形成 1.09m³ 冰。

水合物密度在 0.8 ～ 1.2g/cm³ 之间，与其组成、压力和温度有关。气相以甲烷为主，含量大多在 66% ～ 99.7% 之间 (Taylor，2002)。水合物在很大压力、温度变化范围内都能稳定存在，压力变化范围为 20×10^{-9} ～ 2×10^9Pa(最大值与最小值之间相差 17 个数量级)，温度变化范围为 70 ～ 350K。水合物是水和气体在低温、高压下形成的。最常见的就是在输气管线内形成损坏设备的水合物堵塞物，因此需要小心谨慎,防止输气管线中水合物形成。固体堵塞物的形成主要是由于冷凝水结冰导致的，1934 年，Hammerschmidt 证实了这些固体堵塞物是输送天然气与水形成的水合物。1963 年，在 Yakutiya(西伯利亚中部) 钻探的 Markhinskaya 井使得人们意识到天然气水合物可作为潜在商业资源。1965 年 Makogon 认为:由于含水合物地层的存在，只要满足形成寒冷地层的条件，就能找到聚集的天然气水合物。

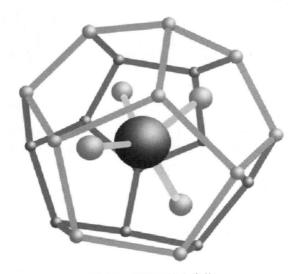

图 6.5   笼状甲烷水合物

1965 年—1966 年，Makogon 通过室内实验证实了地层中天然气水合物的存在。1970 年，在西西伯利亚 Messoyakha 地区发现了天然气水合物。随后，该地区开始从埋藏在天然气水合物岩层以下的储层内开采天然气，但是西西伯利亚地区特大型 Urengoy 气田和 Medvezhye 气田的高产，使得从水合物中产出天然气的量变得不那么起眼了。部分地质学家认为，Messoyakha 储层中压力的降低也能导致上覆含水合物地层压力的降低，并有利于天然气从水合物储层中分解出来,使得利用常规生产方法也能从水合物中生产天然气。但是，1998 年 Collett 和 Ginsburg 重新研究了收集到的资料认为，Messoyakha 地区水合物对气产量并没有太大贡献。

围岩温度对水合物的分布影响较为明显。有利于水合物形成的天然环境主要有两个:一个是北极沉积 (只占水合物总资源量的 3%)，另一个是海底沉积。部分水合物外形为直径约 5cm 的小球，其他为几米厚连续纯产层。已发现的水合物沉积有 200 多处，大多数是美国和中亚沿海地带以及西太平洋，如图6.6所示。部分沉积在北美北边的水合物仅仅在地表以下100m左右。加利福尼亚沿海地带沉积的水合物在水下600m及海底以下600m都有富集；在日本南海海槽，最深沉积深度在海底以下4700～4800m；在危地马拉沿海地区，其深度还要深1000m左右 (Makogon，Holditch和Makogon，2007)。

图 6.6　全球甲烷水合物沉积分布图

水合物中甲烷资源量预测值，比页岩气和煤层气储量预测不确定性更大。但是，这些差异都是次要的，因为即使非常保守地进行预测，其资源量也是非常大的。1992年，Dillon等预测甲烷水合物中有机碳含量为10×10^{12}t，将近所有常规化石能源中碳含量的2倍。1999年，Lowrie和Max估算美国沿岸水域内气体储量可高达美国所有常规天然气储量的1000倍。

加拿大天然气水合物资源量为$(43.6 \sim 809) \times 10^{12}$m³(Center for Energy，2014)。Makogon多次报道称，全球潜在天然气水合物资源总量高达15×10^{15}m³(约15×10^{15}t)；1988年，Kvenvolden称全球潜在天然气水合物资源总量高达20×10^{15}m³，相当于2013年全球常规天然气资源总量的100倍。近期一项关于南极洲蕴藏甲烷的储层评估结果表明，大概有21×10^{12}t有机碳埋藏在其深部的有机沉积物内，即南极地带天然气水合物含量与北极寒冷地区最新预测水合物资源量数量级相同，为$(131 \sim 728) \times 10^{12}$m³(Wadham等，2012)。

实现天然气水合物商业开发方法较多：(1) 通过向水合物储层内钻井，沟通其目的层使其压力降低；(2) 排出所钻井内的水以及其他气体；(3) 注入蒸汽或热水，使天然气水合物中的气体不断释放出来；(4) 向水合物储层中注入CO_2置换出甲烷气体。2001年，在加拿大首先试验了天然气水合物的降压和热采。几十年前，在加拿大麦肯齐三角洲地区内所钻的许多井中就发现了天然气水合物。2001年末至2002年，一项由加拿大、日本、美国、德国和印度联合成立的国际项目，在该地区选择了其中一个区块进行了 Mallik 湾天然气水合物研究井工程 (Dallimore 等，2002)。

该工程钻探了 3 口井，其中 1 口作为生产井，另外 2 口作为监测井。通过向富含水合物、厚达 17m 的水合物储层内注入热水加热数天后，在其中 6 个地方监测到了压力的下降变化。这就证明陆上水合物最终应该能够实现商业化开采。2008 年冬天，在 Mallik 井场为期 6 天（共 139h）的试验中，日产气量维持在 2000 ~ 4000m^3 之间累计生产天然气约 13000m^3(Yamamoto 和 Dallimore，2008)。

北美页岩气开发的新闻不久便替代了其他的天然气相关报道，但直到 2013 年才出现日本已于 1995 年就开始进行水合物研究项目中关于天然气水合物的报道。其最重要的发现是，在日本海砂岩储层中找到了大量富含 CH_4 的天然气水合物（气体饱和度为 60% ~ 90%），终结了水合物主要赋存在未胶结淤泥中（含气饱和度仅为 10%）的认识 (Boswell，2009)。

日本国家石油天然气和金属矿物资源机构在日本开展了水合物开发试验，利用海上勘探船在距离位于日本南海海槽东部 Daini Atsumi Knoll 渥美半岛海岸（日本东部海岸)80 km 远处钻探了一口 270m 深的井，该井目的层为海底 1km 以下厚 60m 的水合物储层 (JOGMEC，2013)。利用泵抽方式将储层压力由 13.5MPa 减小至 4.5MPa，水合物储层中的天然气流动至勘探船平台，并于 2013 年 3 月 12 日点火成功。尽管在目的层段预置了两个防砂筛网，但试验第 6 天泵就发生了堵塞，在此期间平均日产气量达到了 20000m^3，相比于加拿大采用降压开采水合物天然气日产量高出一个数量级，总产量近 120000m^3。

生产不到一周就获得了如此高的产气量，使得这次试验非常振奋人心，但未能实现商业开发突破。美国于 1982 年开始了水合物研究，而北美对水合物资源的认识始于页岩气开发。除日本做了水合物试验以外，印度（从 1996 年开始)、韩国（从 1999 年开始) 和中国（从 2004 年开始) 也先后在水合物方面开展了一些小规模的研究。其他关于水合物知识和各种先进技术可查阅美国国家能源技术实验室 (US National Energy Technology Laboratory) 主办的期刊 *Fire in the Ice*(NETl，2014)。

7 能源转型中的天然气

现代经济发展的特点是一系列的普遍性转型，其中主要包括：(1) 包括部门贡献的变化，如创造财富的主导地位从农业转向工业生产，然后转向服务业，(2) 劳动力参与，如童工时代的结束、妇女加入劳动力市场、由于较长的教育阶段造成的初次就业的年龄推迟等；(3) 资本强度，从基本不需要或需要最小资本投入需求的手工制造业到由全国政府承担的高投入的大型项目）。最根本的转变是现代能源供应的演变，城市化和工业化社会脱离传统的生物燃料（木材、木炭以及农村的农作物秸秆），过渡到使用煤炭，然后再到精炼的液体燃料和天然气，与此同时生产了更多的一次电能（水电、核电、风能和太阳能发电）。

木材和更小程度上的农作物秸秆（主要是大宗的稻草和秸秆），主导了现代以前的几千年和现代早期 (1500—1800 年)300 年的能源供应。其被煤炭替代最初发生在英国 (1600 年以前)，但仅在 19 世纪后半期，欧洲大陆和美国，煤炭才快速地替代了木材。不考虑传统生物燃料，到 1900 年为止，煤炭大约占了全球一次能源总量的 96%，原油约占 3%，天然气（绝大多数是由于美国消费）仅为 1%(Smil，2010a)。由于两次世界大战和 20 世纪 30 年代的全球性经济危机，后续从煤炭到原油的转变速度显著减慢。但到 1950 年，煤炭在全球一次能源总量份额下降到不足 2/3，而原油上升到大约 30%，天然气位居第三，远远低于前者，只占 10%。在接下来的 20 年中，出现了新的基于廉价原油的战后经济体，美国仍然是其最大的生产国，但沙特阿拉伯和苏联的产量迅速赶上。

到 1973 年，由于石油输出国组织欧佩克 (OPEC) 的作用全球油价上涨 5 倍。石油成了世界上主要的化石燃料，占全球一次能源总量的 48%，煤炭下降到第二位，占 27%，天然气上升到大约 18%。欧佩克 (OPEC) 持续垄断性的操作使油价上涨得以控制，到 1981 年，第二轮油价上涨已经超过 1974 年油价的 3 倍多，这促使人们寻求高转换效率的精炼燃料以及用其他能源替代原油。石油的绝对消费量持续增长，但在 2000 年，石油燃料份额下降到全球一次能源总量的 38%，天然气供应了全球能源需求的 24%。在 21 世纪前 12 年石油份额继续下降到 33%，而全球天然气的开采却上升了近 40%，天然气的份额仍然占一次能源总量的大约 24%。这是由于煤炭消耗的快速增加（主要由于中国和印度的扩大开采）推动了该燃料的份额（大约占全球一次能源总量的 30%），暂时地逆转了从煤炭向石油的长期能源转变趋势。2000 年，煤炭和天然气大约占能源总量的 62%，2012 年仅为 57%)。

回顾能源转型的速度可以看出，在从传统生物燃料到煤炭的全球转变与后续原油替代煤炭之间有着明显的相似性 (Smil，2010a；图 7.1)。1840 年，煤炭达到全球一次能源总量的 5%(把该份额作为非边际贡献的标记)，之后它所占的比例分别为 1855 年的 10%、1870 年的 20%、1875 年的 25%、1885 年的 33%、1895 年 40%、1900 年的 50%。煤炭达到全球一次能源总量各具有里程碑意义的市场份额 (10%、20%、25%、33%、40% 和 50%) 所用时间分别为 15 年、30 年、35 年、45 年、55 年和 60 年；原油份额达到全球一次能源总量的 5% 后，替代煤炭和生物燃料的过程中，达到全球一次能源总量各具有里程碑意义的市场份额所用时间分别为 15 年、35 年、40 年、50 年和 60 年达到 40% 的市场份额，原油供应量将始终达不到全球一次能源总量的 50%。

相比之下，能源向天然气的转型进行得要慢一些。大约在 1930 年，天然气达到全球一次能源总量的 5%，20 年后达到 10%，仅仅 45 年后就达到 20%。当然，这取决于能源转换模式的选择，最重要的是将一次电能转化为通用电能的不同方式。要么在大约 70 年后达到 25%，要么仍未达到这个水平。2012 年，英国石油公司 (BP) 预测的结果已经达到 23.0%。当煤炭转变速率达到 5% 的 35 年后，煤炭占燃料市场份额的 25%，40 年后原油也是如此。后续转变并没有发生明显的加速，从煤炭到原油的转变不如从传统生物燃料向煤炭转变快速，天然气替代煤炭和石油的速度明显地比上述两种转型慢。

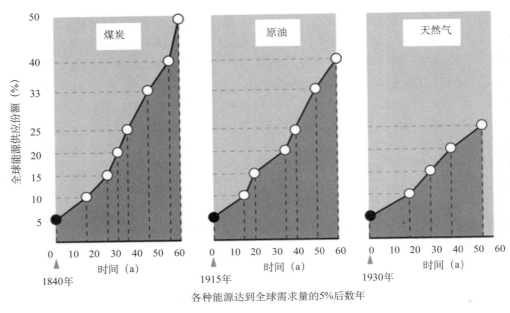

图 7.1　全球能源转型

天然气在一次能源总量份额中上升较缓慢的主要原因是转型规模不大，在一个不断增长的系统里替代另一个相对增长点需要更多的能源。2000 年，全球一次能源总量比 1950 年大 5 倍，大约是 1900 年总量的 10 倍，因此即使在没有任何资源限制的情况下，对于某种新资源而言，若想在整体需求中占有重要的份额会变得越来越难。所以 1945 年全球一次能源总量石油份额从 5% 上升到 25% 需要的能源为到 1875 年煤炭完成相同的转变所需能源的 1.6 倍，但天然气从 5% 上升到 25% 所需要的能源几乎是完成相同的煤炭到原油转变所需能源的 8 倍。

基础设施面临的挑战是另一个明显的原因，因为运输固体和液体比运输天然气更容易，尤其是在各大洲之间。就一直备受关注的天然气市场而言，较缓慢的速度意味着那些实际上长期不可靠的长远消费预测的误差可能会更大。尽管这种向天然气转变比预期的慢，但是天然气还是最受欢迎的，因为这种燃料不但提供了一种低污染的替代能源，而且也是降低仍然过于依赖化石燃料的全球能源消耗的碳排放负担最实用的手段。天然气取代燃料原油供暖或者天然气取代煤炭发电都比用无碳可再生能源替代煤炭或者原油容易得多，因为它具有经济、实用和可靠的优点。

相比之下，即使买得起，太阳能或风力发电也不能保证其使用的连续性，除非有其他形式的应需发电支持（燃气轮机是一个最好的选择）或者必要的大量电能储备，但电能储备仅当需求量相对较小时才可行，目前没有办法实现大规模蓄能（除了那些相对较少、但能量又不可避免损失的输电设施外），来满足数百万瓦或者一些数亿瓦规模的电力要求，这是当今大城市普遍的电力需求。因此，所有无碳可再生替代能源在可预见的将来影响有限。

在亚洲、非洲和拉丁美洲仍有相当大未开发的水能潜力，但是在北美和欧洲大规模水力发电几乎没有多少剩余优势。在某些国家新的可再生能源（尤其是太阳能光伏和风能发电）在全国发电中一直在占据较高的份额，其中德国为欧洲发达经济体中的领导者，但他们的市场占有一直以相对低速度进行。统计一次能源总量的份额为：1990 年全球一次能源总量的 88% 来自化石燃料，2012 年该份额为 87%(Smil，2014)。此外，在一些发达国家，核能发电已停滞不前，或正在衰退。由于福岛核泄漏灾难和连续不断的清理问题，核能的未来更加不确定。因此在全球一次能源总量短、中期脱碳中，天然气将是最佳选择。

正如第 5 章所述，LNG 运输方面的最新进展最终会使得全球天然气市场成为一个日益有吸引力的经济选择，这也将大大改善市场占有加速的前景。但决定最终结果的更为重要的因素是在现代经济体中天然气作为一种可运输燃料，能够占有到一个主体能源市场的范围和速度。同时，不能认为对天然气依赖度越高对环境积极的影响越大，这就是在本章最后部分评价所有燃料对环境造成影响的原因。

7.1　能源供应的燃料替代和脱碳化

能源转换的普遍过程，包括从木材到煤炭到石油再到天然气的燃料替换顺序以及对一次电力更高的依赖性，不可避免地展现出了很多国家间特有的差异。一些国家从未经历过煤炭阶段，他们从木材阶段转变到以原油为基础的经济，一些国家（主要是中国）仍高度依赖煤炭，还有一些国家则高度依赖水电。但不同的转变方式都最终产生相同的结果，即使社会受益于最终能源转型的更高的效率，受益于碳排放量减少和降低燃烧时的污染。能源供应逐步脱碳是理想的趋势，因为它有助于缓和人类对全球碳循环的干扰以及减缓大气中 CO_2 浓度的上升。

木材是现代以前和现代早期 (1500—1800 年) 全球的主要能量来源，它主要组成是纤维素、半纤维素和木质素。这些生物聚合物的平均总含碳量约为 50%，维持在 46% ~ 55% 相对窄的范围 (lamlom 和 Savidge，2003；Cornwell 等，2009)。木材的含氢量仅为 5% 左右，与含碳量为 65% 左右的烟煤一样。木材的氢碳原子比约为 1.4，典型的烟煤为 1。由此看来，向煤炭的转变并没有导致燃料使用的脱碳化。但因为大量木材的氢原子未被氧化（由于羟基自由基在燃烧早期阶段游离），木材典型的有效氢碳原子比小于 0.5，向煤炭的转变导致每单位的燃料能源 CO_2 排放较低。实际上，由于燃烧煤炭炉子或锅炉采用了更好的设计，因此具有更高的燃烧效率，CO_2 排放量减少得更多。

来源于原油的液体燃料平均含86%的碳和13%的氢,汽油和煤油的氢碳原子比为1.8(几乎是烟煤的两倍),导致向脱碳化的重大转变——当氢碳原子比为4的甲烷燃烧时脱碳效果更大。因此,具体碳化物排放从木材的30kg C/GJ下降到优质烟煤的25kg C/GJ,精炼液体燃料燃烧释放20kg C/GJ,天然气燃烧仅释放15.3kg C/GJ(IPCC,2006)。显然,全球能源转型(其主要特点在本章开始部分已定量阐述)已经导致碳化物排放的持续下降,如图7.2所示。

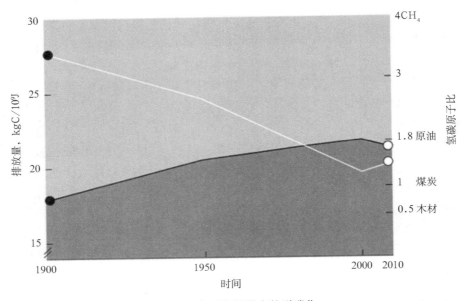

图 7.2　全球能源供应的脱碳化

当全球一次能源总量以 kg C/GJ 表示时,该比率从1900年的近28下降到1950年的25以下,2010年刚刚超过19,大约下降了30%(Smil,2013a)。在发达国家,法国下降比例最大(由于法国使用核能,而不是因为天然气),美国下降将近40%(由于天然气和核能),中国仅仅下降25%左右(由于其持续性高度依赖煤炭)。当全球脱碳程度用化石燃料的氢碳原子比进行量化时,全球平均氢碳原子比从1900年的1.0上升到1950年的1.6,1980年的1.8,2000年达到1.9。后来的稍微逆转(2012年接近1.8)是由于中国大量增加煤炭开采造成的。

这意味着全球一次能源总量的脱碳化在以比预期缓慢的速度进行。最值得注意的是,在20世纪90年代中期,Ausubel预见2010年全球氢碳原子比平均值为3.0(实际仅为1.83),2030年后将是全球天然气经济(氢碳原子比将达到4.0)。在2003年,他仍然预计 CH_4 在2030年后不久将供应全球一次能源总量的70%。这也许不会发生,但替代能源还需要多久才能出现仍然未知,在本书最后一章里会评估有说服力的证据。在任何情况下,碳化物排放量的下降值仍需转换成全球 CO_2 排放的绝对下降量(CDIAC,2014)。

结论很明确:天然气的消耗增加成为全球一次能源总量脱碳化的主要原因,但是近期天然气供应的增长既没有进一步阻止碳排放,也没有把碳排放的增长速率降低至未来10年后可以避免全球 CO_2 排放达到883.93mg/m³ 以上的程度。对天然气的期望很大,但是天然气能够满足全球日益增长的能源需求有限。而且需要更高份额的无碳能源（太阳能、风能发电和核裂变等其他可再生资源模式）来实现最终的脱碳，甚至超越纯 CH_4 体系固有的碳限制。

如所预期的，各国经验已经呈现出大量的成果，从具有丰富天然气资源的小国家，到世界上一些严重依赖进口的能源消耗大国，天然气占一次能源总量的份额均非常低。在快速实施向天然气转变过程中，荷兰特大型格罗宁根气田开发是个非常好的例子。正如前所述，该气田发现于 1959 年 7 月，当年，国内煤炭主导着荷兰的国家一次能源供应（大约 55%），其次是进口原油（约 43%），天然气供应不到总量的 2%(UNO，1976)。

格罗宁根气田于 1963 年 12 月投产，随着产量不断增加，1965 年 12 月（此时天然气在一次能源总量中的份额为 5%) 荷兰政府决定 10 年之内终止在 Limburg 老矿场（可追溯到 16 世纪）的所有煤炭开采，并给予煤矿公司天然气开发 40% 的股份，帮助煤矿公司重新改造，使其成为化学品以及后续的营养品、药品、其他材料的生产商，从而避免了社会动乱 (Limburg 国有煤矿雇用了 45000 人，提供了 30000 个直接相关的职位)(DSM，2014)。到 1971 年，格罗宁根天然气可提供全国一半的能源需求；到 1975 年，其供应稳定在略低于 50%，而煤（主要用于焦化）下降到不足 3%。同时，由于在 20 世纪 70 年代早期，普遍认为核能将主导长期能源供应，因此决定将格罗宁根天然气最大限度地出口到周边国家，使在 1970 年和 1980 年之间翻了两番，到 1980 年产量超过 $400 \times 10^8 m^3$。

随着天然气在全国一次能源总量中的份额从 1965 年不足 5% 上升到 1971 年的 33%，荷兰迅速完成了向天然气的转变。这是一个前所未有的替代速度：在达到了 5% 的标志后，它只花了不到 6 年的时间，就达到 33%(相比之下，美国从 5% 到 25% 用 50 年，而苏联从 20% 到 40% 用了 20 年)。1977 年，天然气开采（进一步促使人们认为在核能之前应该最大化出口，到那时一种未来非常有前景的能源供应将削弱天然气需求）达到了 $823 \times 10^8 m^3$ 的高峰。为了延长格罗宁根气田的生命周期，产量受到控制（核电并没有接替），20 世纪 80 年代和 90 年代的供应份额稳定在 40% 左右。与此同时，其他较小的陆上和海上油田开始增加产量，到 1990 年，他们供应的天然气已占荷兰天然气的一半以上，此时，格罗宁根气田的产量从大于 $800 \times 10^8 m^3$ 的高峰到 2000 年下降到不足 $300 \times 10^8 m^3$。但 2000 年天然气占全国一次能源总量的份额仍然为 40%，2012 年约为 37%(BP，2014)。

荷兰天然气开采成果可谓是真正的变革。所有家用、商业、机构等地方的供热均使用格罗宁根天然气，几乎所有的工业加工和大量温室大棚供热也是如此。值得说明的是，对于一个世界第二大农产品出口国经济体而言，全国温室大棚供热是一个非常重要的考虑因素。它们的面积加起来，为世界最大的供热种植面积（占地超过 $10000 \times 10^4 m^2$，大概是马铃薯种植土地面积的 5 倍)，种植蔬菜（就价值而言，主要是红、黄辣椒）、水果和花卉，出口约占 40%(TNO，2008)。

此外，清洁燃烧天然气产生的部分 CO_2 不会向室外排放，用它来补充温室内 CO_2 浓度（温室内 CO_2 浓度可达 $1964.29 mg/m^3$，相比之下，大气环境下为 $785.71 mg/m^3$)，以此提高农作物生长率和温室大棚的产量 (Hicklenton，1988；NGMA，2014)。荷兰天然气的出口有助于邻近的欧盟国家替代煤炭和燃油降低空气污染；提高家庭供暖和工业加工的燃烧效率；减少对俄罗斯天然气出口的依赖，或者更为昂贵的阿拉伯国家液化天然气的依赖——同时每年也为荷兰赚得 100 亿美元的外汇收入 (Trading Economics，2014)。

对比英国和荷兰的经验说明了国家的具体国情对燃料替代的速度影响。两个国家都获利于重大的天然气发现 (1965 年英国首次发现北海天然气)，但是荷兰在 6 年内 (从 5% 上升到 33%) 完成了英国 25 年所达到的：1971 年北海天然气占英国一次能源总量份额开始大于 5%，在 26 年后的 1997 年才达到 33%。随后在 2000 年天然气贡献率达到 39% 的高峰，2012 年下降到 35% 以下。这种差距的原因显而易见：当开始转变时，英国能源的需求比荷兰大了近 4 倍，全国发电由大型燃煤电厂主导，不能突然关闭这些电厂；日益增加的电力份额来于以英国反应堆设计为先驱的核能发电，开发海上资源比投产格罗宁根气田更具挑战性；且需要建立海底管道和更长的陆上管道以把天然气投入市场。

毫无疑问，当天然气不得不从海外进口时，这种转变甚至更慢。如上所述，日本于 1969 年开始进口液化天然气，1979 年达到全国一次能源总量的 5%，到 2000 年达到 14%，2012 年达到 22%(暂时关闭所有核电厂后)。对于日本，不得不支付自 20 世纪 80 年代初以来长期的贸易赤字，这是一个非常高的份额 (Trading Economics，2014)。而且几乎可以肯定的是，未来会增加进口，因为短期内即使大力推广可再生能源转换，也不会弥补福岛事件后 (2011 年 3 月) 日本核电站关闭造成的发电量的损失。

最近液化天然气进口的激增，使日本一次能源中天然气份额远远领先于中国。直到 20 世纪末中国的天然气开采贡献仅占全国一次能源总量的 2%。随后，中国天然气开采增长了两倍以及管道 (来自土库曼斯坦) 和液化天然气进口的增加 (主要来自卡塔尔、澳大利亚、印度尼西亚、马来西亚) 使得天然气份额到 2012 年达到大约 7.5%。这在世界主要经济体中相对贡献是最低的，即使印度在 2012 年也以近 9% 的份额稍微领先。虽然中国目前在建或在规划阶段的大型液化天然气项目将进一步提高进口量，只要煤炭继续扩大开采，天然气的相对贡献将只能继续缓慢增加。计划在是 2020 年达到 $48 \times 10^8 t$，比 2013 年的 $35 \times 10^8 t$ 大约上升 40%(Xinhua，2013)。

美国早期由煤炭和石油向天然气转变相对缓慢有 2 个显著的原因：(1) 美国是实行转变的第一个主要经济体，早期转变速度受技术能力所限，最重要的是缺少长距离高输量的管道；(2) 全国一次能源总量的大小妨碍了任何形式的快速燃料替代。1924 年天然气已经达到美国一次能源总量的 5%，1935 年达到 10%。经济危机和第二次世界大战使转换速度减缓了一些，1951 年达到 20% 的标志点，1957 年达到 25%。20 世纪 70 年代早期，达到短暂的高峰 34%；1990 年，产量下降使之降到约为 25%。天然气相对贡献停滞在这一水平十多年，直到 2012 年页岩气开发该份额上升到 31%，如图 7.3 所示。这种增长一直伴随着用于发电的天然气较高的份额。随着所有天然气发电的份额上升到大约 30%，用于火力发电的天然气用量在 1983 年和 2013 年之间翻了一番 (USEIA，2014e)。

加拿大丰富的自然资源使得它在发达经济体中成为碳化物排放量最少的国家。20 世纪 90 年代后期，无碳型水电供应在一次能源总量中占有比天然气更高的比例。因此在一次能源消耗中天然气占有比例一直以来仅仅在缓慢增加，50 年时间成倍增加，到 2012 年基本达到 30%(但大部分时间，加拿大天然气年产量的 30% ~ 50% 出口到美国)。墨西哥也是如此，在北美一次能源总量中墨西哥的天然气份额最高，2012 年达到 40%，位居第二，仅次于原油，比美国和加拿大份额均高 10%。

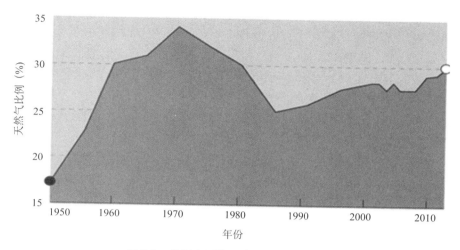

图 7.3　美国主要能源生产中天然气比例

1950 年后，苏联产油量大幅增加最初推迟了天然气气藏的开发，使得一次能源总量的原油份额从 1950 年的 16% 上升到 1974—1983 年间的 35% ~ 37%。但是在 1970—1990 年，特大型西伯利亚气田的快速开发使苏联天然气产量翻了 4 倍以上。到 1983 年，苏联产量超过美国，甚至它的大量新增出口能供应其共产主义卫星国；欧盟没有受到阻碍，天然气份额稳定上升，从 1960 年的一次能源总量不到 10% 的份额，到 1970 年的大于 20%，1980 年达到 32%，1990 年达到 41%。尽管俄罗斯经济指标骤然下降，但天然气供应份额上升到 2000 年的 52%，再到 2012 年的 54%，天然气变得相对更为重要。

7.2　甲烷运输

几十年来天然气在其自身运输上起着十分重要的作用，因为使天然气进入管道的压缩机就是由高效可靠的燃气轮机带动的。但是迄今为止，天然气能源仅仅只有少部分用于货运和客运。这种运输上较小的需求严重阻碍着天然气在全球一次能源总量中份额的增加。运输业大约占了全球一次能源总量的 20%，其中成品油供应了 93%，天然气供应不到 4%(IEA，2013)。美国运输部门的份额更高 (28%)，但是成品油和天然气的比例非常相似，分别为 93% 和小于 3%(USEIA，2014e)。当然，这种贡献较小的原因非常明显：尽管天然气是供暖和工业加工最好的燃料，与由原油炼化的成品油具有的较高能量密度相比，天然气的低比密度和低体积能量密度使得天然气成为一种次等的运输燃料。

这一事实曾把它排除在商业航空燃料之外：即使液化后，其体积能量密度为 21.4GJ/m³，也仅为喷气燃料 (煤油) 体积能量密度的 60%，同时，需要储存在 −162℃ 下隔热良好的罐中。但是，即使解决了运输低温燃料的技术挑战，由于飞机飞行同样的距离需要两倍多的液化天然气，这种需求无疑会限制其客运和货运的能力，同时也增加了乘客的相关费用。但对于用于重型陆运和水运的天然气，液化和便携式低温储存没有出现任何不可克服的技术问题，且易于提供运输燃料所需的额外天然气量。

7.2.1 液化天然气 (LNG)

事实上，液化天然气 (LNG) 在重载设备中（最重要的是船舶和卡车运输）的优势使其成为市场上一个很好的选择。目前市场上使用的是高效柴油机，暂且不论成本，与柴油燃料相比，LNG 燃料具有 3 个主要优势：单位有效能源产生 CO_2 较低、硫氮氧化物排放较低、噪声较低。LNG 是一种具有竞争力的燃料，但也相当昂贵，特别是对车队船队而言。LNG 槽船显然是最佳的选择，过去 40 年以来，他们一直使用 LNG，未发生意外。LNG 槽船最初用蒸汽轮机推进，通过燃烧自然蒸发的天然气提供蒸汽。但很快，就像在所有重型运输船中一样，高效、运行廉价的柴油机成为主流。

原动机有两个基本类型，即带有再液化低速装置的柴油机 (DLR) 和双燃料柴油电机 (DFDE)。DLR 使用低速柴油机推进，包含 4 ~ 5 个辅助设备，能为装卸油泵提供动力，提供船上电能，将蒸发燃气再次液化，并把它泵回船上的储罐，所有的 DLR 设备都使用重质燃料油。DFDE 推进装置包括 4 ~ 5 个相同的发动机，为交流发电机提供动力，发电用于推进装置、泵、压缩机以及所有辅助系统和住宿需要。DFDE 巨大的优势在于它能燃烧蒸发天然气与液体燃料任意比例的混合物（重质燃料油或者船用柴油）。自然蒸发的天然气总量达到货物载荷的 0.11% ~ 0.15%，且足以产生大约 $20 \times 10^6 W$ 的动能供一艘运输 $15 \times 10^4 m^3$ LNG 槽船使用。当航速为 20 节 (37km/h) 满载航行时，这可以满足大约 2/3 的总体需求；所供应的能量远高于当船只等待进入接收终端时所需的 $1.5 \times 10^6 W$，或者卸载货物时所需的 $7.5 \times 10^6 W$ (Smil，2010a)。

随着世界 LNG 船队的扩大，液化天然气在新 LNG 槽船双燃料发动机上的使用也随之扩大。但是随着其他的船采用 LNG 动力，LNG 的使用将有更大的潜力。2013 年，30 多艘船采用 LNG 提供动力，还有 30 艘两年内投入运行，但全部仍然仅占所有海上货运轮船的0.1%。控制未来 LNG 的使用（或转变）速度的关键因素是在全球范围内实施更严格的空气污染标准，北美和西欧现有的排放控制区 (ECA) 以及他们的最终排放控制区延伸至亚洲沿海水域。全球燃料硫的极限是 3.5%，而现有排放控制区自 2010 年硫排放极限为 1%，新的低硫燃料 380CST 和 180CST 能满足该需求 (Kaur，2010)。上述排放控制区主要包括波罗的海和北海、沿加拿大和美国沿海水域 200 海里区域（包括阿拉斯加南部和夏威夷）以及美国加勒比海。

但标准应该更加严格，2015 年 1 月起在排放控制区内，硫排放极限降低到仅为 0.1%，2020 年全球降到 0.5%，后者的目标视 2018 年可行性研究结果而定 (Adamchak 和 Adede，2013)。该评估表明，市场上没有足够的清洁液体燃料实现这个目标。但 LNG 容易实现，其含硫量仅为 0.004%。无论如何，一些公司正计划为各种船舶建立 LNG 供应，包括渡船、驳船、拖船、巡洋舰、各种提供支持的船舶（为海上油气生产，铺设海底管道以及建设风力涡轮机）。Semolinos(2013) 预计，到 2020 年船舶用 LNG 将占据约 5% 的海洋燃料市场，或者占 LNG 总使用量的 3%；同时，到 2030 年两种比例将分别上涨到 10% 和 5%。

Burel，Taccani 和 Zuliani(2013) 进行的世界船舶交通数据分析表明：来往船只中中小型

LNG 槽船 (10000 ~ 60000 英担) 大部分时间航行在排放控制区，它们将成为以天然气为动力推进最合适的选择。以天然气为动力的发动机更清洁和运行噪声更小，在欧洲航运非常频繁的内河航道尤其受欢迎。自从 2013 年以来，荷兰建造的两艘 LNG 驳船在荷兰和瑞士之间沿着莱茵河运输液体燃料，与传统的重型柴油机相比，它们的火花点火发动机噪声降低达到 50%(Shell，2013)。

对于使用成品油的运输车辆，LNG 是其最实用的替代燃料。LNG 具有一些优势 (Linde，2014)，随着船运中使用 LNG，燃烧 LNG 局部污染物 (颗粒物、NO_x 和 SO_x) 排放比柴油燃料更低，同时，单位有效能源产生的 CO_2 也更少。另外，对于燃料使用量高的车队，LNG 比柴油具有更低的生命周期成本。卡车驾驶员评价这种燃料无毒无腐蚀，加燃料像加柴油或汽油一样简单快速，可行驶的里程长 (达到 1000km)，常速下 LNG 发动机比常规柴油机噪声更小 (交通繁忙道路旁生活的人们称赞这是 LNG 的一个优点，在高速或者在较陡的路面上，噪声很小)，运行起来震动小得多。对于拥有大量国内天然气资源但原油资源有限或者不生产原油的国家，LNG 卡车运输避免了精炼液体燃料的进口。

对于一个新型快速扩大的车队而言，LNG 卡车运输是特别有吸引力的选择，中国和印度就是两个最好的例子，不过对于拥挤的欧洲和美国的道路交通也是非常受益的。欧盟委员会有一个 LNG 重型车辆的示范工程，其中包括主要卡车制造商的参与 (IVECO，Volvo)，最终建立 4 条带有中长途运输卡车加气站的蓝色走廊 (大西洋、地中海、南—北线、东—西线)(Hubert 和 Ragelty，2013)。类似地，2012 年，壳牌提出在艾伯塔建立 LNG 燃料站长廊的计划，为向该省北部油田运输物资重型卡车队服务。

陆运 LNG 的供应链 (还有一些沿海交通和内河航道) 由小规模液化站组成。与年产能 (2 ~ 3)×10^6t 的中型 LNG 设备和年产能 4×10^6t 以上的大型工厂相比，固定站或橇装站 (最好是模块化的) 年产能高达 1×10^6t。壳牌已经开发了橇装式的模块化液化系统，可以提供规模较小的液化天然气，足以满足当地和地区的运输要求，所需要的成本支出却比标准的大型液化设备低得多。拖车 (或 LNG 船) 会向 LNG 加气站分配燃料 (图 7.4)。

但上述过程进展缓慢且不平衡。早期 LNG 经营的历程也喜忧参半。一些人发现，更高的维护成本和低于预期的运行效率大大延长了他们预期的投资回收期；其他人认为柴油燃料的能源需求会高于预期，柴油燃料需要压缩点火，驾驶室内要进行甲烷检测。2013 年，北美最大 LNG 卡车队 UPS 订单达到 700 辆，美国排在第二位，订单仅为 36 辆 (Raven)，加拿大最大的订单 (Bison transport) 仅有 15 辆卡车 (Truck News，2014)。市场年销售量由 250000 辆扩大到 350000 辆。2014 年 FedEx 宣布，计划在 2025 年前将它的车队 30% 的燃料采用 LNG，Procter & Gamble 旨在两年内达到 20% 的份额，但是 2014 年壳牌取消在艾伯塔扩大 LNG 的计划。

2012 年，中国大约有 5 万辆 LNG 卡车，当时计划 2015 年达 25 万辆，而这仍然不到全国重型卡车的 5%(Hong，2013)。但仅仅建成了原计划 2013 年末投产使用 LNG 加气站数量的一半后，中国国有 Blu LNG 项目便缩小了其在美国扩大 LNG 的计划 (Groom，2014)。另外，用于较平坦路线且负载较小的最新 121 台气体发动机而言，LNG 是最适合的，但大部分的订单配置是压缩天然气 (CNG) 而不是 LNG。

图 7.4　LNG 加气站 ©(Corbis)

7.2.2　压缩天然气 (CNG)

大约 20MPa 时，CNG 密度几乎是常压下甲烷密度的 130 倍 (CNG 体积密度为 128.2g/L，甲烷常压下为 0.761g/L)，但比 LNG 的密度 (428 g/L) 低得多。与其他燃气机一样，CNG 车辆降低了城市空气污染物的排放量。与柴油机相比，CNG 卡车产生颗粒物减少 95%，NO_x 减少 50%，CO 减少 75%，而公交车 CO_2 排放量降低 13% ~ 23%(Werpy 等，2010)。Marbek(2010) 研究发现，与柴油或者汽油车相比温室气体排放减少量如下：LNG 重型车减少 23%，中型 CNG 卡车减少 19%，CNG 出租车降低 23%。另外，不像 LNG，CNG 加注站加气时不需要佩戴面具和手套，且 CNG 卡车比 LNG 车辆更易维修保养。

但是以 CNG 为燃料的道路运输面临着比 LNG 卡车运输更大的障碍。为了让 CNG 车辆在一些国家中被广泛接受，仅仅除去或者降低其中的一、两个障碍是不够的。这些国家有很高的汽车拥有率及很发达的汽车市场，并提供了高度竞争性的车辆、燃料及发动机的组合。这些组合中有混合动力车、充电式混合动力车、纯电动汽车以及新型混合清洁柴油车。车型选择的差距也很大：北美市场现在提供 250 多个车型，由 40 多家制造商销售，但是仅有 4 家美国公司生产天然气发动机 (柴油机改装)。在 2013 年，美国 Honda 是唯一一家提供 CNG 车辆的生产商 (Civic GX，比以汽油为燃料的 Civic EX 成本多 5000 美元左右)，而 GM 和 Chrysler 公司 2012 年开始销售以 CNG 为燃料的皮卡车 (额外费用为 11000 美元) (Fraas，Harrington 和 Morgenstern，2013)。

在一些低收入国家车型选择也是有限的。这些国家正推广 CNG 车辆，并在国内建立自己的制造业。巴基斯坦的丰田和铃木就是最好的例子，但是巴西大多数 CNG 车辆是改装车，就像在美国一样。改装由认证的公司进行，它包括压力储罐 (占据有用的空间并增加车辆皮重)、减压器 (达到发动机燃料控制系统压力水平)、截止阀和燃油喷嘴。改装的成本较高，Marbek(2010) 研究估计汽车需要再投入 8 千美元，公交车大约需要 5 万美元，长途运输卡车需要 9 万美元。显然，这些成本削减了廉价燃料的优势，与长途运输卡车 3 年的投资回收期相比，典型客车 (每年行驶小于 20000km) 的投资回收期延长到 6 ~ 8 年。较高的维护需求 (也是出于周期性压力罐测试的需要) 增加了全生命周期费用。

在大多数国家，加气仍面临许多挑战：2012 年 12 月，巴基斯坦大约有 3300 个加气站，中国有近 2800 个，但美国总共仅有 1120 个 (与 16 万个汽油站相比差距很大)；法国 149 个；加拿大仅 47 个 (IANGV，2014)。而且大部分加气站不对公众开放。把必需的加气基础设施落实到位和发展电动汽车陷入了 "先有蛋还是先有鸡" 的困境：到底哪一个需要先进行？投资广泛普及的加气设施还是一个大型的车辆基地？

建设一个加气基础设施成本并不低。Gallagher(2013) 估计美国 CNG 燃料推广需要的投资将在 1000 亿 ~ 2000 亿美元之间 (但用在广泛使用的 LNG 车队加气上仅仅需要 100 亿 ~ 200 亿美元)。CNG 车辆有限的行驶距离 (满罐大约可行驶 150km) 也是一个不利的地方。

所有这些不利因素说明了为什么集中在城市和郊区有限范围内的车队将成为 CNG 燃料最佳的使用对象，要么用双燃料模式 (两个独立的燃料系统) 或仅以天然气作为动力。当有适合的发动机可以用时，很大程度上，模式的选择影响不大。对于每年至少行驶 50000km的车辆改装成本可以更快速地得到补偿，同时集中加气也不是问题。这就是为什么目前现代经济体中，大多数 CNG 车辆属于城市高消耗燃料车 (图 7.5)。差不多 20% 的美国城市公交车燃料是 CNG。1998 年，印度最高法院颁布法令要求完全转换成 CNG 燃料，之后对于拒绝接受新车辆的柴油公交车经营者实行巨额罚款 (Marbek，2010)。其他常见的 CNG 车辆包括运输垃圾车、送货车、出租车和巴士。

图 7.5　新德里的 CNG 公交车 (© Corbis.)

鉴于以上现实，以 CNG 为动力的运输仅占交通运输的小部分也不足为奇。2012 年，全球份额为 1.28%，从发达经济体中微不足道的份额 (美国，0.05%；日本，0.06%；法国，0.03%) 到亚美尼亚的 77%，巴基斯坦的 65%，玻利维亚的 37%(IANGV，2014)。以绝对数而言，CNG 车辆两大主导者是伊朗和巴基斯坦 (分别有 300 万辆和 290 万辆)，其次是阿

根廷 (210 万辆)、巴西 (175 万辆) 和中国 (160 万辆)。美国共约有 12.8 万辆 CNG 车 (共有 2.537 亿辆),约 1100 个加气站。

显然,在不发达国家 CNG 具有更大的吸引力。CNG 有助于缓解国家特定的困境,如伊朗的炼油能力不足、巴基斯坦和玻利维亚需要减少昂贵原油的进口、中国城市严重的空气污染。但即使这样,这种转变仍不能缓解温室气体的排放。Alvarez 等 (2012) 研究表明,80 年内,轻型 CNG 汽车不会使辐射效应减弱;对于重型柴油车辆,甚至 100 多年也不会有太大效果。但 CNG 为运输少量闲置天然气提供了一种替代选择。日本 Kawasaki Kisen Kaisha 指出,CNG 罐车相对较小的运输能力 (仅相当于 12000t 的 LNG)、较廉价的燃料制备 (CNG 需要压缩到 20MPa,而 LNG 要液化到 −162℃) 和较低的造罐成本使得 CNG 利远远大于弊 ("K" line,2014)。

7.3　天然气与环境

为什么要担心环境中的甲烷?数十亿年来,天然气一直是生物圈的一部分,它通过一系列的自然过程生成,然后通过氧化作用在大气中消失。此外,正如开篇所强调的那样,与任何类型的木头、煤炭、原油和成品油相比,在单位能源下,甲烷燃烧所产生的 CO_2 是最少的。在碳能源时代,全球变暖和日益剧增的碳排放成为焦点,因此,甲烷成为最理想的燃料。但有如此优势的甲烷也存在不完美的一面:甲烷是一种化石能源,跟 CO_2 相比,甲烷确实是一种更强有力的温室气体。与一个 CO_2 分子相比,一个 CH_4 分子能够吸收更多向外辐射的长波。在过去 250 年里,人为辐射增长有近 1/5 是由于大气中甲烷浓度的上升引起的。

7.3.1　天然气工业的甲烷排放

到 20 世纪末,与前工业化时代相比,全球大气中的甲烷含量已经翻了一倍多 (达到约 $1.24mg/m^3$);随后将近 10 年它维持基本不变;随后于 2007 年恢复一个强劲增长期。当然,需要一个循序渐进的过程来评价天然气在这个增长中所扮演的角色。首先必须先确定与天然气工业有关的 CH_4 排放总量;然后考虑人类活动产生的甲烷及进入生物圈中循环的甲烷量,最后量化甲烷对全球变暖的影响。只有这样才能确定甲烷排放与天然气工业之间的关系。显然,如果工业生产出具有最低 CO_2 排放量的化石燃料,却造成大量的甲烷进入大气,那么这个结果与所期望的大相径庭。

如果将所有的天然气回收并燃烧,通过氧化把最简单的甲烷转化成 CO_2 和水,那么它对全球变暖的影响会来得更加直接。在数十年的油气钻井、开采、油气管道集输及长途运输和处理,再到工业用户和家庭用户的过程中,一些甲烷不可避免地在被燃烧之前进入了大气。此外,供过于求的天然气被开采出来并烧掉,造成了浪费,而且这些危害环境的行为仍在继续,达到了让人难以接受的程度。由于中国近期增长最迅速的煤炭开采也是释放甲烷的一个不可控根源。

迄今为止,二氧化碳仍是最重要的人为温室气体。通常用二氧化碳当量来衡量其他气体对全球变暖的影响。这涉及全球变暖潜能的概念,即 100 年来各种气体同等效果的一个量度。在短至 20 年或长达 500 年的时间里都可执行这个标准，并且是非常有必要的。因为大气中温室气体的寿命是不相同的：二氧化碳分子可能在大气中长达 200 年，甲烷的平均寿命是 12 年，而一氧化氮的寿命可能超过一个世纪。联合国政府间气候变化专门委员会的第二次评估报告中，得出的结论是：最简单的含氯氟烃相当于 3800 倍当量二氧化碳；一氧化氮相当于 310 倍当量二氧化碳；甲烷相当于 21 倍当量二氧化碳（联合国政府间气候变化专门委员会，2007）。相比之下，甲烷的潜力在 20 年内将约为 72，而 500 年的时间里将会小于 8。引用 (t/a) 作为甲烷排放量的单位，为了衡量其他温室气体，将使用标准质量转换，即 1t 甲烷 =21t 当量二氧化碳。

　　天然气工业主要有以下几种途径产生甲烷：（1）燃料提纯过程中气体的外泄；（2）在控制气体外泄的情况下燃烧会产生二氧化碳，但故意排放也是甲烷一个小的来源；（3）天然气处理和管道集输过程中的损失。就甲烷排放而言，住宅木炭燃烧释放甲烷的量是最高的，即 300g/GJ，而以燃气或煤炭为燃料发电释放的量可忽略不计，仅为 1g/GJ，(USEPA，2008)。生产排放最直观的认识来源于美国境内站点的直接监测。这些生产活动排放的甲烷，包括完井返排（即开采之前必须排出溶解有天然气的完井液）、排液（排出生产井中气体生产过程中的井下积液）、井场的常规操作（包括井口、分离器、控制器和储油罐）。

　　假设这些测量结果具有普遍意义，那就意味着美国全境的年甲烷排放量为 957000t(±200000t)，然而美国环境保护署公布的甲烷排放量为 $120×10^4$t。这是一种相当接近并且不确定的估计。美国环境保护署的估计加上其他来源（在他们的研究中不能直接监测的）后，2013 年艾伦等人最终得出的量为 $230×10^4$t 或全国总自然产量的 0.42%，略低于 2011 年美国环境保护署公布的 $255×10^4$t 或总产量的 0.47%。操作损失通常不高于 0.2%，而在运输和销售过程中的泄漏和排放占总产量的 0.3% ~ 1.0%。

　　不足为奇的是，连接西伯利亚和欧洲中部的世界上最长管道，其天然气损耗已经引起特别的关注。2000 年，据 Reshetnikov，Paramonova 和 Shashkov 统计，20 世纪 90 年代初，该管道的天然气损耗（通过管道进出口差值确定）达到 $(470 ~ 670)×10^8$m³ 或占总产量的 6% ~ 9%。这是一个极大的浪费，因为在当时意大利总的天然气进口总量为 $(500 ~ 600)×10^8$m³。相比之下，俄罗斯、美国和德国在 90 年代中期的几次监测结果表明，损耗仅为天然气总产量的 1%，但是该结果因检测网点不足而受到质疑。2003 年，通过建立沿出口管道的压缩机站使德国与俄罗斯受到全面的监测，这种质疑得到了解决。结果表明天然气的年度损耗为 $34×10^8$m³ 或相当于总产量的 0.6%，包括地下存储时为 0.7%(Lechtenböhmer 等，2007)。该文作者们把 95% 的置信区间放在 0.5% ~ 1.5%，或能量总体积的 7%，这些能量被俄罗斯天然气工业股份公司用于管道运行。

　　传统油气行业最后一个排放源是甲烷的燃烧（见图 7.2）。与原油和沥青燃烧产生的气体相比，炼油厂、天然气发电厂及试井过程中产生的气体只是排放来源的一小部分，每吨燃烧废气中有 1 ~ 4kg 的甲烷。在美国和全球范围内使用卫星监测废气的排放表明，2009—2012 年全球的平均水平是 $1400×10^8$m³ 或 $95×10^6$t/a(GGFRP，2014)。这就意味着每年燃烧排出的甲烷至少为 $9.5×10^4$ 吨，甚至高达 $38×10^4$ 吨。这个微不足道的数字远小于与天然气生产相关的所有活动产生排放物的固有误差。天然气合理经营、生产和运输产生损耗的最真实的范围为 1.0% ~ 2.5%，2010 年全球生产天然气 $3.2 \times 10^{12} m^3$，按比例折合为 $(32 ~ 80) \times 10^9 m^3$ 或 $(22 ~ 54) \times 10^6 t$ 甲烷。

这些排放历史数据表明，工业只是甲烷排放一个微不足道的来源，直到第一次世界大战后，每年甲烷排放量逐年增加，从 1900 年的不足 $0.5 \times 10^6 t$ 到 1950 年的不足 $8 \times 10^6 t$，再到 1990 年的 $33 \times 10^6 t$。Höglund-Isaksson 指出，2005 年全球天然气生产和运输过程中排放甲烷 $29 \times 10^6 t$（大约 60% 是由于长距离集输和销售泄漏所导致的）。2014 年全球甲烷行动组织计算结果表明，2010 年全球油气行业甲烷的排放量为 $65 \times 10^6 t$。但人为产生的甲烷总量中仅有一部分是油气行业排放出来的，其实很大一部分是其他活动产生的，尤其是农业生产。

人类早在数十万年前就通过肆意燃烧森林和草原的行为干预着甲烷的循环；后来（在 8200 ~ 13500 年前的某个时候）发生在水稻种植中，水覆盖土壤的过程中厌氧发酵的扩大；反刍动物的驯养，早在 11000 年前亚洲西南地区开始羊的驯化，再到公元前 8600 年的山羊和牛的驯化 (Harris，1996；Chessa 等，2009)。18 世纪来自煤矿开采的甲烷开始大幅增加；而 19 世纪时以城市垃圾填埋场和城市污水排放的甲烷为主。

2001 年，Stern 和 Kaufmann 编制了 1860—1994 年甲烷人为排放的最全面的统计。他们认为 1900 年甲烷排放总计 $114 \times 10^6 t$，其中近一半的甲烷为潮湿的田野（主要是种植水稻）排放的，牲畜排放占 1/3，燃烧植物和煤炭占 10% 左右。到 1950 年，甲烷排放总量高达约 $180 \times 10^6 t$，其中超过 1/3 来自潮湿的田野，近 30% 来自牲畜，还有不到 5% 来自天然气生产和燃烧。1994 年甲烷总排放量达到 $371 \times 10^6 t$，其中水稻排放占 30%，牲畜排放占 27%，天然气排放占 9%。

20 世纪末，关于人为甲烷排放的其他研究表明，全球的甲烷排放在 $(300 ~ 350) \times 10^6 t$ 之间，美国环境保护署 (USEPA) 认为 2000 年该值刚刚超过 $300 \times 10^6 t$，2010 年大约为 $343 \times 10^6 t$。Höglund-Isaksson 2012 年的研究结果表明，2005 年甲烷排放总量为 $323.4 \times 10^6 t$；全球甲烷倡议组织 (GMI，2014) 表明 2010 年甲烷排放量约为 $327 \times 10^6 t$，其中农业（主要为牲畜的肠道发酵和水稻种植）占 50%，石油与天然气开采占 20%（$65 \times 10^6 t$ 甲烷），煤炭开采占 6%（$20 \times 10^6 t$ 甲烷）。甲烷排放量存在着固有的多重不确定性，最近的研究阐述了一个相当不错的方法，得出以下结论：2010 年，人为甲烷排放不会超过 $350 \times 10^6 t$，而天然气的贡献不会超过 $70 \times 10^6 t$。

反过来，甲烷的人为排放被加到几个相对较大的天然污染源中，数亿乃至数十亿年来这些天然污染源一直排放着甲烷气体。2009 年，Beerling 等建立了一个过去 4 亿年来对流层大气甲烷浓度的运动模型。他们通过煤盆地沉积的相对速率来评估中新世（360 ~ 260 万年前）的湿地排放量。这表明当三叠纪时期热带沼泽达到了最高值且低点为 $0.07 mg/m^3$ 时，石炭系—二叠纪时期排放水平达到了约 $8.57 mg/m^3$ 的峰值。甲烷的史前生物地球化学循环以自然湿地的排放量（每年约为 $100 \times 10^6 t$）为主，而白蚁和缺氧的海洋沉积物排放均低一个等级。

近几十年，全球甲烷来源最为全面的统计为：每年自然排放甲烷（主要来自湿地）为 $(218 ~ 347) \times 10^6 t$，人为排放甲烷 $(335 ~ 331) \times 10^6 t$，化石燃料排放 $96 \times 10^6 t$（图 7.6）。这就意味着现在人类活动产生的甲烷占大气中甲烷的 50% ~ 60%，化石燃料占甲烷总排放的

14% ~ 18%，天然气生产与运输占 10% ~ 13%。

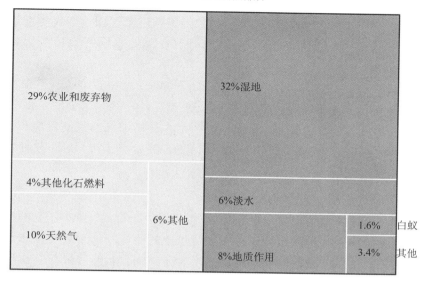

图 7.6　全球甲烷排放

值得注意的是，每年全球湿地甲烷排放量 $(175 \sim 217) \times 10^6$t，这与 1974 年公布的世界上第一个全球甲烷排放统计值一样。这主要是因为自然甲烷年通量变化的因素不同 (Christensen，2014)。最近研究结果表明，美国东海岸数以百计的海底甲烷渗漏是我们对自然甲烷排放量了解不充分的一个例证。Skarke 等 (2014 年) 证明了哈特拉斯角与乔治海岸之间深度为 50 ~ 1700m 的范围内有 570 个气柱，这一发现揭示了世界范围内有多达 30000 个这样的气柱存在，这些漏点的排放量并没有算到全球甲烷的排放里。

评价天然气行业甲烷排放对气候变暖影响的最后一步是分摊辐射通量的份额。2011 年，辐射通量净值 (考虑了硫酸盐、硝酸盐和有机碳的冷却效应之后) 为 2.83W/m^2(辐射强度密度是指单位时间内单位面积上所接收的辐射能量。通常用 W/m^2 表示)(联合国政府间气候变化专门委员会，2013)，二氧化碳的辐射通量为 1.82W/m^2(占 64%)；甲烷远远落后，位居第二，辐射通量为 0.48W/m^2(占 17%)；一氧化氮处于第三，辐射通量为 0.17W/m^2 (占 6%)。分配甲烷辐射通量的 10% 和 15% 到天然气生产和运输的排放物中，那么天然气生产和运输使得产业分摊的辐射通量分别为 0.05W/m^2 和 0.07 W/m^2，或者大约是 2011 年辐射总量的 2%。

若将辐射通量归因于天然气，那么我们必须加上燃料燃烧的二氧化碳的排放；当然，二氧化碳的贡献值要比归属于甲烷的那部分更大。1845 年以前，它们在化石燃料总量中所占的比例不到 5%，因此比绝对误差要小 (主要是由于改变了煤炭的碳含量)。到 1975 年，天然气燃烧占化石能源燃烧排放二氧化碳总量的 13%；到 2000 年，这个比例上升到 19%，2010 年又略有下降，主要原因是中国日益增长的煤炭燃烧增加了碳排放。

由于二氧化碳在大气中存在的时间相对较长，必须考虑二氧化碳累计贡献值。1750—

2010 年，化石燃料燃烧、天然气燃烧和水泥生产的碳排放总量约为 350×10^9t(CDIAC，2014)，其中有 50×10^9t 来自天然气的燃烧，大致的比例为 15%，在估算来自天然气的碳贡献中这个比例是最恰当的系数。二氧化碳辐射通量 1.82W/m^2 乘以 0.15 达到 0.27W/m^2，加之甲烷辐射通量比例，它产生 $(0.3 \sim 0.35)$W/m^2 的综合贡献，即达到人类活动形成的总辐射通量的 10% ~ 12%。显然对于一种能提供全球一次能源总量近 25% 的燃料来说，这是一个非常优良的性能。

与此同时，也不能太过乐观地认为，增加天然气的使用将会给脱碳带来实质性变化。2014 年，McJeon 等建立了 5 个最先进的关于能源—经济—环境系统的综合评价模型，并通过大量天然气模拟独立的辐射通量；该模型证明了大量增加天然气的燃烧 (2050 年增加到 170%) 对二氧化碳排放总量的影响是先小幅下滑 2%，然后增长到 11%。并且大量的模拟表明，与天然气相关的气候驱动因子产生的波动较小 (范围为 −0.3% ~ 7%)。

7.3.2　页岩气中的甲烷排放

由于美国水力压裂的迅速发展，天然气 (原油) 的生产给大气带来了新的挑战。反对者因此认为，在水力压裂、完井和集输过程中大量排放的甲烷降低了它对全球变暖的好处，甚至完全没有好处。为此将按时间顺序提供一个关于美国页岩气开采与集输过程中甲烷排放的正反两方面观点的简要总结。这些研究结果表明，要确定可信的甲烷损耗因子 (不管来自水力压裂，还是常规开采) 是多么的困难，而且其不确定性的范围依然很大。

国家能源技术实验室用一个完善的生命周期模型开展了一项关于天然气的研究，它涉及天然气开采、加工、集输和转换的 30 个项目。其研究结果表明，天然气 (常规包括陆上与海上致密气、页岩气和煤层气) 发电产生的温室气体总量要比煤炭发电低 53%(Skone，2011)。通过 4 个其他的生命周期分析，天然气具有与煤炭一样甚至更高的收益 (Burnham 等，2011a；Hultman 等，2011；Jiang 等，2011；Stephenson、Valle 和 Riera-Palou，2011)。

相比之下，2011 年 Howarth、Santoro 和 Ingraffea 的研究提出了相反的观点。在有限测试的基础上，他们得出的结论是页岩气开采的全生命周期内会产生泄漏，甲烷的排放要比常规开采至少高出 30%，也许会超出常规开采的 2 倍。他们估计一口页岩气井全生命周期内甲烷的排放占产气量的 3.6% ~ 7.9%，而常规天然气开采为 1.7% ~ 6%。此外，他们还计算了在 20 年期间开采页岩气的甲烷排放量至少比煤炭生产高出 20%；也许会高出煤炭生产中排放的 2 倍。在燃烧产生相同能量的情况下；在 100 年内不存在超过煤炭的可能性。根据这项研究结果，海上页岩气具有最低的全球变暖潜能，但仍高出煤炭 25%，巴耐特页岩气是最高的，是煤炭的 2.5 倍。

如果上述情况属实，尽管家用炉、大型锅炉、燃气轮机具有更高的燃烧效率，页岩气在碳排放强度上也将失去所有优势。作为对他们调查结果批判的回应，Howarth、Santoro 和 Ingraffea(2012) 依然坚持他们的结论。博尔德大气观测塔的一项研究，对丹佛—朱尔斯堡盆地做了排放量的检测，最后得到一个排放范围：Pétron 等 (2012) 研究发现，与天然气生产相关的基础设施泄漏的甲烷量大约为 4%(范围为 2.3% ~ 7.7%)，这个速率至少是行业内假设泄漏速率的两倍。这些研究受到了广泛的关注，因为他们认为在天然气生产的过程中，甲烷的泄漏可能会完全抵消天然气的气候效益 (Tollefson，2012)。2012 年，Alvarezet 等得出的结论是，天然气和煤炭都用于发电时，天然气开采中 3.2% 的排放量产生的净辐射通量比煤炭大得多。

针对天然气的优势比煤炭还差的说法，Pétron 等 (2012) 回应称，该结论取决于测量浓度的方法和解释方式 (Cathles，2012；Levi，2013)。最值得注意的是，与空气接触的不同原油罐和天然气井泄漏所产生的甲烷损耗仅为 1.5% ~ 2%。O'Sullivan 和 Paltsev(2012) 核查了 2010 年投产的 4000 口水平水力压裂井开采数据，重点研究了甲烷的潜在损失和实际损失之间的差异。每口井潜在的不易收集的平均甲烷排放量为 228000kg，且在完井期间甲烷气体的燃烧和采用返排气体收集，使其实际排放降低至 50000kg，远远低于一些被广泛引用的数值。这使他们更有理由认为在美国天然气开采中，页岩的水力压裂在温室气体排放的总体强度上并没有实质性的改变。

其他研究证实了天然气的好处。德意志海岸气候变化顾问，采用美国环境保护署的调整方案对温室气体排放的生命周期做了研究。研究发现，一般情况下，美国天然气发电排出的温室气体要比煤炭少 47%(Deutsche Bank Group，2011)。在美国环境保护署最新的甲烷排放评估结果的基础上，又进行了一次对页岩气、常规天然气、煤炭和石油排放温室气体的生命周期的综合评价。对比了燃料燃烧产生 1MJ 热量、电力生产 1kW·h 的电、运输移动 1km 产生的影响，得出的结论是页岩气的排放比常规天然气低 6%，比汽油低 23%，比煤炭低 33%。

同年发表了另一项研究，并介绍了 3 个有趣的天然气转换的对比 (Alvarez 等，2012)。这项研究并没有对页岩气特别关注，而在于将汽油、柴油或燃煤转换成燃气发电的优势对比。研究结果发现页岩气为这些常规能源的全球变暖潜能提供了一个适宜的排放临界值。如果压缩天然气是为了减少重型车辆对气候的直接影响，那么在从油井到汽车的整个过程中甲烷的泄漏必须保持低于开采总量的 1%。只要天然气系统 (从油井到运输) 的泄漏低于总产量的 3.2%，那么新的燃气电厂就比新的燃煤电厂更有效。该研究还期望人们对天然气基础设施的甲烷泄漏量有更好地了解，并且呼吁人们加强阅读美国和加拿大 20 年内关于天然气排放的著作 (Brandt 等，2014)。

一方面，该研究表明，实际测得的排放量要始终高于标准排放 (实测排放与标准排放的比为 2 左右)，是少量的"超级排放井"造成了天然气的大量泄漏。另一方面，作者认为一些最近的研究中，高泄漏率不太可能代表整个天然气工业；否则，与天然气生产相关的排放将超过实际监测到的甲烷总额。通过评估天然气泄漏 100 年的影响可证明，我们并不能否定天然气代替煤炭对气候的好处。

这场争论将持续数年且需对大量井的排放实施监测，在量化全国范围泄漏的问题上，这些井并不能提升其可信度，或者在不久的将来，它们只能代表一组类似井。2014 年 2 月，美国温室气体排放报告的初版见刊，指出 2012 年美国天然气系统中甲烷的排放总额为 6.2×10^6t，折合约 130×10^6t 当量的二氧化碳，其中集输和储存约占 1/3、现场生产约占 30%(USEPA，2014)。6×10^6t 的甲烷排放等价于生产 85×10^8m³ 天然气或几乎是 2012 年全国天然气总产量 8363×10^8m³ 的 1% 左右。但仅仅两个月后，来自于宾夕法尼亚州马塞勒斯页岩的现场数据就指出该区存在一些甲烷排放量异常高的天然气井。

2012 年 6 月，在宾夕法尼亚州南部通过装有检测系统的飞行器对甲烷的排放速率进行了检测。尽管 $2.3 \sim 4.6g\ CH_4/(s \cdot km^2)$ 的区域排出量在 $2.0 \sim 14g\ CH_4/(s \cdot km^2)$ 的范围内，但从处于钻井阶段的 7 口井的排放量来看，它们每口井的平均排放量为 $34g\ CH_4/s$，或者比美国环境保护署公布的天然气生产阶段的排放量高出 $2 \sim 3$ 个数量级。该研究所涉及的井仅仅为这个区域所有井的 1% 左右，但是这些井的排放量占到检测区域排放量的 $4\% \sim 30\%$，这也就证实了上述"超级排放井"的结论。在 $2005 \sim 2012$ 年天然气开采上升了 33%，但这些发现和美国环境保护署最新公布的温室气体排放相比，天然气系统甲烷的泄漏下降约 4%。

2014 年，Brandt 等研究得出的结论是：美国甲烷排放要高于美国环境保护署公布总量的 $25\% \sim 75\%$，最佳估计约为 50%。但是页岩气开采中水力压裂的排放仅占美国环境保护署公布的额外甲烷排放的 7%。此外，从整个开采系统来看，下游泄漏量和现场排放量同等重要。在波士顿运营的管道和其他甲烷排放量的研究表明，该排放量要高于预期值。在任何气候变化的问题上，减少这些甲烷的排放量是降低页岩气泄漏对气候影响因素的一个关键点。

中上游甲烷生产（井位和炼化处理）的泄漏占天然气系统甲烷泄漏总量的 $0.6\% \sim 11.7\%$，下游（集输、存储、销售）的比例要小于 $0.1\% \sim 10\%$。即使假设所有天然气生产系统（不仅仅是水力压裂）会泄漏 5% 的甲烷，那么 2013 年全球天然气生产量按 $3.37 \times 10^{12} m^3$ 计算时，还要泄漏甲烷 $1700 \times 10^8 m^3 (110 \times 10^6 t)$。估计这将比以前天然气生产甲烷排放的最高值高 60%，但这高出的 $40 \times 10^6 t$ 甲烷和湿地自然排放的 $140 \times 10^6 t$ 气体比起来还是相当少，并且我们有很多减少泄漏的机会和技术措施。

关于天然气系统生命周期变暖潜能的争论，特别是页岩气开采的争论仍将会持续下去，即使再多的研究结果也不可能缩小甲烷现有排放速率带来的不确定性。美国将燃烧天然气产生的二氧化碳应用于页岩油开采，这到底是不是一种浪费？ 2003—2013 年，北达科他州 Bakken 油田的原油产出已翻了 100 多倍，已成为美国第二大原油生产区，这显然是一种浪费。Bakken 页岩油的开采与大量富含凝析油的天然气有关，新集输管线和主干管道的建设跟不上钻新井生产原油的步伐。

夜间卫星照片显示，北达科他州西北部天然气的燃烧造成了大城市附近都不应该有的亮度，在明尼苏达州 Minneapolis 和科罗拉多州 Denver 的亮度规模相当大（图 7.7）。但这种浪费和有害环境的事实并不会对水力压裂形成普遍且持久的批评，这类临时性的大量燃烧天然气的情况仅仅是在特定的环境下才会发生，并最终将会得到缓解。通过新管道的建立，这种短暂的燃烧将被减少或最终消除。2014 年 7 月，批准了关于北达科他州收集钻井过程中所泄漏天然气的 90% 的新标准。

在他们谨慎操作的前提下，将常规钻井和水力压裂相伴生的天然气的损失进行比较，结果表明在大多数常规操作上并没有或具有很小的差异。这并非总是出现在资源开采的早期阶段，其中 Bakken 页岩的快速发展就是一个显著的例子。与长期生产的常规井相比，压裂页岩储层井的生产指数下降就需要钻更多的井来维持特定的产出水平。因此，甲烷泄漏的机会也就更多。但是这些挑战都有相应的解决方案；没有无法克服的问题，页岩气开发中阻止甲烷泄漏，使泄漏变得可以比较小甚至小于常规作业的排放。

图 7.7　Bakken 天然气燃烧 (© 美国国家航空航天局)

在结束与天然气生产有关的大气排放话题之前，还必须提及的是，氮氧化物 (NO 和 NO_2) 和挥发性有机化合物的泄漏也在一些地区产生了季节性的影响。这些空气污染物是光化学臭氧层形成的重要前提。2014 年，Edwards 等发现，在犹他州 Uinta 盆地，污染物导致了冬季臭氧的混合比远远高于目前的空气质量标准。

7.3.3　水的使用和污染

判断有关耗水量、地层饮用水的污染和向深井注入盐水的有关结论，甚至比判断甲烷对大气的影响更加困难。大规模水力压裂 (HVHF) 比常规天然气开采具有更高的要求和更大的影响，HVHF 对水质的要求也比较高。简单的估计表明，HVHF 所需的水加起来占美国总取水量的很小一部分。在美国，通常单井的用水量为 $(2 \sim 8) \times 10^6$gal，或更小范围的 $(4 \sim 6) \times 10^6$gal；也就是说，与用水量为 100×10^4gal$(3.8 \times 10^6$L$)$ 的分支井相比，少则 7.5×10^6L，多达 33×10^6L(或 7500 ~ 33000m^3)。显然，水力压裂长分支井会增加用水量，一般每米计约 18000L(Fractracker Alliance，2014)。

如果需要用一个值来估算总用水量，平均数 15000m^3 也许是最具代表性的。约 30000 口井 (最近钻井的最大数) 就会达到 450×10^6m^3，少于美国 2005 年用水总量的 0.1%(Kenny 等，2009)。同样低的用水量甚至出现在 HVHF 集中的地区：在宾夕法尼亚州 Marcellus，水力压裂的用水量仅占每年总取水量的 0.2%(Vidic 等，2013)。在多雨的地区，这个值可能会更低；但干旱地区，该值可能会高很多。在得克萨斯州，虽然 HVHF 的用水量不到州取水量的 1%，但是一个大的份额，以至于在如此干旱的一个州要对当地的水供给征税。

然而，另一个问题是要考虑替代物的用水强度。因为煤炭是最常见的被天然气所替代的化石燃料，相较于用水量大的燃煤发电和页岩气开采，这是非常有利的。Scanlon，

Duncan 和 Reedy (2013) 对得克萨斯州（该州的水供应问题特别尖锐）进行了调研。他们的结论令人印象深刻：与燃煤蒸汽涡轮机相比，用联合循环燃气轮机节省的水量是开采页岩气而进行水力压裂用水量的 25 ～ 50 倍。

压裂作业时对外部水源的使用条件主要有：在进行压裂施工时要求必须短时间内将水运送至井场；在许多干旱的环境中，甚至都没法保证从附近获取可靠的最少用水量；并且面临着严重的运输压力。虽然多数是单井作业，但丛式井作业正变得越来越普遍，单个井场实际需水量可多达单井的 3 ～ 10 倍（最大范围 2 ～ 20 口井）。假定每口井的平均用水量为 15000m³（大多来自溪流和池塘，较少来自市政供应和循环利用），5 口井则需要 75000m³。每辆卡车 25m³ 的体积，这需要 3000 辆卡车，且嘈杂的重型柴油动力卡车还会破坏农村公路（图 7.8）。

图 7.8　重型卡车携带压裂液体 © Corbis

更重要的是，现代社会的许多用水为非消耗性的，包括最大的工业冷却用的冷凝水进入热电厂，除了一小部分蒸发到空气中，水返回后稍微加热，就排放到湖泊、池塘或河流中。虽然其他用水为消耗性蒸发和农田灌溉的渗漏进入或重新进入含水层，但仍然有部分水保持全球循环。相比之下，用于水力压裂的水不仅被消耗掉，还无法被快速循环。大部分的损失处在中间环节，通常最小 70% ～ 90% 的水被用于水力压裂，并留在深部页岩地层内。在许多情况下，这些水的去向是不确定的，它可能是被页岩吸收；但在某些情况下，它也可能成为含水层的一个潜在污染源。

一旦 HVHF 作业完成，地层压力就会降低。一部分混有地层水的压裂液——其数量约为最初泵入井体积的 10% ～ 50%，大多数情况下为 10%——返排到地面（其中大部分发生在最初的 2 ～ 3 周），且不得不运走进行回收利用（从井场拉走需要额外的几百趟卡车）。然而，与水受有机质污染不同，返排压裂液不能无限循环利用，因为其盐浓度最终会很高，甚至其初始的污染物太高而有时可能无法通过标准水处理厂进行处理），最后不得不注入深井（远远深于饮用水层）中，因此需要再次取出循环水。钻一口水平井可产生 100t 富含有机质的岩屑，倾倒这些物质将会使受影响的水变得偏酸性，而且需过滤掉重金属。此外，岩屑可能有超标的高剂量辐射，必须处理后再填埋 (USGS，2013)。

压裂液组分主要是水（通常是 90%)。石英砂是最常见的支撑剂，它是一种保持裂缝张开的材料，因此能够让油气流动，一般占压裂液质量的 9%。如果压裂液的其他组分仅为石英砂，那么压裂和废水处理就不太具有挑战性。但所有的压裂液都含有大量的添加剂，石油行业中大约使用着 750 种添加剂物质，许多流体中都包含了大量的化学物质。不同地区所用的压裂液材料绝大多数来自于哈里伯顿公司 (2014)。尽管它们相对用量较小（通常小于 0.5%)，但每次压裂施工的压裂液总用量可能高达 $15 \times 10^4 m^3$。

压裂液常用添加剂包括酸（帮助溶解矿物质并开启微裂缝）、防腐剂和防垢剂（甲醇、甲酸）、减阻剂（主要是石油馏分油）、胶凝剂（增稠流体和帮助悬浮支撑剂，常见的瓜尔胶和石油馏分油）、表面活性剂（降低液体表面张力，通常为乙醇或甲醇）、pH 调节剂和杀菌剂 (FracFocus，2014) 等。使用杀菌剂（戊二醛、氯化铵）是因为溪水或池塘水中含有细菌，有机质添加到压裂液中会促使细菌生长，造成乳化、堵塞和发酵问题 (Biocides Panel，2013)。

很多州声称饮用水受污染（包括得克萨斯州、阿肯色州、科罗拉多州、纽约州、宾夕法尼亚州、弗吉尼亚州和怀俄明州），并成为压裂反对者的关注点。阅读他们的小册子和网页会发现，人们认为在 HVHF 作业地区，甲烷会从自来水龙头流出。同时一些房主距页岩气井不到 1km，Jackson(2013) 认为他们的饮用水含有污染气体的概率更高。他们分析了宾夕法尼亚州东北部的 141 口饮水井，通过天然气浓度和同位素特征测定，发现其天然气浓度接近页岩气井。他们在 82% 的饮用水样品中发现了甲烷，相比距天然气井小于 1km 的家庭，其平均浓度高 6 倍多；但是在大多数情况下，仍低于危险标准浓度下限。

相比之下，通过对注入宾夕法尼亚州 Marcellus 页岩的 6 口页岩气井示踪剂 9 个月监测，结果显示没有迹象表明压裂液能够上升到可能被污染水源的表层 (Stokstad，2014)。矛盾的结果并不令人惊讶，因为页岩气开采对区域水质的影响不是一个简单归纳和简单总结的话题 (Vidic 等，2013)。低 CH_4 体积浓度（小于 10mg/L）对健康不造成危害，而高浓度则会增加砷、铁的溶解度，促进厌氧细菌的生长，而高度积累可能导致爆炸。

甲烷可通过诸多途径进入井筒：自然生物、热源以及人为因素，如垃圾填埋、煤矿、管道和废弃的旧油气井（在宾夕法尼亚州或得克萨斯州有成百上千口井）等。但毫无疑问，天然气也可能来自于破裂的套管和渗漏的水泥（无法有效隔离井筒和含水层，通常在承受 HVHF 的地层之上至少数百米)(Vengosh 等，2013)。套管破裂问题发生的概率一般为 1%～2%，但 Vidic 等 (2013) 发现在宾夕法尼亚州的马塞勒斯出现的频率为 3.4%。确定一口井的甲烷来源很可能非常困难，而且在一些地区（特别是在宾夕法尼亚州的 Mareellus 页岩），密集的裂缝网络会使深部页岩气上升至上覆浅水层。

但需要采取相应的措施也充满着争议。花掉超过 100 万美元的 HVHF 处理费后，可能仅得到一个由于压裂液化学物质注入地下而引起地下水污染的个别记录。但其可信度（要求不间断开展调查）、压裂范围的扩大、化学物质聚集的可能性以及缓慢产生的影响都是需

要担心的理由 (Vidic 等，2013)。毫无疑问，在用 HVHF 的所有地区，已经广泛实施了防止地层水污染的管理条例。

这些担忧也可能被夸大了，舆论已经被可疑的主张操纵。随着压裂施工经验的增加，许多早期出现的问题有所减少或消除。而且一些创新解决方案，包括无毒水力压裂混合物和少量的高效杀菌剂，也得到广泛应用。在 2013 年，哈里伯顿公司研发了一种混合物 CleanStim，只用于食品行业的添加剂 (毫不奇怪，比一般产品更加昂贵)，与去年早期的 EPA 和 FDA 组成了 SteriFrac，它是一种 pH 值为中性的杀菌剂，能够杀死细菌，而不产生任何有毒产物。可以通过二次围堰包括堤坝、护坡道、重塑料衬垫的挡土墙来减少压裂液的地表溢出 (Powell，2013)。无水压裂和使用液化石油气可能是最终的技术解决方案 (Loree，Byrd 和 Lestz，2014)。

我们已经有足够的证据对水力压裂不会污染空气充满信心，局部的地震也不会导致所有地方出现洪水，在附近地区也不会产生可点燃的水龙头 (反对者可列举关键的可怕影响)。但毫无疑问，水力压裂重复成千上万次，而有时缺乏足够的规划，带来的不仅仅是不愉快和破坏性，甚至会对当地的地表带来直接破坏。很多人只是想了解更多关于水力压裂的真正风险。2013 年 9 月，皮尤研究中心发现，49% 的美国人反对增加水力压裂。同时，福岛核灾难后一年，58% 的美国人也反对增加使用核能 (Pew Research Center，2013)。这种看法不能简单认为能源公司必须解决和解释真正的风险，美国最大的天然气生产商埃克森 (Exxon) 最近承诺将披露更多的信息。

在 2014 年，埃克森在媒体广告强调，美国"庞大的资源"可以"安全生产，并能同时保护水源"，因为"天然气矿床和地下水之间有数千英尺的保护性岩石"，并且"此外，在页岩气井内下入了多层套管，外加固井水泥，可以保证天然气和流体的生产安全"。

无论如何，正如上述解释的，无论哪种情况都是不要让污染发生，人们需要收集更多的记录 (至少 5 年) 以使能够更可靠地评价 HVHF 给供水所带来的实际风险。

国际风险管理委员会提出解决水力压裂影响的最好方式即在钻井和压裂之前建立水和空气质量基准条件。尽管它可能太迟了，以至于在美国的很多发达地区还没有这样做，但未来的发展显然会从这些措施中受益。这种评估将在世界上许多含油气页岩的干旱地区进行，在这些干旱区域进行水力压裂可能会对当地水源造成较高或极高的压力。2014 年，Reig，Luo 和 Proctor 的全球评估表明中国和印度受到的影响很大，而巴基斯坦和蒙古则更为严重。

在关注该环境问题之前应意识到，与煤炭和石油相比天然气所具有的两个重要优势。原油和成品油在运输、铁路事故和管道爆裂的过程中可能会导致有限但仍然有害的泄漏，天然气泄漏的气体释放到大气中，因而不会对水质产生影响。天然气开采的土地要求和原油开采差不多，但要比现代煤炭开采小得多。并且在许多国家产出的能源中，天然气开采程度是三者中最小的。最好通过计算功率密度来量化这些空间要求，功率密度可表示为年度单位面积能量通量。

正如第 3 章所述，天然气开采典型的功率密度在 $10^3 \sim 10^4 W/m^2$ 之间，一般情况下为 $2000 \sim 12000 W/m^2$。这就意味着一个年产 $12 \times 10^8 m^3$ 天然气 (相当于 $1 \times 10^6 t$ 原油) 的气

田将占用少则 $10 \times 10^4 m^2$ 或多达 $70 \times 10^4 m^2$ 的面积，后者相当于边长为 840m 的正方形面积。由于水平压裂井的产气量递减迅速，因此其第一年的功率密度从 $10^3 W/m^2$ 下降到短短几年后的 $10^2 W/m^2$。天然气处理的能量密度为 $10^4 W/m^2$；长距离管道运输的功率密度范围在 $10^2 \sim 10^3 W/m^2$ 之间。

正如预期所料，石油开采的功率密度都是相似的。在北美地区，加利福尼亚州 80 多年累积的功率密度为 2500 W/m^2，而艾伯塔省 50 年的累积值为 $1100W/m^2$；而世界上最具生产力的中东油田，拥有功率密度的峰值为 10^4 W/m^2(Smil，2015)。只有最大且巨厚的地下煤矿才具有超过 $10000W/m^2$ 的功率密度；较小开采规模的煤矿的功率密度也在 $2000W/m^2$ 以上，通常不会低于 $1000W/m^2$。只有含烟煤的最大地下煤矿的功率密度超过 $10000W/m^2$。但最为常见的功率密度为 $1000 \sim 5000W/m^2$，阿巴拉契亚山顶除外，它可能低至 $200W/m^2$，甚至低于 $100W/m^2$。

最后要指出的是，天然气开采对环境的间接影响。虽然这已经被预料到，但是其在俄克拉何马州影响的程度仍然令人惊讶。局部地震是由于深井注水引发的，这些水主要来自于油气分离时的脱水环节，且在某种程度上讲，来源于注入的压裂液 (这种做法在俄亥俄州、阿肯色州、得克萨斯州和俄克拉何马州地区普遍存在)(Hand，2014)。Van der Elst 等 (2013) 发现，发生疑似人为地震的地区也更容易受到来自于大型远程地震波所形成的自然瞬间应力的影响，并且注入的流体将使已承受严重负荷的地层达到某种临界状态。

2013—2014 年，与加利福尼亚州相比，俄克拉何马州发生了类似的或者更多的次三级甚至三级以上的地震。对建筑的破坏程度大多数情况都是很小的，但最严重的一次地震 (2011 年发生在 Prague 的里氏 5.7 级地震) 破坏了位于俄克拉荷马州小镇，肖尼圣格里高利大学里 Benedictine 礼堂上的 4 个尖顶，距离震中 25km。鉴于大地震的可能性与小地震的频率具有相关性 (每 100 个 5 级的地震，将有 10 个 6 级的地震)，应该合理地关注可能触发的更为强烈的人为地震。

8 是21世纪最佳的能源吗？

Gold(2014) 将美国近年来以天然气为基础的能源变化，热情洋溢地描述为革命、复兴、兴盛、抑或是昌盛，并将这些词用于他所著书中的标题及副标题中。例如，《兴盛——美国压裂革命的起因及其对世界格局的改变》，还提出结尾章中的题目不应当使用问号（即便不是真正的质疑，至少也暗示了一些不确定因素），而应当采用更加简单且确定的陈述。在页岩气早期开采展示出的巨大新能源潜力并导致气价显著下降以前，两位美国杰出的天然气倡导者就已经开始呼吁其将成为新的能源主角。2008年，他们公布了初步能源计划，设想并重新定位美国经济将由原油转向天然气。

这项计划得到极为广泛宣传（因为这项计划的制订者乐意花费大量个人的经费对它进行宣传，并且时常在媒介中以个人名义倡导这项计划），并在2008年夏季由 T. Boone Pickens 公司公布。T. Boone Pickens 公司曾先后在 Texan 油田及收购公司股票中获得了大量的财富（Pickens，2014）。这项为期10年的计划依赖于两次能量转换：首先，Pickens 呼吁建立北美大平原工程——"风能之巨无霸"，然后利用这种风能替代所有的燃气发电，这样就将现有的天然气倒逼到洁净而有效的车辆中使用了。

这个转变意在减少美国对1/3以上原油进口量的依赖，从而巩固国家的财政地位，并建立起一项新的大规模国内产业，为北美大平原（前所未有的大农场及少量的人口）带来大量急需的工作岗位和经济效益。Pickens 将他的计划提交到国会，并耗资5800万美元用作广告费用，以得到公众的支持。他的主要动机意在减少美国对于原油的依赖，在他看来，这种依赖对"我们的经济、环境以及我们的国家安全"造成了威胁，并且"捆住了国家和人民的手脚"（Pickens，2008）。

在他的计划中将第二项转变（用气替代液体机动车燃料）付诸实施之前，需要先建设10万个以上大型风力涡轮机，以及至少65000km的高压输电线，用以将得克萨斯州、俄克拉何马州、堪萨斯州、内布拉斯加州和达科他州产生的电能输送到沿海大城市。Pickens 估计他的这项计划将需要大约1万亿美元的个人投资用于风能电厂。此外，还需要至少2000亿美元用于铺设必需的输电线路。并且，随后还要将数千万计的汽车改为天然气驱动。就在这项计划实施后的几个月（2008年年底前），Pickens 意识到，对传输电缆的大量需求将阻碍计划的实施进程。他还将他的"气改"提议中的"汽车"改为"卡车"，这样就可减少对压缩天然气加气站的需求。

由于经济衰退（始于这项计划实施后的几个月）以及从水力压裂中获得的廉价天然气的快速增加，终结了这项短命的计划。2009年7月，Pickens 仍然声明"现在财务困难，因此这项计划将会推迟一到两年"（Rascoe，O'Grady，2009）。但是之后不久，由于所需的价值49亿美元的输电电缆未能在2013年前通过所有的管理要求，他的这项私人重点风能项目（位于得克萨斯州的 Pampa 附近的一个世界最大的4GW风能厂）先是推迟，后来于2010年1月取消。2010—2013年，由于页岩气产量的暴增以及天然气价格的下跌，有关 Pickens 及他的计划的消息便几乎销声匿迹了。

但是 Pickens 于 2014 年 7 月又回来了。他对 CNBC(Belvedere，2014) 说："我们从 OPEC 每日的原油进口量由 700×10^4 bbl 降低到了 400×10^4 bbl，……，在接下来的 3 年里可以无需从 OPEC 进口原油……你们需要做的就是将天然气用在重型卡车上……如果 (华盛顿政府)6 年前就和我一道，或许你们原本在 3 ～ 4 年里就已经把这项工作完成了……如果是那样，你们现在将减少 75% 的 OPEC 原油进口量，因为 800 万辆由柴油机改装为天然气驱动的卡车每天将减少消耗 300×10^4 bbl 原油"。但是直到 2014 年 7 月，仍然没有大规模的对重型卡车进行天然气改装的方案出台，Pickens 的计划并没有比 2008 年的际遇好到哪里去。

第二个变革计划是由 Robert A. Hefner III 提出的。Hefner 负责开发俄克拉何马州的油气资源，是 GHK 公司的创始人和拥有者，他引领了超深天然气的开发，并钻探了世界上最深、压力最高的天然气井。Hefner 所从事的天然气开发与生产工作使他相信——几十年前，早在 20 世纪 70 年代，新舆论出现以前，他就已经有这样的想法了——美国的气藏规模甚至要大于煤炭；他认为对这类丰富资源的最佳利用方式就是将大部分的美国机动车改装为由天然气驱动。早在 1989 年，Hefner 就声称："底特律天然气动力车的未来在俄克拉何马州……天然气将会成为引领美国以及全球经济进入 21 世纪的主要动力"。1991 年，他接受采访时说到："即便不进口，我国的天然气资源也能维持 100 年……我们可以将 1/3 的汽车与卡车改装为天然气驱动"(GET，2014)。

Hefner 计划的综合版本——"宏伟能源变革 (Grand Energy Transition，GET)"于 2009 年出版 (Hefner，2009)，它的标题是《天然气能源的崛起——生活、发展以及下一个经济大爆发的后盾》。透过这一标题我们可以清楚地认识到，作者看到了天然气的崛起，将其看作开启环境、经济及生活质量空前利益的钥匙。但实质上，尽管增加了显著的税收调整，他的计划从本质上说是 Pickens 规划的第二步。Hefner 声称他的转换过程要相对容易些，因为所需的公共设施是现成的：绝大多数已有的加油站已经与输气管网相连，绝大多数美国家庭安装上方便的家用充装燃料设备后，能够对 1.3 亿辆机动车进行燃料充注。

据 Hefner 的计算，他的计划能够将美国原油年进口量降低 2.5×10^8 t，10 年内将节约数万亿美元，同时能够带来数千亿美元的私人投资。并且，由于受天然气需求增长的刺激，将会产生 10 万个新的工作岗位。但是，与 Pickens 计划不同，Hefner 的 GET 方案依赖于基础税收政策的重建，它将取消劳动及资金的征税，代之以对煤炭和石油的征税 (一种绿色消费税)。因此，Hefner 计划的成功就不仅取决于公共设施的改变及技术上的调整，还有赖于美国国会是否愿意执行他这项大胆的税务新政策。而对于后者，对各种事务需要长期规划的美国国会是不可能启动这项政策的，因此 Hefner 的计划并没有比 Pickens 的计划更加成功。这一点也不意外，因为能源方式的转变通常是一个循序渐进且时常会被拖延的过程 (Smil，2010)。

特定的政策将会促进或抑制了其进展，但是这些措施极少导致真正的革命性改变。这是因为能源系统太过复杂，并且周期相当长，惯性太大，想要通过人为的设计去改变它的发展方向和撼动它的根基是很难的。GET 计划的目标是改变其根基，因此成功的可能性很小,只能尽最大努力朝着我们自认为最佳的方向去推动进程。但是必须时刻谨记和回顾历史,或许可以发现,上述行动在最开始并非像我们所想的那样有利。在本书中,我努力将天然气描述成为一种首选燃料,但是,在现代社会的能源领域,我始终是一个需要终身去学习的学生,我也知道没有太过理想的燃料;作为一名跨领域的学者去理解这样一个复杂系统的行为,我总是努力考虑意料之外的影响、后果以及结局。

这就是我坚持在这章的标题上加一个问号的原因了——问号的另一深刻含义是想要表达在接下来的几十年,尤其是 21 世纪的头 50 年,天然气的开发与转变究竟能走多远。无论是对近年来美国及全球天然气开发预测的综合描述,还是提出我自己的预测,或者至少提出一些可能的数字范围,我的意图都不是要回答这一问题。我前面已经展示过,对能源领域的预测,几乎与对其他所有领域长期预测一样,都不准确 (Smil,2013,2010a)。因此,我们最好不要在这项没有实效的脑力工作上再做无用功。取而代之的是,我会以最佳的物质及技术证据为基础,去探究最可能的结果。

8.1　天然气能走多远?

尽管一项又一项的新研究与模型已经证明了它的不准确,但这些对未来长期的预测工作还是有着不可抗拒的吸引力。我会通过综述近年来在该领域所做的一些尝试来阐明预测工作的本质是可疑的。但是,首先我会介绍一种预测方法的有效性,该方法的出现正是用以解决预测工作中的一个棘手问题,即公正性。这种方法主要依靠简单的数字方式来实现,以广泛而重复性的现象为对象,得到的预测结果与过去事实的吻合度相近。因此这种方法似乎是迄今为止预测未来的最佳方法。

1974 年,意大利物理及原子能科学家 Cesare Marchetti 开始在国际应用系统分析学会 (International Institute of Applied Systems Analysis,IIASA) 工作。20 世纪 70 年代末,由于能源供给成为一项众所周知的令人担忧的科学问题,他为此开发了一种能够在全球及国家层面上描述能源更替的定量模型。Marchetti 借助研究新技术对市场具有突破能力的 Fisher-Pry 模型 (Fisher 和 Pry,1971),分析了燃料市场份额的更替以及最初的电力形式。这个模型的基本假设为,技术发展可被看作具有竞争关系的替代品,并且替代速度与还未被替代的量成比例。由于接受速度遵从对数曲线规律。这样,计算某项新技术 (或是新能源) 的市场比例 (f) 就非常简单了,然后表示成 $f/(1-f)$ 的关系,将这一函数在半对数坐标系上绘制出来就是一条直线了。

这种方法最初应用在许多简单的双变量替代体系 (Two-Variable Substitutions)(包括合成纤维与天然纤维、塑料与皮革、电弧式炼炉与开放式炼炉等),而 Marchetti 将它用在了历史上的 2 种能源替代品。最初是两种资源间的替代 (比如,煤炭与传统生物燃料对市场份额的争夺),如今在全球范围内又扩展到了 6 种主要的资源间 (生物燃料、煤炭、石油、天然气、水力电能及核电)。在首次发表对这些能源替代品的研究成果中,包含了一张翻版多次的图。这张图描述了 1850—2100 年世界主要能源的兴起与衰落。Marchetti(1977) 毫无保留地说:"一种能源的整个命运似乎在其发展初期就已经定型了,这些趋势不会因战争、能源价格巨幅震荡及经济衰退而改变。而这种能源的最终可用总量，也似乎对于替代速度没有影响"。在接下来更为详细的版本中，他强调尽管在 20 世纪的前 3/4 时期，存在诸如战争、经济危机及繁荣等巨大扰动因素，市场侵入速度却一直保持得非常稳定，就好像"这个系统具有规划、意志和闹钟"一样，因此有能力"弹性地"吸收这些扰动因素，而"不影响发展趋势"(Marchetti 和 Nakiéenovié，1979)。这种不受控制的决定论，似乎出人意料地为全球及国家能源发展的长期预测提供了一种可靠途径。但这种过分简单的证据中存在两个问题：Marchetti 的分析有一些明显的错误，几乎是在刚一发表，新的事实就导致了脱离预期替代模式的巨大偏差。

最初的分析没有考虑到水力电能，而它几乎是 19 世纪 80 年代以来最为重要的电能来源。此外，分析中令人难以理解地低估了历史上全球木材燃料的消费量，报告指出 1995 年之前木材的占比不到主要能源供给总量的 1%，而至今传统的生物燃料依然占有全球主要能源利用总量的 10% 以上。并且 20 世纪 70 年代之后，煤炭占比份额下降、石油占比份额的鼎盛与衰落以及天然气占比份额的迅猛增长，对于这些偏离预期设定轨迹的事件，那个被过分简单信赖的"内部时钟"都没有提及。按照 Marchetti 时钟般的替代规律，在 20 世纪初的 10 年里，煤炭占比将低于 5%，石油占比将约为 25%，天然气的占比将超过 60%，而实际的数字却分别为 29%，34% 和 24%(图 8.1)。因此，这种"时钟"的可靠性很低。

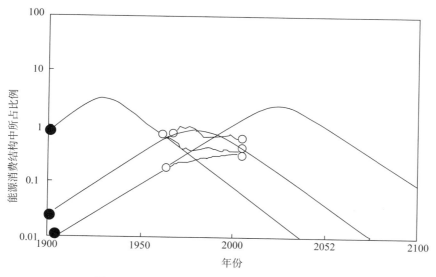

图 8.1　Marchetti 能源变化预测结果与实际对比

对于预测天然气的未来这一关键点而言，这个模型的最大失误便是过高地估计了天然气在未来的增长。如果天然气在全球主要能源占比达到大约 60%，它将在 2010 年提供大约 300×10^{18} J 的能量。但是实际上，它提供的能量不到 120×10^{18} J。很显然，这套系统并非按照既定的模式运行，其中天然气消费量与预期轨迹的偏差最大。Marchetti 模型的唯一一个准确的特征是它抓住了能源结构改变是循序渐进的这一本质，即主要的能源代替品需要数十年的时间才能占有市场总量的大部份额。

正如第 7 章所阐释的那样，全球能源向天然气过渡的进程要慢于前两个转变。天然气在全球主要能源供给量的占比在 1930 年为 5%，1950 年上升至 10%，1995 年仅达到了 20%。依照英国石油公司 (BP) 的数据，目前的占比已达到 25%(2013 年时占比不到 24%)。结果，在占比由 5% 升至 25% 这一过程中，天然气经过了 80 年，而煤炭和原油分别只经历了 35 年和 40 年。当然，上升速度慢与规模的大小相关：随着现代全球主要能源供给的不断膨胀 (2013 年，除去传统生物燃料，供给量大约 535×10^8 J；1950 年为 80×10^8 J；而 1900 年仅为 22×10^{18} J)，想要占有更多的市场份额就变得愈加困难。若要增加 1% 的市场份额，则在 1950 年需要 730PJ(大约相当于 1700×10^4t 石油当量)，而到了 2013 年则需要 5.3×10^{18} J 或者相当于 1.27×10^8t 石油当量。很明显，前面所述可疑的"时钟"预示的高市场份额是不会实现的：即便到 2050 年，天然气也绝无能力为世界提供 60% 的能源，到 2040 年市场份额达到 1/3 的可能性也是很小的。

虽然这里我不再提供更多的预测，但我想我应该关注一下近年来的至少 5 项规划，其中 3 项来自世界最大的油气公司，另外 2 项来自主要的能源管理机构。埃克森美孚公司 (ExxonMobi) 预计到 2040 年全球能源供给量将达到 743×10^{18} J，相比 2010 年增长 35%，其中天然气占比将由 2010 年的 22% 提高到 27%，绝对量由 121×10^{18} J 提高到 199×10^{18} J，增幅为 65%。通过以消费份额的划分这项研究发现民用与商用天然气没有变化 (2010 年及 2040 年供给量占比均为 22%)，工业用气及发电用气小幅增加 (工业用气由 23% 增至 27%，发电用气由 25% 增加到 29%)，依然没有在运输业占据较大份额：埃克森美孚公司并未预示大规模的 CNG 或者 LNG 驱动的陆地及海上运输，也没有预测大型气液转换 (GTL) 工业会为运输业提供天然气。

埃克森一个竞争者——英国石油公司 (BP)，最远预测到了 2035 年，它合理地强调燃料份额的发展将会缓慢进行，石油份额将会持续下降，天然气份额将会继续增加：

"到 2035 年，所有的化石燃料份额都将集中在 27% 左右，这是继工业革命以来，第一次没有占据绝对优势地位的燃料。2035 年，化石燃料占比份额预计为 81%，相对于 2012 年的 86%，总的来看，虽然丢失了部分占比份额，但是仍为 2035 年的主要能源形式 (BP，2014)。"

BP 认为天然气在运输业的消费量增速最快 (7.3%/a)，这当然是由于运输业的基数较小；而从绝对增长值来看，BP 认为最大的需求增长量将来自于工业和发电 (二者增速均接近 2%/a)。

BP 预期页岩气产量将接近全球总产气量的一半，美国页岩气产量仍将占到 70%(现在占比超过 99%)，排名第二位的中国将占到 13%。与普遍预期一致的是，BP 预期天然气的贸易扩张将由亚太地区主导。这一地区的进口量在 2026 年将超过欧洲，而到 2035 年将 3 倍于欧洲进口量，占到地区间净进口量的一半。同时随着页岩气产量的增加，最早在 2017 年，北美将由净进口地区变为净出口地区。到 2035 年，进口天然气量将占到消费总量的 34%，相比 2012 年的 31% 有小幅增长；液化天然气 (LNG) 贸易显著增长，在天然气出口总量的占比由 2012 年的 32% 增加到 2035 年的 46%。但尽管如此，管道仍将是运输的主要方式。

在荷兰皇家壳牌公司 (2013) 的二重奏方案"山与海"中，最远预测到了 2060 年。这个"山与海"方案代表了能源行业现状的持续发展，经济缓慢增长；一方面新的天然气资源迅猛增加，另一方面天然气的增长受缚更加严重。在第一种情况中，到 2060 年，全球一次能源用量将增加至 992×10^{18} J，其中天然气占比 24%，稍低于煤炭 (25%)，但接近石油 (13%) 的两倍；在第二种情况中，全球能源用量将高于 1056×10^{18} J，但是天然气占比仅为 17%，石油与煤炭占比相当，大约为 19%。对比可知，壳牌预测 2040 年一次能源总量将为 $(822 \sim 856) \times 10^{18}$ J，至少比埃克森美孚的预测值 743×10^{18} J 高出 10%。

再来看另外 2 家能源管理机构的结果。2012 年，国际能源署 (IEA) 发布了一项长篇幅的天然气报告，报告中称，燃料"势必会进入一个黄金时代，但前提是，对全球丰富的非常规天然气，能够以相当大比例地被经济而环保地开发"(IEA，2012)。而在新的开发阶段，要实现这一承诺，就必须将社会及环境问题与天然气的开采相结合，通过改进生产技术来提高开发效果，并要确保公众的信心。

这些前提条件应和了美国国家石油委员会 (US National Petroleum Council) 于一年前发布的结论："要实现石油与天然气的盈利，开发方式首先要对环境负责。为了实现更多的油气资源利润，在任何情况下都必须对安全、责任及环保做出保证"(NPC，2011)。IEA 尤其对压裂呼吁制定出更为严格的标准，包括提高压裂液化学组成的公开程度，加强对用水排放与废水处理的监测，以及加强其对环境影响的研究。

"完全的透明度、对环境影响的计量与监测以及与地方社团的协调对于解决公众的担忧是至关重要的"。如果遵守这些黄金法则，据 IEA 估算，一口典型页岩气井的成本将会提高 7%，但是能够使燃料获得更高的可用性，这将对气价起到强有力的缓冲作用。此外，2010—2035 年全球天然气需求量的增幅将超过 50%，届时天然气将占到全球一次能源需求量的 25%，成为排在原油后的第二大重要资源。

最后，在这份报告的参考预测结果中，USEIA 预计 2030 年天然气在全球一次能源的份额将为 24%(仅仅略高于 2010 年的份额)，到 2040 年将达到 22%。但是对于北美地区，它预计占比将由 2010 年的 25% 上升到 2030 年的 28%，在 2040 年将达到 29%(USEIA，2014)。对于预期的时间范围 (到 2030 年或 2040 年)，这 5 项预期都非常相似，并且普遍认为全球天然气消费量的预期也是呈线性增长的态势。在 2030 年将达到 2010 年的 2 倍左右，并将燃料在一次能源消费总量的占比提高至约 30%。一些激进的人相信，燃料总量与各部分份额都会在全球层面上发生快速转变 (与大量历史证据相悖)，而上述种种预期如此的保守，可能会让这些人感到惊讶。

在一项可能是对美国天然气前景最为全面的研究报告称，基于 $60 \times 10^{12} \text{m}^3$ 的储量，增加的绝大多数产量将用于发电，并且如果能源价格能够反映碳负担情况；在美国，天然气几乎能在 2035 年彻底取代煤炭；但是到 2045 年，由于全球能源系统转向非碳化，天然气产量将开始下降 (MIT，2011)。更特别的是，据平均估计，美国的产气量将在 2005—2050 年提高大约 40%，较高的估计量为 45%。只有悲观的估计认为，资源的可用性将会限制国内生产与利用的增长。在那样的情况下，天然气的生产与利用将在 2030 年达到平稳水平，并将于 2050 年开始下降 (MIT，2011)。

图 8.2 对这些长期的预测进行了总结，但是似乎有理由确信，到 21 世纪 30 年代或 40 年代，不论是在全球层面还是美国国家层面上，天然气的绝对量及市场份额都或许会低于近期的预期。另外，我没有看到任何像 McNutt(2013) 说的另一种转变的证据：她声称，美国国内的天然气将会被迅速耗尽，其能源需求将依赖于具有丰富页岩气可采储量的中国。暂且不论未来的具体细节，摆在头几十年的不确定因素主要有两个：一是美国及其他六大页岩气生产国家的页岩气开采的增加和增幅；二是 LNG 贸易的增长情况。

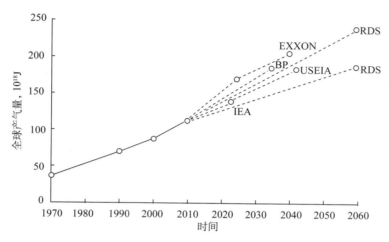

图 8.2 全球产气量长期预测

（注：荷兰皇家壳牌石油公司 (Royal Dutch Shell)，简称 RDS）

8.2 页岩气的发展前景

许多决定页岩气发展前景的因素被忽视或者掩盖了，但始作俑者并非只有媒体的报道，甚至还有一些页岩气狂热分子，而这些人所具备的对油气开发领域的专业理解本应让他们更理智一些。原因之一便是页岩气产量爆发式的增长。向水平钻井及水力压裂转变速度如此之快，以至于权威能源出版物作出的评价立即变得过时。在这里仅举一例：2011 年《能源策略》(Energy Policy) 上发表了一篇文章，一个研究团队称 LNG 将成为 "2020 年美国净进口的最大来源" (Kumar 等，2011)。而仅仅 2 年后，另一些专家便绘制了美国 LNG 全球出口市场的分配图。

美国页岩气开发令人惊讶的增速大大超出了人们的预期，利润潜力如同气球一样膨胀。"页岩气会成为真正的超常资源" 这一观点似乎已经达成了共识，没有人再去重申 20 世纪 50 年代提出的关于核能的言论（当时认为核能的成本可以忽略不计），而尽管国内消费量在不断增长，各大陆间的天然气出口也将有助于平衡美国的财政支出、削弱俄罗斯对欧盟国家的出口、为亚洲提供更廉价的资源，以及保证美国在接下来几十年的战略霸权，人们仍然预测天然气将会保持廉价。就美国而言，廉价的燃料不仅对石化工业具有吸引力，还能促进美国制造业的复兴，创造出大量的工作岗位 (Dow Chemical，2012)。

Price Waterhouse Cooper(2012) 认为，页岩气将会改造美国化工产业。到 2013 年，石化产值将高达 1000 亿美元，其中包括美国国内的公司巨头 (Dow Chemical、ExxonMobil、Chevron) 的投资，但接近一半是来自包括南非 Saslo 公司、沙特阿拉伯 SABIC 公司以及中国台湾台塑公司 (Formosa Plastics) 在内的一些外企 (Kaskey，2013)。据美国化学委员会 (American Chemistry Council) 的估计，2010—2020 年间，新的化学产值将达 717 亿美元，创造的直接工作岗位达 48.5 万个，创造间接产值达 1220 亿美元，从而使得总产值达到 1930 亿美元，新增工作岗位数达 120 万个 (ACC，2013)。廉价的甲烷与乙烷供给会继续吸引新的投资，但是虽然建造一个典型的现代化石化工厂需要几百甚至上千的工人，但是工厂的运营却并不需要那么多人。结果，从长远来看，未来工作机会并不会增加。

无论如何，这只是管理机构及媒介对页岩气开采的一个情感上的认可。如前面所述，2012 年 6 月，国际能源署发布了《天然气黄金时代的黄金法则》(IEA，2012)。2012 年 7 月，《经济学家报》评价了这是非同一般的"运气"，并认为这种新型燃气资源将"改变世界能源市场"(Wright，2012)。2013 年 2 月，德国最大的新闻周刊 Der Spiegel 称，美国压裂技术具有"改变地缘政治平衡的潜力"(Spiegel，2013)。2013 年 3 月，美国主流商业电视频道在一些快讯的开篇段落中将美国的能源发展描述成"能够震动全球秩序"的一种惊人而有力的转变、复兴、奇迹与回报 (CNBC，2013)。两周后，原油价格降至 70 美元 /bbl 的事件可能与这些发展有关 (CNBC，2013)。2013 年 10 月，美国进行 LNG 出口前，《美国油气记者报》就已经声称美国天然气工业将"主导全球 LNG 市场"(Weissman，2013)。同月，Jaffe 和 Morse(2013) 发表了更具夸张性的言论："通过提供现成的资源使能源供给政治化，就像智能手机和社交媒体终结了专制政府、大型跨国企业或国有企业对信息交流的封锁一样，美国能够利用其影响力使全球能源市场民主化。"

并且他们声称，这一发展最大的用意就是"OPEC 的终结"。此外，随着 2014 年春乌克兰与俄罗斯冲突的加剧，许多言论要求重新审视美国政策，其中《金融时报》(Financial Times) 称："美国油气产量的迅猛增长，已经扮演了促使美国能源独立的角色，而乌克兰危机让这一角色更具现实意义，它将成为一种援助海外同盟国的武器"(Jopson，2014)。

所有这些论证、言论、结论以及暗示都应当值得怀疑，因为绝大多数言论代表了对这些毋庸置疑的重要改变的一种过激反应，并且某些推论也只是朴素而难以实现的空想。最为显著的是，我们既没有看到 OPEC 的快速终结，也没有看到美国的油气出口对乌克兰经济的刺激。更为重要的是，除了加拿大西部页岩气的开采外，还没有任何国家像美国一样，开始实施大规模、高强度的页岩气勘探与开采活动。很明显，迄今为止，改革范例做得还不够好。

关于页岩气开发，有两个关键问题必须得到有效解决：一是最终可采资源的开采程度；二是气井产量的递减规律。为回答第一个问题，Berman 对开发时间较长的区块进行了认真分析。他选择了该类型区块中第一个大规模开发且有着 8000 口水平井开发经验积累的 Barnett 页岩区。他的发现令他自己都感到惊奇：

"通过与实际生产情况对比发现，绝大多数基于双曲线产量递减方法的油藏预测结果太过乐观。初始生产速度与最终可采储量并没有关系。气井的平均生命周期远远短于预期，商业可采储量被大大地高估了"(Berman，2010)。

Berman 新修订的最终可采储量比 2 年前的估算结果低了 30%。主要原因在于气井生产的情况可能并非维持在类似其投产初期的几个月或几年内呈现的典型双曲线递减规律，即可能会存在灾难性的突降，特别是在投产后的第 4 个 5 年中，但是有些在仅仅投产一年后就发生了。额外的增产措施可能会暂时提高产量，但是之后产量通常会下降得更快。至于气井的平均寿命而言，Berman 认为将预期生产时间设置为 40 年以上是没有意义的，而应该设定一个约为 57000m^3/月 (2000000ft^3/月) 的经济上的限制作为临界值，低于这一值将入不敷出 (按照气价为 3.5 美元/1000ft^3、25% 税额以及 SEC 文档中列举的平均运营费用计算)。

两者的差距在于 USGS 对 Barnett 页岩气区 12000 口井的最终可采储量估算值为 $736 \times 10^9 m^3$，而 Berman 的估算值还不到 $255 \times 10^9 m^3$，他认为要达到 $736 \times 10^9 m^3$ 还需要增加 23000 口井，但地租、钻井与完井费用大约为 750 亿美元。他最终的两个惊人发现是：Barnett 水平井的最终采收率并不比垂直井高多少 (采收率差值为 31%)，但成本高 2.5 倍；并且 Barnett 水平井的开发效果并未随着经验的增加和技术的改进而得到提高。

现在也出现了许多新的资源预测方法，这些预测所用的数据在空间上要远远广于 USEIA。USEIA 是对各个面积为 2.6km^2 的区块进行的分析，而不是以郡为单位，某些郡的面积大于 1000km^2。因此他们提出了更低的产量预测值 (Patzek，Male，和 Marder，2013；Inman，2014)。USEIA 预计天然气产量 (主要受页岩气产量驱动) 到 2040 年都会保持增长，而这些最新更为保守的预测结果认为，四大盆地 (Marcellus，Barnett，Fayetteville 和 Haynesville) 的页岩气产量将在 2020 年达到峰值，到 2030 年的产量仅为 USEIA 预测值的一半，并且预测后期的递减速度将更快。如果预测正确，美国的能源前景将变得暗淡许多。但同样，这些新出现的保守预测也没有考虑勘探开发技术的革新；在未来的几十年内，一些技术肯定会发生显著的改变。

水力压裂水平井的产气 (与产油类似) 规律很容易弄清楚。典型的开发过程如下：首先，在初期产量达到峰值后的 2 ~ 3 年内，产量呈双曲线规律快速递减，之后便呈指数规律 (年度百分比保持不变) 递减，直至停产。最终采收率的估算是建立在 30 年生产周期的基础之上的，但是绝大多数页岩气井的经济寿命短于 20 年。压裂后页岩的初期流量为 60000 ~ 120000m^3/d，但之后各大地区便以不同的速率呈双曲线规律快速递减。

以 Barnett 和 Fayetteville 的数据为基础，Sandrea(2012) 对美国成熟页岩气田的产气潜力做出了初步评估，展示了这类资源与传统天然气资源的不同。页岩气开采一个典型的特征是气田年递减率异常高 (Fayetteville 为 63%，Haynesville 为 86%)，最终采出速度慢，因此采效率低 (平均值仅为 6.5%，Haynesville 为 4.7%，Barnett 为 5.8%，Fayetteville 为 10%)。在宾夕法尼亚州的 Marcellus 页岩区块，气井在第一年的产量可能高达 $10 \times 10^6 m^3$(平均 $6 \times 10^6 m^3$)，第二年为 $2 \times 10^6 m^3$，第三年便不到 $1 \times 10^6 m^3$ 了 (Harper 和 Kostelnik，2009；King，2014)。相比而言，传统气田的采收率为 75% ~ 80%。产量潜力分析显示，页岩气产区的产气速度峰值是那些相同规模的传统产区的 2.6 倍。

斯伦贝谢公司通过对五大页岩气盆地 (Barnett，Fayetteville，Woodford，Haynesville 和 Eagle Ford) 天然气井的综合研究，其结果可能是对页岩气产量递减规律最具代表性的发现

(Baihly 等，2011)。这项研究对 1885 口典型井 (其中 Barnett 井数量最多，为 838 口) 进行了统一分析，以便对投产初期的生产情况进行清楚的对比，进而得到更为可靠的最终采收率估值，因此能够进行长期的经济可行性评估。

在 Barnett 页岩气田，对于 2003—2009 年钻探的气井，其最大的递减趋势基本符合这样的一条曲线：递减速率在第一年末为 50%，三年后大约为 70%，五年后为 80%。但这项研究表明，Barnett 页岩气田较为特殊，因为它所呈现出的产量递减趋势让人更为乐观，因此估算其他几大页岩产区产能递减规律时不能将其作为参考。Fayetteville 页岩气田第一年递减速率为 60%，Woodford 略高于 60%，Haynesville 大约为 80%(图 8.3)。气井成本范围从 Fayetteville 的 280 万美元到 Woodford 的 670 万美元 (Barnett 为 300 万美元)；运营成本最大值与最小值相差 3.5 倍，从 Barnett 的 0.7 美元 /10^3ft^3 到 Haynesville 的 2.5 美元 /10^3ft^3；单井的最终产量由 72×10^6m^3(Woodford，钻于 2008 年) 到 172×10^6m^3(Haynesville，钻于 2009 年)。

这些关于递减率 (许多先前的简略研究中也发现了相似的递减率)、气井成本及最终采收率的研究结果并不让人奇怪，但有关经济损益平衡价格的结论却令人意外：Barnett 于 2008 年及 2009 年钻探的井为 3.70 ~ 3.74 美元 /10^3ft；Fayetteville 在相同年份钻得的井甚至更低，为 3.20 ~ 3.65 美元 /10^3ft；但是 Haynesville，Eagle Ford 及 Woodford 却分别高达 6.10 ~ 6.95 美元 /10^3ft、6.10 ~ 6.95 美元 /10^3ft 及 6.22 ~ 7.35 美元 /10^3ft。Barnett 与 Fayetteville 能够在成本为 4 美元 /10^3ft^3、10% 贴现率的情况下获得利润，并且在当地较低的现货天然气价格下依然能够盈利。但是对于 Haynesville，Eagle Ford 以及 Woodford，运营成本至少为 6 美元 /10^3ft^3。

但是值得注意的是，许多经营者会在高于现货价格时囤积部分或者全部的产量，并且随着经验的积累及技术的不断革新，开采成本在未来会随之降低。同时，在 2010—2014 年，尽管开采量在增加，并且几乎所有页岩气藏的单井产量都在上升，美国的页岩油气公司负债额还是增加了近一倍，而收入却仅增长了 5.6%(Loder，2014)。Sandrea(2014) 也注意到了这一事实：资金支出高，几乎与总收入持平，净现金流量下滑，负债增加。此外，Sandrea 还指出，许多公司发现页岩气开发并非最初认为的那样有吸引力，有相当数量的公司出现了亏损。

美国页岩气的兴盛会不会像车轮式的资金支出那样，也步入在其他领域中出现的兴衰循环？在 2014 年初，97 家油气勘探开发公司中有 75 家被标准普尔公司 (S&P) 评定为低投资级别 (Loder，2014)。随着一些小型但过度扩张的公司逐步破产，页岩气开采能否会变得更加合理？或者说投资额会不会大量降低？鉴于页岩气崛起已经成为美国能源供应如此重要的组成部分，且速度如此之快，我们仍然应当理智看待那些关于最终累计产量及环境影响的肯定评价。

对于本章采用的所有积极评价与肯定，我本可以引用较差的评价来呼吁立即禁止利用水力压裂开采页岩气。2013 年 10 月，壳牌公司工程技术主管 Matthias Bichsel 称，美国石油工业被"过度地压裂和钻探"；并提醒那些狂热分子，每个油气田状况各不相同：人们只注意到了 Bakken，Eagle Ford 以及 Marcellus 的成功，但是位于怀俄明州和犹他州的绿河盆地的工业生产并未获得类似的成功 (Hussain，2013)。

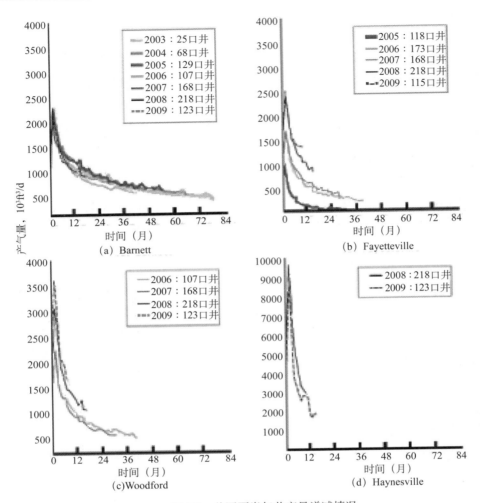

图 8.3　美国页岩气井产量递减情况

　　就任于 Post Carbon 委员会的加拿大地质学家 David Hughes 称："尽管页岩气与致密油在很长一段时间内将维持在一定水平，但是产量很可能会低于工业界及政府乐观的预期"（Hughes，2013）。但是有些发表的预期结果还不算过分：据 USEIA 估计，到 2030 年页岩气将占全球天然气产量的 7%，这项预测并没有过高地估算其产量。同样地，一项最新的长期价格预测也并没有不合实际地过低估算：到 2030 年，工业用气价格将比 2012 年提高85%，民用气价格将大约提高 30%(USEIA，2014)，价格的增长将可能大部分或完全抵消未来页岩气开采成本的增加。

　　环境人士反对页岩气是因为其大规模的开发以及管道和 LNG 公共设施的建设将增加碳排放量，甚至有些人认为它与煤炭处在同一水平，并且认为新建设的燃气电厂到 2040 年才能够收回投资成本和获得预期利润。而且还会增大利用新型减排的难度或利用捕集技术来减少碳排放的难度，当然，除非政府会出台更有效的刺激政策。正如前面所解释的那样（见第 6 章），另外一些反对扩大页岩气开发的理由主要是由于它对淡水资源的潜在影响。

2014 年 3 月 18 日，16 个环境组织机构的领导人向奥巴马总统递交了信件，请求他停止所有来自页岩气的 LNG 出口项目，因为：

"对于美国当局对水力压裂的支持，以及在美国沿岸修建 LNG 输出终端用以向全球输送页岩气的计划，我们深感不安。我们请求你制止该计划，将我们国家大部分的化石燃料资源保留在地下"（McKibben 等，2014）。

这封信的作者还将来自页岩气的 LNG 与灾难性气候变化联系在了一起：

"据最新的可靠数据分析，美国出口的页岩气对大气的破坏程度与煤炭相似，甚至会更严重。我们认为，大规模 LNG 出口计划的实施将会束缚公共设施与经济活力，并必然会带来灾难性的气候变化……尊敬的奥巴马总统，无论从哪方面讲，出口 LNG 都是个坏主意。我们再次请求你改变这项计划，停止推进对这种破坏气候的化石燃料的压裂、液化及出口"（McKibben 等，2014）。

当然，从本质上来讲，在这样的立场下所有的化石燃料都不应被使用，但对化石燃料占一次能源供给总量的 86% 的文明社会来讲是不可能的。

除了页岩气产量及环境影响因素外，还有其他一些影响页岩气未来开发的因素。总体来讲，主要包括来自其他化石燃料、可再生资源及核电的竞争。由于中国与印度对煤炭的巨大需求量，实际上自 21 世纪初煤炭在全球一次能源的占比一直在增加。尽管他们也设定了削减煤炭用量、增加天然气消费量的目标，但煤炭的价格优势可能会使这一资源更替速度比想象中的要慢一些。当然，水力压裂也是原油增产的另一大新途径，结果使得美国不仅成为世界上最大的天然气生产国，还在 2014 年 6 月成为液态烃（包含原油与液化天然气总量）的最大生产国（1975 年，美国产气量开始低于苏联）。

核能电厂的建设新潮流将会导致用于发电的天然气需求减少，但是考虑到西方国家商业分裂的危险情形以及在日本的境况（核电建设遭到了停滞、削减、阻挠以及完全禁止），这些只会对亚洲（中国、韩国及印度）产生影响。而且即便是得到最理想的发展，它也不会替代大量的天然气。因此，从另外一个角度考虑将更为切合实际：廉价的天然气对推迟核电复兴有多大影响？尤其是在美国，我们自 20 世纪 80 年代中期就有了这样的愿景。

核电的影响已经显现出来，新建 12 个系统的计划已经被取消或推迟了（USNRC，2014）。 如果单从这些可再生资源的总量来看，来自风能及太阳能发电的竞争更加重要。但是实际上，这些间断性可再生资源的猛增，将增加对燃气发电用作后备支持的需求，以便在无风、阴天及夜晚（没有大规模蓄电装置的情况下）的时间段保障电能供给。

未来页岩气在全球的前景并不明朗。如前所述，即便在美国页岩气开始腾飞已达近 10 年之久的情况下，也只有加拿大参与到了大规模页岩气开采的行动中，而欧洲和亚洲则没有任何类似的大规模开发迹象。

波兰是欧盟国家中少数对页岩气开发感兴趣的国家之一，通过对资源的反复详细评估发现，波兰的储量只是 EIA/ARI 报告中估算量的一小部分（Kuuskraa，2013）。低于预期的储量、环境方面的反对声音、钻完井与压裂技术能力的欠缺、区域性的缺水以及深、薄、复杂气层、异常高昂的压裂成本等因素，有理由认为总体上将减慢页岩气的发展速度，Barnett 与 Marcellus 的成功不会重演。

然而，还有另一个来自中国的不确定因素：中国决心以更加清洁的方式利用它丰富的煤炭资源。2013 年末，中国第一份"煤转气"方案 (来自内蒙古的 Hexigen) 递交到了北京，该计划中的用气量初期为 $13.3 \times 10^8 m^3/a$，最终增加到 $40 \times 10^8 m^3/a$；同样在 2013 年，另外三项 $40 \times 10^8 m^3/a$ 的项目也开始上马，并开启了 5 个气田的准备工作；建成后这些气田每年将贡献 $360 \times 10^8 m^3$ 的天然气产量 (中国新闻，2013)。如果这些项目得以成功并经济可行，这个拥有丰富煤炭资源的国家可能会将重点放在"煤转气"，因为这不是页岩气的开发，需要高深的专业技术。

8.3　LNG 的全球化

LNG 已成为全球天然气供给中增长最快的一部分，但是同样地，不能忽视那些可能会减缓其增速的因素。或许最重要的普遍性担忧是新项目的成本：未来 LNG 将不会廉价。实际上，最近建设的一些工程的花费远超过 21 世纪最初几年的建设费用，LNG 开发的上游资金成本在 2003—2013 年翻了一倍之多，对于这一增长至今没有令人满意的解释 (IHS CERA，2014；Songhurst，2014)。2000—2005 年典型的建设成本为 200 ~ 500 美元/t 安装能力。相比而言，最新的项目中即便是成本最低的 (一些涉及将再气化站点转化为液化站) 也在 600 ~ 800 美元/t；高一些的项目 (在澳大利亚、安哥拉及巴布亚新几内亚) 为 1000 ~ 1800 美元/t；挪威斯诺赫维特 (位于北极的一个小岛上) 为 2000 美元/t(图 8.4)；澳大利亚的 12 个新建项目中，有一个超过 2000 美元/t，5 个超过 3000 美元/t。

图 8.4　斯诺赫维特　LNG 厂 (该图已获得 statoil.com 授权)

这意味着，一个产量为 $5 \times 10^6 t/a$ 的新型高成本 LNG 厂将花费至少 50 亿美元，开采所需的天然气将花费 20 亿美元 (按照 400 美元/t 计算)，5 艘 LNG 运输轮将再增加 11 亿美元的花费 (每艘 2.2 亿美元)，再气化设备将需要 6 亿美元，共计 87 亿美元。随着工程的延期，成本很可能将增加到 100 亿美元。这就是改造接收终端 (所谓的褐色油田项目，包括美国的 Sabine Pass，Freeport，Lake Charles，Cove Point 及 Cameron) 如此受欢迎的原因：将美国再气化设备改造为 LNG 工程将减少至少 10% 的资金支出。大部分新建的 LNG 项目 (不管是位于美国、非洲及澳大利亚，包含常规气与非常规气) 的保本价格为 10 ~ 11 美元 /10^6 Btu(Fesharaki，2013)，这样就能够使得美国页岩气 (价格为 4 美元 /10^6 Btu) 能够以低于 8 美元 /10^6 Btu 的成本向欧洲输送，以低于 10 美元 /10^6 Btu 的成本向亚洲输送 (CB&I, 2011)。

　　然而亚洲 (尤其是东亚) 对 LNG 的连续需求是很显而易见的。随着中国 (首次于 2006 年进口 LNG 到广州)、印度 (计划建设至少 10 个 LNG 终端)、越南及菲律宾加入到进口国 (原来仅包括日本、韩国及中国台湾) 的行列，天然气在亚洲一次能源供给的占比为 10%。中国要超过日本成为世界最大 LNG 进口国还有很长一段路要走 (2013 年中国 LNG 进口量为 $250 \times 10^8 m^3$，而日本为 $1130 \times 10^8 m^3$)。但是中国在后期的需求量是巨大的，预计到 2019 年增加至 $3150 \times 10^8 m^3$，相比 2013 年增加 90%。这样的需求量是为了在家庭供暖及城市用电方面替代更多的煤炭，从而减少对城市空气造成大量污染。

　　上述现象导致的结果是，亚洲的 LNG 进口量在 2010—2015 年能够轻松增长 50%，但是实际的需求总量取决于日本能源政策的最终进程，即最终会有多少个核电站将被重启，取决于韩国的经济发展与核能的扩张程度，以及中国促进国民生产成就的大小和从中亚、俄罗斯的天然气进口量。另外，亚洲第二大潜在进口国是印度，其进口量将取决于 2014 年新上台的印度人民党 (BJP)。技术革新将增加浮动式 LNG 工厂的数量，用以开发浅滩气 (图 8.5)。自驱动式近海液化天然气开采船能够实现所有的这些功能，它能够在船上对天然气进行预处理、液化、储存，并能卸载到 LNG 运输轮上 (Peck 和 van der Velde，2013)。Flex LNG 的开采船能够实现 $1.7 \times 10^6 t$ 的年产量，而其他一些开发者正计划制造年产量为 $1.6 ~ 2.5 \times 10^6 t$ 的开采船。无论是在近海、港口还是在船间传输 LNG，配备有长期停泊开采船的浮动式再气化装置将越来越普遍。

图 8.5　浮动式 LNG 工厂 (该图已获壳牌摄影服务部分授权)

　　对于液化液个体出口商而言，在未来也肯定会出现预期或超出预期的变化。位于澳大利亚西部印度洋的特大型近海天然气藏的持续开发主要由两个项目组成：一个是澳大利亚 Woodside 的 Pluto 项目，耗资 110 亿美元；另一个是由雪佛龙、埃克森及壳牌联合开发的 Gorgon 项目，耗资超过 400 亿美元，这将使澳大利亚在 2020 年成为仅次于卡塔尔的世界第二大 LNG 出口国（澳大利亚现为世界第五大 LNG 出口国，并且是东亚地区的主要供应国）。与之相反的是，拥有丰富烃类资源的国家对 LNG 的进口超出了人们预期，尽管这一转变在 5 年前就已经发生了。2009 年，科威特是海湾国家中第一个进口 LNG 用作近海储备的国家，用以满足夏季的需求高峰；紧接着的是 2010 年的迪拜（同样用作近海储备，但除此之外还从卡塔尔通过管道进口）与 2013 年的马来西亚（前面已做陈述）。

　　迪拜的奢侈挥霍程度尤其令人惊讶。似乎仅有世界最高建筑（Burj Khalīfa）及庞大的迪拜购物中心还不够，2014 年 7 月，迪拜 Holding 公司（拥有者为该国统治者谢赫·穆罕默德·本拉希德·阿勒马克图姆）宣布将要建设 "世界购物广场"。这将是一个在巨大玻璃圆顶笼罩下的城市，温度可控，拥有世界上最大的购物中心，将建有一个室内公园，还有一些酒店、疗养地及剧院，占地面积达 $4.45 \times 10^6 \mathrm{m}^2$，道路长达 7km（Dubai Holding，2014）。该计划的建议者希望能够提供一个 "在夏季温度可控的舒适环境"，使之成为 "全年都引人入胜的地方"，预期每年的游客数量将超过 1.8 亿。总的来说，中东地区对于天然气依赖程度的持续增长，将使得在 2020 年这一地区的 LNG 进口量可能达到 $15 \times 10^6 \mathrm{t/a}$，进口国家包括科威特、阿联酋及沙特阿拉伯（Fesharaki，2013）。

　　卡塔尔自身的不确定性与它扮演的上述角色是一样重要的。从政治角度上讲，这是一个充满好奇心的混合体：它是埃及穆斯林兄弟会的支持者，在叙利亚内战中不仅资助了半岛电视台，还资助了圣战团体；它与塔利班保持联系，但在多哈却拥有一个大型美国空军基地。在如此众多的政治动乱中，这样一个奇特的布局安排还能在这个国家维持多久？此外，这个世界最大的 LNG 出口国国内的天然气消费量也在快速增加：2012 年消费量几乎是 2003 年的 3 倍，其中大多数被用于发电及水的淡化，但是其总产量超过了 2003 年的 4 倍。尽管没有出现紧迫的供给问题，但在 2005 年，政府决定一直到 2014 年前将暂停对 North Dome 的进一步开发。

　　如果卡塔尔的 LNG 出口量减少，北美迅猛增长的页岩气能为其供应多少气量？加拿大唯一的一处 LNG 设施 Canaport 位于圣约翰省圣约翰市的一个接收站点，用于接收来自特立尼达、多巴哥及卡塔尔的天然气进口。但计划修建的英属哥伦比亚与艾伯塔的天然气出口的输气管道将穿越落基山脉到达太平洋沿岸位于 Kitimat 及 Prince Rupert 的 LNG 终端（LNG Canada，2014）。这些由西海岸到亚洲的贸易时机及最终贸易量都远没有确定下来，就连必需的输气管道都遭到了大量来自环保人士和加拿大原住民的反对，这些原住民坚持维护他们对于土地甚至是近海水域的合法请求，决心制止任何新的天然气开发活动。

　　无论从哪方面讲，美国 LNG 的出口计划都相对更为大胆。已经批准的出口项目包括路易斯安那州的 Sabine Pass 以及乔治亚州的 Elba Island，预计启动时间为 2016 年；路易斯安那州的 Freeport、马里兰州的 Cove Point 以及 Sabine Pass（第二阶段）项目将于 2017 年启动；路易斯安那州的 Lake Charles 以及 Sabine Pass（第三阶段）将于 2018 年启动。如果所有的待定项目均通过批准，到 2025 年，美国 LNG 的出口量将接近 $50 \times 10^6 t$，并在未来最终达到 $200 \times 10^6 t/a$（卡塔尔 2013 年出口量为 $77 \times 10^6 t$）。但是究竟会有多少项目最终获得批准，又有多少项目能够真正得以实施？尽管在美国新褐色油田中 LNG 工厂的成本能够接受，但正如 Weissman（2013）及一些人所说的那样，美国距离全球 LNG 市场的主导地位还差很远。这一目标的实现将取决于持续放缓或者中速的价格增长，但是由于日益增长的国内需求（快速发展的燃气发电及新增加的石化加工）以及不断增加的 LNG 出口量，我们有理由认为气价会因为这些因素而变得更高（Ratner 等，2013）。

　　签署大量的出口协议（目前有接近 40 项 LNG 出口海外的申请）将减少新增石化项目的数量，而石化项目的上马取决于廉价的天然气，这些会不会加速那个不令人欢迎的趋势？陶氏化学公司同意这一观点，并已要求限制出口以保障国内供给（Helman，2012）。如果预期项目大部分能够上马，那么美国将不仅成为一个主要的天然气出口国，或许还会成为世界最大的天然气销售国。但是这样的预期，似乎忽视了其他主要天然气出口国的行动。成为 LNG 最大输出国这一目标的实现不单单取决于美国自身，因为其他一些 LNG 全球关键国家也会影响、甚至会消除美国对这一发展的推动作用。

　　亚洲最大的 LNG 市场（以日本、中国、韩国及中国台湾为最大买家）的供应来源于澳大利亚、印度尼西亚、马来西亚及卡塔尔的出口，以及土库曼斯坦、乌兹别克斯坦和哈萨克斯坦通过管道向中国的出口。正如前面所讲，2014 年达成了为中国提供长达 30 年的西伯利亚天然气供应协议，这是一个真正的战略性转折点。该合同中的年进口量几乎与中国 2012 年全年天然气进口（包括管道输气及 LNG）总量相当，但价格低于 Gazprom（俄罗斯天然气工业股份公司）对欧洲的售价。在这项协议签署之前，潜在的进口需求缺口原本计划会被进口 LNG 填补；而且在未来 5～10 年，如果再次签署类似的协议，中国在太平洋地区探寻的 LNG 进口量将进一步下降。

　　随着美国开始向欧洲各港口输送大量 LNG，世界最大的天然气出口商 Gazprom 会继续维持长期合同上的价格吗？在长期 LNG 贸易中俄罗斯会扮演着什么样的角色？迄今为止，Gazprom 仅仅依靠着它的西伯利亚项目（2009 年 3 月开始向日本输气）处在全球 LNG 贸易的边缘，但是北极圈的逐渐变暖将使得这个国家更容易地向东亚市场输送丰富的西伯利亚天然气。Gazprom 会在开发西伯利亚气藏出口日本和韩国后，仅仅站在一边将 LNG 市场让于他人，而只专心于管道运输贸易吗？

　　答案是否定的，2012 年，LNG 运输轮 "Ob River" 沿着 Gazprom 规划的北海航线完成了一次全球输送：11 月 7 日于挪威的哈默菲斯特启程，12 月 5 日抵达日本户畑（Gazprom，2012）。LNG 破冰运输轮能够达到北极地区的新气藏，经评估，这些气藏的年供应量至少为 $(30～40) \times 10^6 t$。俄罗斯另外一大天然气生产商 Novatek 正计划在北极亚马尔半岛（位于 South Tambeyskoye Field）实施一个大的 LNG 项目（得到了国家的补贴，并与法国的道达尔公司及中国石油共同实施），该项目价值 270 亿美元，有望帮助俄罗斯在 2020 年实现全球 LNG 市场份额的翻番，达到接近 10% 的份额（Novatek，2014）。

　　那么，世界最大的 LNG 卖家、拥有最大规模最现代化运输轮队的卡塔尔，会站在一边、眼睁睁看着它在欧洲及亚洲市场份额被美国的出口浪潮吞噬吗？拥有丰富储量并建立了亚洲市场的澳大利亚，会在向中国和日本出口的竞争中自动退出吗？已被俄罗斯、挪威、荷兰及卡塔尔主导的欧盟市场供应，会因为大量出口到欧洲的 LNG 而快速转变吗？已在由西西伯利亚到欧盟地区的远距离输气管道上耗费大量沉没成本的 Gazprom，会仍然坚守昂贵而一成不变的长期合约吗？它会不会以低于美国的价格向欧洲港口出口 LNG 呢？

最后，还有伊朗，这个拥有世界最大常规天然气藏的国家（并且大部分还未被开发），终将会成为一个正常的国家，而非一个被宗教激进主义的毛拉统治的神权统治国家。这样一种根本性的突破似乎常常难以想象，但是他们势必会发生（只需回忆一下原苏联、埃及以及缅甸迅速的权利变革就可知道）。如果借助国外最先进的理论知识与技术援助对这一国家的烃类资源进行开发，它的天然气销售在总量上会轻松超过卡塔尔，并成为与俄罗斯争夺全球出口霸主的竞争者。

考虑到页岩气的广泛分布，今天几乎每一个 LNG 生产商以及众多的 LNG 买家都必须决定（如果真的要做的话），随着发展他们能走多远，以及要在日益增长的国内产值与进口量之间最终达到怎样的一种平衡。并不令人感到奇怪的是，到 2014 年底，美国 LNG 在亚洲的许多潜在买家对未来这一产品的进口热情大大降低了，开始转售配额并减少了承诺。毫无疑问，向着一个真正的由 LNG 开启的全球天然气市场迈进的进程会继续下去，但由于新建大型 LNG 项目的高成本，并且这种燃料的固有性质决定了它的运输储存将会更加昂贵，因此全球天然气市场并不太可能会像石油一样灵活。

关于水力压裂及 LNG 新体系相互矛盾的说法与争论，不会在一两年内得到解决。到 2020 年之前，我们应该能够形成一个更为可靠的评估。到那时，美国水力压裂技术将会累积长达十余年之久的，并会拥有在各个主要的页岩层实施压裂的大量信息，并且成千上万口井也将获得大多数预期的最终采出量，这样就能够对页岩气的未来做一个更为可靠的长期评估了。此外，到那时，与页岩气开采有关的环境问题也可能已得到有效的管理，或成为进一步发展的实质阻力。真正意义上的新的全球 LNG 基础设施是否会成型也会有所知晓。

8.4　不确定的未来

表面看起来，大家普遍认为天然气的未来发展不存在可靠的预测。即使可能被相当准确的预测，但更大的可能是实际的发展会偏离预期结果，因为上述比较流行的这些评估方法仍会疏漏一些主要的发展进程，甚至是许多不那么明显，但叠加之后会发生非常关键的变化与调整。从过去已完全实现的利用电能照明的梦想，到被过度膨胀利用核能发电的愿望，现代能源体系的演变解释了这些发展历程。近年来对于天然气未来发展的共识，当然不会像 20 世纪 70 年代初对核能的空想（当时人们认为，到 20 世纪末，核电如果不是唯一的形式，也将成为最主要的发电形式）那样不切实际，但它也远不能让人信服。

国际能源署完全同意"天然气必将进入一个黄金时代"这一观点 (IEA，2012)；通用电气集团并未使用修饰性词汇，将其调查命名为《天然气时代》，因为这种燃料"必将夺得全球能源需求的最大份额"(Evans 和 Farina 2013)。在文章、报告及书中反复出现的关于天然气的描述词汇包括"革命""复兴""兴盛""昌盛""转变"等。在麻省理工学院 (MIT) 对天然气的相关研究中，将天然气的地位强调为"消除边际 CO_2 量的其他清洁能源的成本基准"，以及"通往低碳未来的经济之桥"(MIT，2011)。

我始终拒绝参与任何长期的预测项目，后续部分我将对一系列的不确定因素进行回顾，这些因素的最终解决将对全球天然气开采及向天然气的转变产生直接的或间接的重大影响。但在这之前，我将重申天然气未来发展的基本轮廓。与许多最近过激的评估相反，最重要的或许是在能与其相抗争的固态或液态化石燃料替代品出现之前，不断被开采的天然气还有很长一段路要走。一个需要再次强调的重要事实是：相比早期的"由煤炭到石油"及"由木材到煤炭"的两个转变过程，全球由煤炭和石油向天然气转变的行进速度要更为缓慢。

在全球化石燃料市场份额达到 5% 后，原油用了 40 年的时间达到了市场份额的 25%，而天然气则需要大约 55 年的时间才能达到这一水平。如果将燃料份额在一次能源供给总量中 (包括所有的初级电能和商用生物燃料) 进行表示，则石油在 1973 年达到了 48% 的峰值，而天然气现在还未占到全球总量的 25%。考虑到目前的能源需求及其在未来进一步必然的发展，在 21 世纪，天然气将不可能像当初木材在工业时代前，或者煤炭在 20 世纪中期前那样，在全球一次能源供给中占有主导地位。

事实上，即使到 2050 年，天然气在全球能源中的市场份额也不可能达到原油在 20 世纪 70 年代那样的顶峰高度。从资源角度讲，在 20 世纪天然气是远落后于前两位的第 3 大化石燃料。化石能源总量中，煤炭占 43%，石油占 37%，而天然气占 20%(Smil，2010)。20 世纪后半叶，煤炭与石油的地位发生了转变 (煤炭占比 36%，原油占比 43%)，而天然气仅增加到 23%。需要再次强调的是，天然气在总量上的供给量在 21 世纪上半叶不可能超过煤炭或者原油。

如果天然气在 21 世纪是头十年的能源趋势领导者，那么所有的化石能源消耗量都会增加，这既是为了发展新产能，也是为了将已建成的项目产值维持在至少今天的水平上。IEA 得出结论称，截至 2013 年，能源生产的资金成本相比 2000 年增加了一倍之多 (达到了 1.6 万亿美元)(IEA，2014)。显然，这样巨大的投资牢牢锁住了一次能源供给的源头，并导致了这样的利用结果。据 IEA 估计，2014—2035 年，要想满足预期的需求，在能源供给中的总投资必须达到 40 万亿美元，其中的 60% 将用于维持目前的产出量，另外的 40% 用于满足增长的需求。满足这一需求的可能性将取决于许多其他相互关联的因素。

若想保持长期的主导地位就需要开发新的产能，建设必需的加工与运输设施，加之这些设施成本的增加需要长期的财政保证，将这些因素综合起来意味着未来不会出现惊人的产量。并且主导者及他们的角色也会慢慢发生变化：正如国际天然气联盟 (2012) 得出的结论那样，"天然气项目具有硬性而长期的特征，且能够对经济造成影响，不仅要求政府在生产者及终端消费者以及其他的中间环节中的参与度高于其他国际能源事务形式，可能还要搅动起更广泛的政治兴趣。"

因此，我们就能很好地理解未来的 2 ~ 3 年将会发生的事情。附加条件是，即便是短期的信心，也会被一些大的国际冲突、另一次全球经济大萧条，或者极小可能性发生的严重的流行疾病、星球碰撞而击碎或者至少被大大减少。但即便是对于未来 10 年的预测，也要把已经从根本上更加紧密相连的种种不确定因素，与重塑 1945 年后国际秩序基本格局的相互依赖的全球经济政治新特征综合起来考虑。

这里只是粗略地列举了近期（未来 5 ～ 10 年）很可能会影响（积极或消极地）到世界天然气供应的因素。很大一部分因素是有关烃类资源以及在开采与转换技术上的革新。美国页岩气的产量（持续的增长、过早的平稳期，以及超出预期的递减）将使得长期的预期变得更加清晰。页岩气开采在其他国家，最重要的是在中国（压裂禁令被取消，这也是许多国家的追求）的发展，将预示着它是否为北美地区的一种个别现象，或是会成为全球性的燃料。常规原油的递减量及非常规原油开发的成就，将会决定部分或者大部分被天然气（通过 GTL 转变计划）替代的液态烃的供给量或短缺量。某些固定设备或者运输设备上的转换效率也在持续增长，这导致了对燃料需求的降低，进而会减少对所有烃类燃料的需求量。

其他一系列的因素包括由于其他种类能源的发展而造成的间接或直接的竞争，以及来自环境方面的担忧等。风能及太阳能发电（以更大规模的新型超级涡轮组及具有高效率的 PV 面板为基础）的加速扩张，会不会足以影响到用于发电的天然气需求？又或者说，随着有希望实现大规模电能中间存储新方法（能够把在光照及风力强时的发电量储存起来，用于需求高峰时段及夜晚）的延伸，这些可再生资源能否得到有力促进？氢能源汽车的商业化推广会取得相对的成功，还是会失败？日本的汽车制造商们正急切盼望着开拓一类新市场，愿意进行长期的观察并承受巨大的前期损失。随着对环境友好的水力压裂技术的改进与采用，以及在美国页岩气开采过程中对水污染及甲烷泄漏控制的成功，页岩气能否成为一个更加具有吸引力（即使对许多国家而言价格仍然相对较高）的选择？中国是世界上最大的煤炭消费国，同样也是空气污染相当严重的国家，煤炭向天然气的转变过程是快还是慢？更重要的是，倘若全球升温的速度出现突然的重新加速后（自 1998 年全球平均每 10 年升温 0.04℃，进入一个相对漫长的静止期)(Tollefson，2014；图 8.6)，会不会出现对低碳燃料的探索热潮？

不确定的政治因素可能同样重要。俄罗斯是否会寻求一个保持经济稳定及与国外保持良好合作关系的途径，还是会继续采取问题重重的行动，而影响到它与欧盟的关系与贸易以及全球能源供给的地位？在新管理层的统治下，印度会追求怎样的一种进程？如果管理正确，这个国家对各种资源的需求将能够与中国相匹敌。中东地区持续的动乱与分裂（我不能假定另一种情况，即困扰这一地区的多层面问题得到突然的解决）会对全球烃类资源供给造成什么样的影响？

从长期 (2025—2050 年) 角度看来，某些资源、技术、经济、环境及政治等因素可能会变得非常重要。而随着在更远未来中更多不确定性的增加及新情况的发生，即便是不考虑新技术突破的可能（例如，小规模廉价的气液转换技术，以及对甲烷水合物简便而安全的开采），对这些因素的一系列类似看法可能也会更加漫长。在未来的几十年中，依赖于全球天然气市场的国际发展轨迹应当会变得更加清晰。由于不可能按照影响程度及发生的可能性的相对大小对所有变化及事件进行排序，这里只是给出了一些简单的看法。对于美国来说，它依然是世界上最重要的经济体，它是否不再沉迷于增长与数量，而是达到一个更加有思想、有节制的关于生活质量（生命、人类社会及全球环境）的平衡？对于俄罗斯来说（因人口与健康问题而变得更糟)，它的经济会成功，还是会失败？并且它在全球经济中的角色演变 (可能会更加亲近欧盟，也可能会回到冷战时期的紧张态势) 将决定它拥有的大量资源在国外市场的延伸程度。伊朗的变化能够调和或者大大抵消俄罗斯的问题。伊朗对神权政体的终结及向现代化社会的成功转变，将加强全球天然气供给的长期稳定性。中国的持续发展是会提高还是进一步恶化它与强国及邻国之间的关系？或者中国是否会变弱，使这个国家依然距离真正的现代化社会很遥远？大量的移民问题及亚洲的崛起削弱了欧盟的前景，那么欧盟是会继续存在、分裂，还是变得极为互不相干？

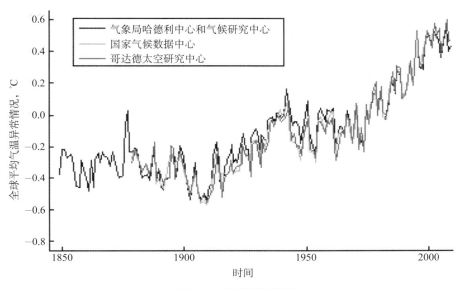

图 8.6　全球变暖停顿期

　　核电的最终命运将会怎样？是否会被证明为太昂贵、太危险？还是最终会实现很久以前承诺的复兴？当然，如果我们能够以安全、经济而环保的方式对天然气水合物进行开采，无论是核电的命运，还是常规原油的产量递减，都没有那么重要了，因为水合物的商业化开采将导致一场真正的革命性改变。并且，氢能源经济 (要建立在取得技术突破的廉价太阳能技术的基础上，或者简单地说，在融合的基础上) 将彻底改变全球的能源供给与需求。

　　天然气自身的优势能够保证其用量的增加，是一种很好的化石燃料。与其他所有能源种类一样，它的利用也具有技术、经济及环境等方面的短板及复杂性。在全球能源动态市场主导的这场游戏中，在可预见的未来，天然气仍然只是其中的一颗关键棋子。这意味着，天然气重要性的崛起时代，而非天然气时代，才是对未来全球化石能源组成变化更为准确的描述。这一复杂的能源体系受制于上述改变，而在 21 世纪上半叶，其本质必然将只是一场变革，而非革命性的转折，当然肯定不会是黄铜的时代，也必然不会是黄金的时代。

参考文献

Abrams，L. 2014. Fracking's untold health threat：How toxic contamination is destroying lives. *Salon*，August 2，2014. http：//www.salon.com/2014/08/02/frackings_untold_health_threat_how_toxic_contamination_is_destroying_lives/ (accessed February 20，2015).

ACC (American Chemistry Council). 2013. Shale gas，competitiveness，and new US chemical industry investment：An analysis based on announced projects. http：//chemistry to energy.com/shale-study (accessed February 20，2015).

Acton, A. et al. 2013. LNG incident identification—Updated compilation and analysis by the International Group of LNG Importers (GIIGNL). http：//www.gastechnology.org/Training/Documents/LNG17-proceedings/05_02-Anthony-Acton-Presentation.pdf (accessed February 20, 2015).

Adamchak，F. and A. Adede. 2013. LNG as marine fuel. http：//www.gastechnology.org/Training/Documents/LNG17-proceedings/Transport-11-Fred Adamchak-Presentation. pdf (accessed February 20，2015).

Adshead, A.M. 1992. Salt and Civilization. London：Palgrave Macmillan. AEGPL (European LPG Association). 2014. AEGPL response to Commission's consultation. http：//ec.europa.eu/reducing_co2_emissions_from_cars/doc_contrib/aegpl_en.pdf (accessed February 20，2015).

AGA (American Gas Association). 2006. The role of energy pipelines and research in the United States. http：//chemistrytoenergy.com/sites/chemistrytoenergy.com/files/shalegas-full-study.pdf (accessed February 20，2015).

Allen，D.T. et al. 2013. Measurements of methane emissions at natural gas production sites in the United States. Proceedings of the National Academy of Sciences of the United States of America 110：17768–17773.

Alliston，C.，Banach，J. and J. Dzatko. 2002. Liquid skin. World Pipelines 2002(6)：55–58.

Almqvist，E. 2003. History of Industrial Gases. Berlin：Springer.

Alstom. 2007. The world's first industrial gas turbine set—GT Neuchatel. https：//www.asme.org/wwwasmeorg/media/ResourceFiles/AboutASME/Who%20We%20Are/Engineering%20History/Landmarks/135-Neuchatel-Gas-Turbine.pdf (accessed February 20，2015).

Alvarez，R.A. et al. 2012. Greater focus on methane leakage from natural gas infrastructure. Proceedings of the National Academy of Sciences of the United States of America 109：6435–6440.

Arthur, D. and D. Cornue. 2010. Technologies reduce pad size, waste. *The American Oil & Gas Reporter*, August 2010. http：//www.all-llc.com/publicdownloads/AOGR 0810ALLConsulting.pdf (accessed February 20, 2015).

Ausubel, J. 2003. Decarbonization: The next 100 years. Lecture at the 50th Anniversary Symposium of the Geology Foundation, Jackson School of Geosciences, University of Texas, Austin, TX, April 25, 2003. http: //phe.rockefeller.edu/AustinDecarbonization/AustinDecarbonization.pdf (accessed February 20, 2015).

Bai, G. and Y. Xu. 2014. Giant fields retain dominance in reserves growth. Oil & Gas Journal 112(2): 44–51.

Baihly, J. et al. 2011. Study assesses shale decline rates. *The American Oil & Gas Reporter* May 2011: 114–121.

Balling, L., Termuehlen, H. and R. Baumgartner. 2002. Forty years of combined cycle power plants. *ASME Power Division Special Section*, October 2001: 7–30. http: //www.energy-tech.com/uploads/17/0210_ASME.pdf (accessed March 11, 2015).

Bamberger, M. and R. Oswald. 2014. The Real Cost of Fracking: How America's Shale Gas Boom Is Threatening Our Families, Pets, and Food. Boston: Beacon Press.

Beerling, D. et al. 2009. Methane and CH_4-related greenhouse effect over the past 400 million years. American Journal of Science 309: 97–113.

Begos, K. and J. Fahey. 2014. AP IMPACT: Deadly side effect to fracking boom. *AP*, May 5, 2014. http: //bigstory.ap.org/article/ap-impact-deadly-side-effect-fracking-boom-0 (accessed February 20, 2015).

Begos, K. and J. Peltz. 2013. Anti-fracking celebrities, such as Yoko Ono, Mark Ruffalo and others, put 'fractivism' in the spotlight. http: //www.huffingtonpost.com/2013/03/05/anti-fracking-celebrities-yoko-ono-ruffalo_n_2812726.html (accessed February 20, 2015).

Belvedere, M.J. 2014. Obama, Congress should have listened to me: Pickens. CNBC.com, July 7, 2014. http: //www.cnbc.com/id/101815722 (accessed February 20, 2015).

Berman, A. 2010. Lessons from the Barnett Shale suggest caution in other shale plays.*First Enercast Financial*, March 29, 2010. http: //www.firstenercastfinancial.com/commentary/?cont=3193 (accessed February 20, 2015).

BIA (Brick Industry Association). 2014. Manufacturing of Brick. http: //www.firstener castfinancial.com/commentary/?cont=3193 (accessed February 20, 2015).

Biocides Panel. 2013. Biocide Active Ingredients and Product Registration Status in Hydraulic Fracturing. Arlington: American Chemistry Council. http: //www.aapco.org/meetings/minutes/2013/apr22/att8_purdy_acc_fracking.pdf (accessed February 20, 2015).

Bogislaw, G. 1991. Die Treibstoffversorgung durch Kohlehydrierung in Deutschland von 1933 bis 1945, unter esonderer Berücksichtigung wirtschafts-und energiepolitischer Einflüsse. K鰈n: Müller Botermann.

Boone Pickens. 2014. Boone Pickens. His Life. His Legacy. http: //www.boonepickens.com/ (accessed February 20, 2015).

Boswell, R. 2009. Is gas hydrate energy within reach? Science 325: 957–958.

Bowker, K.A. 2003. Recent developments of the Barnett Shale play, Fort Worth Basin. West Texas Geological Society Bulletin 42(6): 4–11.

BP (British Petroleum). 2014a. *BP Energy Outlook 2035*. London: BP. http: //www.bp.com/content/dam/bp/pdf/Energy-economics/Energy-Outlook/Energy_Outlook_2035_booklet.pdf (accessed February 20, 2015).

BP. 2014b. Statistical review of world energy. http: //www.bp.com/content/dam/bp/pdf/Energy-economics/statistical-review-2014/BP-statistical-review-of-world-energy-2014-full-report.pdf (accessed February 20, 2015).

Brackett, W. 2008. A history and overview of the Barnett shale. http: //www.bp.com/content/dam/bp/pdf/Energy-economics/Energy-Outlook/Energy_Outlook_2035_booklet.pdf (accessed February 20, 2015).

Brandt, A.R. et al. 2014. Methane leaks from North American natural gas system. Science 343: 733–735.

Brantly, J.E. 1971. History of Oil Well Drilling. Houston: Gulf Publishing.

Brown, C. 2013. Gas-to-Liquid: A Viable Alternative to Oil-Derived Transport Fuels? Oxford: The Oxford Institute for Energy Studies. http: //www.oxfordenergy.org/wpcms/wp-content/uploads/2013/05/WPM-50.pdf (accessed February 20, 2015).

BRS (Barry Rogliano Salles). 2014. 2014 annual review: Shipping and shipbuilding markets. http: //www.brsbrokers.com/review_archives.php (accessed February 20, 2015).

Brune, A. 2010. Methanogenesis in the digestive tracts of insects. In: Handbook of Hydrocarbon and Lipid Microbiology, K.N. Timmins, ed., Heidelberg: Springer, pp. 707–728.

Burel, F., Taccani, R. and N. Zuliani. 2013. Improving sustainability of maritime transport through utilization of liquefied natural gas (LNG) for propulsion. Energy 57: 412–420.

Burnham, A. et al. 2011a. Modeling the relative GHG emissions of conventional and shale gas production. environmental Science & Technology 45: 10757–10764.

Burnham, A. et al. 2011b. Life-cycle greenhouse gas emissions of shale gas, natural gas, coal, and petroleum. Environmental Science & Technology 46: 619–627.

Buryakovsky, L. et al. 2005. Geology and Geochemistry of Oil and Gas. Amsterdam: Elsevier.

Cabot, G.L. 1915. Means for Handling and Transporting Liquid Gas. US Patent 1, 140, 250, May 18, 1915. Washington, DC: USPTO.

CAPP (Canadian Association of Petroleum Producers). 2014. Canadian association of petroleum producers. http: //www.capp.ca/Pages/default.aspx (accessed February 20, 2015).

Castaneda, C.J. 2004. Natural gas, history of. In: Encyclopedia of Energy, C. Cleveland et al. eds., San Diego: Elsevier, Vol. 1, pp. 207–218.

Castle, W.F. 2007. Fifty-years' development of cryogenic liquefaction processes. In: Cryogenic Engineering, K.D. Timmerhaus and R.P. Reed, eds., New York: Springer, pp.

146–160.

Cathles, L.M. 2012. Comments on Pétron et al's (2012) inference on methane emissions from Denver-Julesburg Basin from air measurements at the Boulder Atmospheric Observatory tower. http：//www.geo.cornell.edu/eas/PeoplePlaces/Faculty/cathles/Gas%20Blog%20 PDFs/0.3%20Comments%20on%20Petron%20et%20al.pdf (accessed February 20, 2015).

Caulton, D.R. et al. 2014. Toward a better understanding and quantification of methane emissions from shale gas development. Proceedings of the National Academy of Sciences 111：6237–6242.

CB&I (Chicago Bridge and Iron Company). 2011. Current state & outlook for the LNG industry. http：//www.forum.rice.edu/wp-content/uploads/2011/06/RT_110909_Humphries.pdf (accessed February 20, 2015).

CDC (Centers for Disease Control). 2013. Summary health statistics for the U.S.population：National Health Interview Survey, 2012. http：//www.cdc.gov/nchs/data/series/sr_10/sr10_259. pdf (accessed February 20, 2015).

CDC. 2014. Accidents or unintentional injuries. http：//www.cdc.gov/nchs/fastats/accidental-injury.htm (accessed February 20, 2015).

CDIAC. 2014. Carbon dioxide information analysis center. http：//cdiac.ornl.gov/#(accessed February 20, 2015).

Center for Energy. 2014. Where are gas hydrates found? http：//www.centreforenergy.com/ AboutEnergy/ONG/GasHydrates/Overview.asp?page=3 (accessed February 20, 2015).

CEPA (Canadian Energy Pipeline Association). 2014. History of pipelines. http：//www.cepa. com/about-pipelines/history-of-pipelines (accessed February 20, 2015).

CGA (Canadian Gas Association). 2014. Gas stats. http：//www.cga.ca/resources/gas-stats/ (accessed February 20, 2015).

Chandler, D. and A.D. Lacey. 1949. The Rise of the Gas Industry in Britain. London：British Gas Council.

Chang, J. and J. Strahl. 2012. Shale gas in China：Hype and reality. http：//pesd.stanford. edu/events/energy_working_group_shale_gas_in_china_hype_and_reality/ (accessed February 20, 2015).

Chang, A., Pashikanti, K. and Y. Liu. 2012. Refinery Engineering：Integrated Process Modeling and Optimization. Weinheim：Wiley-VCH.

Chessa, B. et al. 2009. Revealing the history of sheep domestication using retrovirus integrations.

Science 324：531–536.

Chevron. 2014. Gas-to-liquids. http：//www.chevron.com/deliveringenergy/gastoliquids/ (accessed February 20, 2015).

China News. 2013. China's first coal-to-gas project ready. *China News*, October 31, 2013.

http：//news.xinhuanet.com/english/china/2013−10/31/c_132848573.htm (accessed February 20，2015).

China.org. 2014. West-East gas pipeline project. http：//www.china.org.cn/english/features/Gas-Pipeline/37313.htm (accessed February 20，2015).

Cho，J.H. et al. 2005. Large LNG carrier poses economic advantages，technical challenges. Oil & Gas Journal's LNG Observer 2(4)：17−23. http：//fred.caer.uky.edu/library/oilgasjnrl/2005_Oct_03_OilGasJournal.pdf

Christensen，T.R. 2014. Understand Arctic methane variability. Nature 509：279−281.

CIA. 1981. USSR-Western Europe：Implications of the Siberia-to-Europe Gas Pipeline. Washington，DC：CIA.

CIA. 2014. The world factbook. https：//www.cia.gov/library/publications/the-worldfactbook/rankorder/2242rank.html (accessed February 20，2015).

Climate Registry. 2013. The climate registry's 2013 default emission factors. http：//www.theclimateregistry.org/downloads/2013/01/2013-Climate-Registry-Default-Emissions-Factors.pdf (accessed February 20，2015).

Clingendael. 2009. Crossing borders in European Gas Networks：The missing links.http：//clingendael.info/publications/2009/20090900_ciep_paper_gas_networks.pdf (accessed February 20，2015).

CNBC. 2013a. How the US oil and gas boom could shake up global order. CNBC.com，April 1，2013. http：//investigations.nbcnews.com/_news/2013/04/01/17519026-howthe-us-oil-gas-boom-could-shake-up-global-order?lite (accessed February 20，2015).

CNBC. 2013b. Power shift：Energy boom dawning in America. CNBC.com，March 18，2013. http：//m.cnbc.com/us_news/100563497 (accessed February 20，2015).

CNPC (China National Petroleum Corporation). 2014. Efficient development of the large tight sandstone gas field in Sulige. http：//riped.cnpc.com.cn/en/press/publications/brochure/PageAssets/Images/pdf/16-Efficient%20Development%20of%20the%20Large%20Tight%20Sandstone%20Gas%20Field%20in%20Sul ige.pdf?COLLCC=1914310845& (accessed February 20，2015).

COGEN Europe. 2014. COGEN Europe The European Association for the promotion of cogeneration. http：//www.cogeneurope.eu/ (accessed February 20，2015).

Collett，T.S. and G.D. Ginsburg. 1998. Gas hydrates in the Messoyakha gas field of the West Siberian Basin—A re-examination of the geologic evidence. International Journal of Offshore and Polar Engineering 8(1)：22−29.

Conrado，R.J. and R. Gonzalez. 2014. Envisioning the bioconversion of methane to liquid fuels. Science 343：621−623.

Corkhill，M. 1975. LNG carriers：The Ships and Their Market. London：Fairplay Publications.

Cornwell, W.K. et al. 2009. Plant traits and wood fates across the globe: Rotted, burned, or consumed? Global Change Biology 15: 2431–2449.

Crump, E.L. 2000. Economic Impact Analysis for the Proposed Carbon Black Manufacturing NESHAP. Washington, DC: USEPA.

Czuppon, T.A. et al. 1992. Ammonia. In: Kirk-Othmer Encyclopedia of Chemical Technology, 4th edition, M. Howe-Grant, ed., New York: John Wiley & Sons, Inc., Vol.2, pp. 653–655.

Daemen, J.J.K. 2004. Coal industry, history of. In: Encyclopedia of Energy, C. Cleveland et al. eds., San Diego: Elsevier, Vol. 1, pp. 457–473.

Dallimore, S.R. et al. 2002. Overview of gas hydrate research at the Mallik Field in the Mackenzie Delta, Northwest Territories, Canada. http: //www.netl.doe.gov/kmd/cds/disk10/ Dallimore.pdf (accessed February 20, 2015).

Daly, J.C.K. 2009. Analysis: The Gazprom-Ukraine dispute. *Energy Daily*, January 12, 2009. http: //www.energy-daily.com/reports/Analysis_The_Gazprom-Ukraine_dispute_999.html (accessed February 20, 2015).

Davis, L.D. 1995. Rotary, Kelly, Swivel, Tongs, and Top Drive. Austin: Petroleum Extension Service.

De Beer, J., Worrell, E. and K. Blok. 1998. Future technologies for energy-efficient iron and steel making. Annual Review of Energy and the Environment 23: 123–205.

De Klerk, A. 2012. Gas-to-liquids conversion. In: Natural Gas Conversion Technologies Workshop. Houston: US Department of Energy, January 13, 2012. http: //www.arpae.energy. gov/sites/default/files/documents/files/De_Klerk_NatGas_Pres.pdf (accessed February 20, 2015).

Deutsche Bank Group. 2011. Comparing Life-Cycle Greenhouse Gas Emissions from Natural Gas and Coal. Frankfurt: Deutsche Bank. http: //www.worldwatch.org/system/files/pdf/Natural_ Gas_LCA_Update_082511.pdf (accessed February 20, 2015).

Devold, H. 2013. Oil and Gas Production Handbook. Oslo: ABB Oil and Gas. http: // www04.abb.com/global/seitp/seitp202.nsf/0/f8414ee6c6813f5548257c14001f11f2/$file/ Oil+and+gas+production+handbook.pdf (accessed February 20, 2015).

Dillon, W.P. et al. 1992. Gas hydrates in deep ocean sediments offshore southeastern United States: A future resource? In: USGS Research on Energy Resources, Geological Survey Circular 1074, L.M.H. Carter, ed., pp. 18–21.

Dlugokencky, E.J. et al. 1998. Continuing decline on the growth rate of the atmospheric methane burden. Nature 394: 447–450.

Dow Chemical. 2012. Natural gas: Fueling an American manufacturing renaissance. http: // www.dow.com/energy/pdf/Dow_Nat_Gas_0801121.pdf (accessed February 20, 2015).

DSM. 2014. DSM. http: //www.dsm.com/corporate/home.html (accessed February 20, 2015).

Dubai Holding. 2014. Mohammed Bin Rashid launches Mall of the World, a temperaturecontrolled pedestrian city in Dubai. http：//www.dubaiholding.com/media-centre/pressreleases/2014/407-mohammed-bin-rashid-launches-mall-of-the-world-a-temperature-controlled-pedestrian-city-in-dubai (accessed February 20, 2015).

Dubois, M.K. et al. 2006. Hugoton Asset Management Project (HAMP)：Hugoton Geomodel Final Report. http：//www.kgs.ku.edu/PRS/publication/2007/OFR07_06/(accessed February 20, 2015).

Dukes, J.S. 2003. Burning buried sunshine：Human consumption of ancient solar energy. Climatic Change 61：31—44.

EC (European Commission). 2014. Energy prices and cost report. http：//ec.europa.eu/energy/doc/2030/20140122_swd_prices.pdf

Edwards, P.M. et al. 2014. High winter ozone pollution from carbonyl photolysis in oil and gas basin. Nature 514：351—354.

EEGA (East European Gas Analysis). 2014. Major gas pipelines of the former Soviet Union and capacity of export pipelines. http：//www.eegas.com/fsu.htm (accessed February 20, 2015).

Ehrenberg, S.N., Nadeau, P.H. and ?. Steen. 2009. Petroleum reservoir porosity versus depth：Influence of geological age. AAPG Bulletin 95：1281—1296.

Energy Price Index. 2013. Household energy price index for Europe. http：//www.energypriceindex.com/wp-content/uploads/2013/12/HEPI_Press_Release_December-2013.pdf (accessed February 20, 2015).

Engelder, T. 2009. Marcellus. *Fort Worth Basin Oil & Gas Magazine* August 2009：18—22.

Engelder, T. and G.G. Lash. 2008. Marcellus Shale play's vast resource potential creating stir in Appalachia. *The American Oil & Gas Reporter*, May 2008. http：//www.aogr.com/magazine/cover-story/marcellus-shale-plays-vast-resource-potential-creating-stirin-appalachia (accessed February 20, 2015).

ESC (Energy Solutions Center). 2005. Natural gas ··· A cool solution to the high cost of cooling. http：//www.gasairconditioning.org/pdfs/tools/cooling_guide.pdf (accessed February 20, 2015).

Esrafili-Dizaji, B. et al. 2013. Great exploration targets in the Persian Gulf：the North Dome/South Pars Fields. *Finding Petroleum*, February 13, 2013. http：//www.findingpetroleum.com/n/Great_exploration_targets_in_the_Persian_Gulf_the_North_DomeSouth_Pars_Fields/ab3518c5.aspx#ixzz38WrohvKR; http：//www.findingpetroleum.com/n/Great_exploration_targets_in_the_Persian_Gulf_the_North_DomeSouth_Pars_Fields/ab3518c5.aspx (accessed February 20, 2015).

Evans, P.C. and M.F. Farina. 2013. The age of gas & the power of networks. http：//www.ge.com/sites/default/files/GE_Age_of_Gas_Whitepaper_20131014v2.pdf (accessed February 20, 2015).

ExxonMobil. 2013. The Outlook for Energy：A View to 2040. Irving：ExxonMobil. http：// corporate.exxonmobil.com/en/energy/energy-outlook (accessed March 11，2015).

Eyl-Mazzega，M.-A. 2013. Gas Markets and Supplies from the Former Soviet Union Area. Paris：IEA.

FAO (Food and Agriculture Organization). 2011. Current World Fertilizer Trends and Outlook to 2015. Rome：FAO. ftp：//ftp.fao.org/ag/agp/docs/cwfto15.pdf (accessed March 10，2015).

Fay，J.A. 1980. Risks of LNG and LPG. Annual Review of Energy 5：89—105.

Fesharaki，F. 2013. Key challenges for the development of LNG in emerging markets：Medium and long term outlook. Presented at the 17th International Conference &Exhibition on Liquefied Natural Gas，Houston，TX，April 16—19，2013. http：//www.gastechnology.org/ Training/Documents/LNG17-proceedings/09_02-F-Fesharaki-Presentation.pdf (accessed February 20，2015).

Fisher，J.C. and R.H. Pry. 1971. A simple substitution model of technological change. Technological Forecasting and Social Change 3：75—88.

Foss. 2004. Natural gas industry，energy policy in. In：Encyclopedia of Energy，C. Cleveland et al. eds.，San Diego：Elsevier，Vol. 4，pp. 219—233.

Fouquet，R. 2008. Heat，Power and Light：Revolutions in Energy Services. Cheltenham：Edward Elgar.

Fraas，A.G.，Harrington，W. and R.D. Morgenstern. 2013. Cheaper Fuels for the Light-Duty Fleet：Opportunities and Barriers. Washington，DC：Resources for the Future.http：//chemistrytoenergy.com/sites/chemistrytoenergy.com/files/shale-gas-full-study.pdf(accessed February 20，2015).

FracFocus. 2014. What chemicals are used. http：//fracfocus.org/chemical-use/what-chemicals-are-used (accessed February 20，2015).

Fractracker Alliance. 2014. Ratio of water used to product：How do Ohio drillers compare？

http：//www.fractracker.org/2014/10/water-energy-nexus-in-ohio/ (accessed February 20，2015).

Freise，J. 2011. The EROI of conventional Canadian natural gas production. Sustainability 3：2080—2104.

Gallagher，M. 2013. The future of natural gas as a transportation fuel. http：//www.eia.gov/ conference/2013/pdf/presentations/gallagher.pdf (accessed February 20，2015).

Garbutt，D. 2004. Unconventional Gas. Houston：Schlumberger. http：//www.slb.com/ ~ / media/Files/industry_challenges/unconventional_gas/white_papers/uncongas_whitepaper_ of03056.ashx (accessed February 20，2015).

Gazprom. 2012. Gazprom successfully completes world's first LNG supply via Northern Sea Route. http：//www.gazprom.com/press/news/2012/december/article150603/(accessed February 20，2015).

Gazprom. 2014. Share price graph. http: //www.gazprom.com/investors/stock/stocks/(accessed February 20, 2015).

GE (General Electric). 2014a. LM6000 & SPRINT aeroderivative gas turbine packages (36—64 MW). https: //www.ge-distributedpower.com/products/power-generation/35-to-65mw/lm6000-sprint-series (accessed February 20, 2015).

GE. 2014b. 2014 performance specs. http: //efficiency.gepower.com/pdf/GEA31167%209H_GTW_Reprint_R6_SPREAD (accessed February 20, 2015).

GE Power & Water. 2013. Fast, flexible power: Aeroderivative product and servicesolutions. https: //www.ge-distributedpower.com/products/power-generation? (accessed February 20, 2015).

Geoscience Australia. 2012. Coal bed methane. http: //www.australianminesatlas.gov.au/education/fact_sheets/coal_bed_methane.html (accessed February 20, 2015).

GET (Grand Energy Transition). 2014. Hefner on the transition to natural gas (CNG) use in the transportation sector. http: //www.the-get.com/hefner_views/index.php?page=CNG (accessed February 20, 2015).

GGFR (Global Gas Flaring Reduction). 2013. Global gas flaring reduction partnership.http: //web.worldbank.org/WBSITE/EXTERNAL/TOPICS/EXTOGMC/EXTGGFR/0, menuPK: 578075 ~ pagePK: 64168427 ~ piPK: 64168435 ~ theSitePK: 578069, 00.html (accessed February 20, 2015).

GGFRP (Global Gas Flaring Reduction Partnership). 2014. Initiative to reduce global gas flaring. http: //www.worldbank.org/en/news/feature/2014/09/22/initiative-to-reduceglobal-gas-flaring (accessed March 10, 2015).

Ghosh, A.K. 2011. Fundamentals of paper drying—Theory and application from industrial perspective. http: //cdn.intechopen.com/pdfs-wm/19429.pdf (accessed February 20, 2015).

GIIGNL (International Group of Liquefied Gas Importers). 2014. World's LNG liquefaction plants and regasification terminals. p. 10. http: //www.globallnginfo.com/World%20LNG%20Plants%20&%20Terminals.pdf (accessed February 20, 2015).

Ginsberg, S. 2013. Anti-fracturing mania reaches to the heart of Texas' Barnett Shale. *The American Oil & Gas Reporter*, October 2013: 29.

Glasby, G.P. 2006. Abiogenic origin of hydrocarbons: An historical overview. Resource Geology 56: 83—96.

GLNGI (Global LNG Info). 2014. World LNG trade 2013. http: //www.globallnginfo. com/World%20LNG%20Trade%202013.pdf (accessed February 20, 2015).

Global Methane Initiative. 2014. Global methane emissions and mitigation opportunities. https: //www.globalmethane.org/tools-resources/factsheets.aspx (accessed February 20, 2015).

Gobina, E. 2000. Gas-to-liquids Processes for Chemicals and Energy Production.Norwalk:

Business Communications.

Gold, T. 1985. The origin of natural gas and petroleum, and the prognosis for future supplies. Annual Review of Energy 10：53—77.

Gold, T. 1993. The Origin of Methane (and Oil) in the Crust of the Earth. Washington, DC：USGS.

Gold, T. 1998. The Deep Hot Biosphere：Thy Myth of Fossil Fuels. Berlin：Springer.

Gold, R. 2014. The Boom：How Fracking Ignited the American Revolution and Changed the World. New York：Simon & Schuster.

Grace, J.D. and G.F. Hart. 1991. Urengoy gas field—U.S.S.R. West Siberian Basin, Tyumen District. In：Structural Traps III：Tectonic Fold and Fault Traps, Tulsa：AAPG, pp. 309—335.

Grandell, L., Hall, C.A.S. and M. Höök. 2011. Energy return on investment for Norwegian oil and gas from 1991 to 2008. Sustainability 3：2050—2070.

Green, M. 2014. Happy birthday, fracking! *Energy Tomorrow*, March 17, 2014. http：// energytomorrow.org/blog/2014/march/march-17-happy-birthday-fracking (accessed February 20, 2015).

Groom, N. 2014. Chinese-backed Blu LNG slows down U.S. growth plans. Reuters, January 31, 2014. http：//www.reuters.com/article/2014/01/31/us-blu-lng-retreatidUSBREA0U1EZ20140131 (accessed February 20, 2015).

Guilford, M., Hall, C.A.S., Cleveland, C.J. 2011. New estimates of EROI for United States oil and gas, 1919—2010. Sustainability 3：1866—1887.

Guo, X. et al. 2014. Direct, nonoxidative conversion of methane to ethylene, aromatics, and hydrogen. Science 344：616—619.

Gurney, J. 1997. Migration or replenishment in the Gulf. *Petroleum Review* May 1997：200—203.

Gurt, M. 2014. Desert ceremony celebrates Turkmenistan-China gas axis. Reuters, May 7, 2014. http：//www.reuters.com/article/2014/05/07/gas-turkmenistan-chinaidUSL6N0NT2QS20140507(accessed February 20, 2015).

Hackstein, J.H.P. and T.A. van Alen. 2010. Methanogens in the gastro-intestinal tract of animals. (Endo)symbiotic Methanogenic Archaea. Microbiology Monographs 19：115—142.

Halbouty, M. 2001. Giant oil and gas fields of the decade 1990—2000. Paper Presented at AAPG Annual Convention, Denver, CO, June 3—6, 2001.

Hall, C.A.S. 2011. Introduction to special issue on new studies in EROI (Energy Return on Investment). Sustainability 3：1773—1777.

Halliburton. 2014. Fluids disclosure. http：//www.halliburton.com/public/projects/pubsdata/ Hydraulic_Fracturing/fluids_disclosure.html (accessed February 20, 2015).

Hammerschmidt, E.G. 1934. Formation of gas hydrates in natural gas transmission lines.

Industrial Engineering & Chemistry 26：851.

Hand，E. 2014. Injection wells blamed in Oklahoma earthquakes. Science 345：13—14.

Harper，J.A. and J. Kostelnik. 2009. The Marcellus Shale Play in Pennsylvania. Harrisburg：Pennsylvania Geological Survey.

Harris，D.，ed. 1996. Origins and Spread in Agriculture and Pastoralism in Eurasia. London：UCL Press.

Hatheway，A.W. 2012. Remediation of Former Manufactured Gas Plants and other Coal-Tar Sites. Boca Raton：CRC Press.

Hausmann，R. et al. 2013. The Atlas of Economic Complexity. Cambridge，MA：MIT Press.

Havens，J. 2003. Ready to Blow? Bulletin of the Atomic Scientists 59(4)：16—18.

Hefley，W.E. et al. 2011. The Economic Impact of the Value Chain of a Marcellus Shale Well. Pittsburgh：University of Pittsburgh.

Hefner，R.A. III. 2009. The Grand Energy Transition. Hoboken：John Wiley & Sons，Inc..

Helm，D. 2014. A credible European security plan. Energy Futures Network Paper. http：//www.dieterhelm.co.uk/sites/default/files/European%20Security%20Plan.pdf (accessed February 20，2015).

Helman，C. 2012. Dow Chemical chief wants to limit U.S. LNG exports. http：//www.forbes.com/sites/christopherhelman/2012/03/08/dow-chemical-chief-wants-to-limit-us-lng-exports/ (accessed February 20，2015).

Hicklenton，P.R. 1988. CO_2 Enrichment in the Greenhouse：Principles and Practice. Portland：Timber Press.

Hoglund-Isaksson，L. 2012. Global anthropogenic methane emissions 2005—2030：technical mitigation potentials and costs. Atmospheric Chemistry and Physics Discussions 12：11275—11315.

H 鳡 selius，P.，Kaijser，A. and A. 舄 erg. 2010. Natural gas in cold war Europe：The making of a critical transnational infrastructure. http：//www.palgraveconnect.com/pc/doifinder/view/10.1057/9781137358738.0007 (accessed March 11，2015)

Hong，C.H. 2013. China's LNG trucks may rise fivefold by 2015. *Bloomberg*，March 14，2013. http：//www.bloomberg.com/news/2013-03-14/china-s-lng-trucks-may-increasefivefold-by-2015-bernstein-says.html (accessed February 20，2015).

Horncastle，A. et al. 2012. Future of Chemicals. Chicago：Booz & Company. http：//www.geoexpro.com/articles/2010/04/the-king-of-giant-fields (accessed February 20，2015).

Horton，S.T. 1995. Drill String and Drill Collars. Austin：Petroleum Extension Service，University of Texas at Austin.

Howard，G.C. 1949. Well Completion Process. US Patent 2，667，224，Washington，DC，A.Filing date June 29，1949; publication date January 26，1954. http：//www.google.com/

patents/US2667224 (accessed February 20，2015).

Howarth，R.W.，Santoro，R. and A. Ingraffea. 2011. Methane and the greenhouse-gas footprint of natural gas from shale formations. Climatic Change 106：679–690.

Howarth，R.W.，Santoro，R. and A. Ingraffea. 2012. Venting and leaking of methane from shale gas development：response to Cathles et al. Climatic Change 113：537–549.

Hua，Y. et al. 2008. Sulige field in the Ordos Basin：Geological setting，field discovery and tight gas reservoirs. Marine and Petroleum Geology 25：387–400.

Hubbert，M.K. 1956. Nuclear energy and the fossil fuels. Presented at the Spring Meeting of the Southern Division of American Petroleum Institute，San Antonio，TX，March 7–9，1956. http：//www.hubbertpeak.com/hubbert/1956/1956.pdf (accessed February 20，2015).

Hubbert，M.K. 1978. U.S. petroleum estimates，1956–1978. Annual Meeting Papers，Division of Production，American Petroleum Institute，Denver，CO，April 2–5，1978.

Hubert，C. and Q. Ragetly. 2013. GNVERT.GDF Sues promotes LNG as a fuel for heavy trucks in France by partnership with truck manufacturers. http：//www.gastechnology. org/ Training/Documents/LNG17-proceedings/7-3-Charlotte_Hubert.pdf (accessed February 20，2015).

Hughes，S. 1871. A Treatise on Gas Works and the Practice of Manufacturing and Distributing Coal Gas. London：Lockwood & Company.

Hughes，J.D. 2013. A reality check on the shale evolution. Nature 494：307–308.

Hultman，N. et al. 2011. The greenhouse impact of unconventional gas for electricity generation.Environmental Research Letters 6 (October-December 2011)：1–9.

Hunt，J.M. 1995. Petroleum Geochemistry and Geology. New York：W.H. Freeman &Company.

Hussain，Y. 2013. U.S. has 'overfracked and overdrilled，'Shell director says. *Financial Post*，October 18，2013. http：//business.financialpost.com/2013/10/18/u-s-hasoverfracked-and-overdrilled-shell-director-says/?__lsa=8734-4302 (accessed February 20，2015).

Hydrocarbons Technology. 2014. Sonatrach Skikda LNG Project. London：Hydrocarbons Technology.com.

IANGV (International Association of Natural Gas Vehicles). 2014. Current natural gas vehicle statistics. http：//www.iangv.org/ (accessed February 20，2015).

ICBA (International Carbon Black Association). 2014. Overview of uses. http：//www. carbon-black.org/index.php/carbon-black-uses (accessed February 20，2015).

ICF International. 2007. Energy trends in selected manufacturing sectors. http：//www.epa. gov/sectors/pdf/energy/report.pdf (accessed February 20，2015).

IEA (International Energy Agency). 2005. Unconventional oil & gas production. http：// www.iea-etsap.org/web/E-TechDS/PDF/P02-Uncon%20oil&gas-GS-gct.pdf (accessed February 20，2015).

IEA. 2007. Tracking industrial energy efficiency and CO_2 emissions. http：//www.iea.org/publications/freepublications/publication/tracking_emissions.pdf (accessed February 20，2015).

IEA. 2012. Golden Rules for a Golden Age of Gas. Paris：IEA. http：//www.igu.org/news/igu-world-lng-report-2013.pdf (accessed February 20，2015).

IEA. 2013. Key world energy statistics. http：//www.iea.org/publications/freepublications/publication/tracking_emissions.pdf (accessed February 20，2015).

IEA. 2014. World Energy Investment Outlook. Paris：IEA. http：//www.iea.org/media/140603_WEOinvestment_Factsheets.pdf (accessed February 20，2015).

IFDC (International Fertilizer Development Center). 2008. Worldwide Ammonia Capacity Listing by Plant. Muscle Shoals：IFDC.

IGU (International Gas Union). 2012. Geopolitics and natural gas. http：//www.clingendaelenergy.com/inc/upload/files/Geopolitics_and_natural_gas_KL_final_report.pdf (accessed February 20，2015).

IGU. 2014. World LNG Report—2014 Edition. Fornebu：IGU. http：//www.igu.org/news/igu-world-lng-report-2013.pdf (accessed February 20，2015).

IHRDC (International Human Resources Development Corporation). 2014. Gas processing and fractionation. http：//www.ihrdc.com/els/po-demo/module14/mod_014_02.htm (accessed February 20，2015).

IHS CERA. 2014. IHS CERA Upstream Capital Costs Index (UCCI). http：//www.ihs.com/info/cera/ihsindexes/index.aspx (accessed February 20，2015).

IMO (International Maritime Organization). 2008. International shipping and world trade facts and figures. http：//www.imo.org/includes/blastData.asp/doc_id=8540/International%20Shipping%20and%20World%20Trade%20-%20facts%20and%20figures.pdf

Inman，M. 2014. Natural gas：The fracking fallacy. Nature 516：28—30. http：//www.nature.com/news/natural-gas-the-fracking-fallacy-1.16430 (accessed March 10，2015).

IPCC (Intergovernmental Panel on Climate Change). 2006. Stationary combustion In：2006 IPCC Guidelines for National Greenhouse Gas Inventories. Geneva：Intergovernmental Panel on Climate Change. http：//www.ipcc-nggip.iges.or.jp/public/2006gl/pdf/2_Volume2/V2_2_Ch2_Stationary_Combustion.pdf (accessed February 20，2015).

IPCC. 2007. Climate Change 2007：Working Group I：The Physical Science Basis. Geneva：IPCC.

IPCC. 2013. Working group I contribution to the IPCC fifth assessment report climate change 2013：The physical science basis. http：//www.climatechange2013.org/images/uploads/WGIAR5_WGI-12Doc2b_FinalDraft_Chapter08.pdf (accessed February 20，2015).

IRGC (International Risk Governance Council). 2013. Risk Governance Guidelines for Unconventional Gas Development. Geneva：IRGC. http：//www.irgc.org/wp-content/uploads/2013/12/IRGC-Report-Unconventional-Gas-Development-2013.pdf (accessed February

20，2015).

Itar-Tass. 2014a. Russia's gas contract with China opens world market competition for Russian gas resources. http：//en.itar-tass.com/economy/733974 (accessed February 20，2015).

Itar-Tass. 2014b. China-bound pipeline to pump gas contracted by Gazprom and CNPC.*Itar-Tass*，June 27，2014. http：//en.itar-tass.com/economy/738083 (accessed February 20，2015).

Jackson，R.B. et al. 2013. Increased stray gas abundance in a subset of drinking water wells near Marcellus shale gas extraction. Proceedings of the National Academy of Sciences 110：1125−11255.

Jaffe，A. and E. Morse. 2013. The end of OPEC. *Foreign Policy*，October 16，2013. http：//www.foreignpolicy.com/articles/2013/10/16/the_end_of_opec_america_energy_oil (accessed February 20，2015).

Jarvis，D. et al. 1998. The association of respiratory symptoms and lung function with the use of gas for cooking. European Respiratory Journal 11：651−658.

Jiang，M. et al. 2011. Life Cycle Greenhouse Gas Emissions of Marcellus Shale Gas. Pittsburgh：Carnegie Mellon University and IOP Publishing. http：//iopscience.iop.org/1748-9326/6/3/034014 (accessed February 20，2015).

JOGMEC (Japan Oil，Gas and Metals Corporation). 2013. Gas production from methane hydrate layers confirmed. http：//www.jogmec.go.jp/english/news/release/release0110.html (accessed February 20，2015).

Jopson，B. 2014. US gas boom could be a geopolitical weapon. *Financial Times*，March 6，2014. http：//www.ft.com/cms/s/0/e2cf61ba-a489-11e3-b915-00144feab7de.html#axzz36nCxU4HK (accessed February 20，2015).

Jordaan，S.M.，Keith，D.W. and B. Stelfox. 2009. Quantifying land use of oil sands production：a life cycle perspective. *Environmental Research Letters* 4.024004. http：//iopscience.iop.org/1748−9326/4/2/024004/ (accessed February 20，2015).

Kai，F.M. et al. 2011. Reduced methane growth rate explained by decreased Northern Hemisphere microbial sources. Nature 476：194−197.

Kaskey，J. 2013. Chemical companies rush to the U.S. thanks to cheap natural gas. *Bloomberg Businessweek*，July 25，2014. http：//www.businessweek.com/articles/2013−07−25/chemical-companies-rush-to-the-u-dot-s-dot-thanks-to-cheap-natural-gas(accessed February 20，2015).

Kaufman，S. 2013. Project Plowshare：The Peaceful Use of Nuclear Explosives in Cold War America. Ithaca：Cornell University Press.

Kaur，S. 2010. Asian and European bunker and residual markets. http：//www.platts.com/im.platts.content/productsservices/conferenceandevents/2013/pc322/presentations/sharmilpal_kaur_day2.pdf (accessed February 20，2015).

KBR (Kellogg Brown & Root). 2014. Kellogg Brown & Root. http：//www.kbr.com/(accessed

February 20, 2015).

Kehlhofer, R., Rukes, B. and F. Hannemann. 2009. Combined-Cycle Gas & Steam Turbine Power Plants. Tulsa: Pennwell Books.

Kenney, J.F. et al. 2002. The evolution of multicomponent systems at high pressures: VI.The thermodynamic stability of the hydrogen-carbon system: The genesis of hydrocarbons and the origin of petroleum. Proceedings of the National Academy of Sciences 99: 10976−10981.

Kenny, J.F. et al. 2009. Estimated use of water in the United States in 2005. http: //pubs. usgs.gov/circ/1344/ (accessed February 20, 2015).

Kharaka, Y.K. et al. 2013. The energy-water nexus: potential groundwater-quality degradation associated with production of shale gas. Procedia Earth and Planetary Science 7: 417−422.

Kiefner, J.F. and M.J. Rosenfeld. 2012. The Role of Pipeline Age in Pipeline Safety. Worthington: The INGAA Foundation. http: //www.ingaa.org/File.aspx?id=19307(accessed February 20, 2015).

Kiefner, J.F. and C.J. Trench. 2001. Oil pipeline characteristics and risk factors: Illustrations from the decade of construction. http: //www.api.org/oil-and-natural-gas-overview/transporting-oil-and-natural-gas/pipeline-performance-ppts/ppts-related-files/ ~ /media/files/oil-and-natural-gas/ppts/other-files/decadefinal.ashx (accessed February 20, 2015).

King, H. 2014. Production and Royalty Declines in a Natural Gas Well Over Time.Geology. com. http: //geology.com/royalty/production-decline.shtml (accessed March 10, 2015).

Kintisch, E. 2014. Hunting a climate fugitive. Science 344: 1472−1473.

Kirschke, S. et al. 2013. Three decades of global methane sources and sinks. Nature Geoscience 6: 813−823.

Klett, T.R. et al. 2011. Assessment of undiscovered oil and gas resources of the Amu Darya Basin and Afghan-Tajik Basin Provinces, Afghanistan, Iran, Tajikistan, Turkmenistan, and Uzbekistan, 2011. http: //pubs.usgs.gov/fs/2011/3154/ (accessed February 20, 2015).

Klett, T.R. et al. 2012. Assessment of potential additions to conventional oil and gas resources of the world (outside the United States) from reserve growth, 2012. http: //pubs.usgs. gov/fs/2012/3052/fs2012-3052.pdf (accessed February 20, 2015).

"K" Line. 2014. Development of a compressed natural gas carrier. https: //www.kline. co.jp/en/service/energy/cng/detail.html (accessed February 20, 2015).

Koch,H. 1965. 75 Jahre Mannesmann Geschichte einer Erfindung und eines Unternehmens, 1890−1965. Düsseldorf: Mannesmann AG.

Komlev, S. 2014. EU-Russian Gas Trade: Too Deep and Comprehensive to Fail. Moscow: Moscow Energy Charter Forum. http: //www.encharter.org/fileadmin/user_upload/ Conferences/2014_April_3/1-2_Komlev.pdf (accessed February 20, 2015).

Kudryavtsev, N.A. 1959. Oil, Gas, and Solid Bitumens in Igneous and Metamorphic

Rocks. Leningrad：State Fuel Technical Press.

Kumar，S. et al. 2011. Current status and future projections of LNG demand and supplies：A global perspective. Energy Policy 39：4097–4104.

Kuuskraa，V.A. 2004. Natural gas resources, unconventional. In：Encyclopedia of Energy, C. Cleveland et al. eds.，San Diego：Elsevier，Vol. 4，pp. 257–272.

Kuuskraa，V.A. 2013. EIA/ARI world shale gas and shale oil resource assessment. http：// www.eia.gov/conference/2013/pdf/presentations/kuuskraa.pdf (accessed February 20，2015).

Kuuskraa，V.A. et al. 2011. World Shale Gas Resources：An Initial Assessment of 14 Regions Outside the United States. Arlington：Advanced Resources International. http：//www. adv-res.com/pdf/ARI%20EIA%20Intl%20Gas%20Shale%20APR%202011.pdf (accessed February 20，2015).

Kvenvolden，K.A.，1988. Methane hydrate—A major reservoir of carbon in the shallow geosphere? Chemical Geology 71：41–51.

Kvenvolden，K.A.，1993. Gas hydrates—Geological perspective and global change.Review of Geophysics 31：1731–1871.

Laherrère，J.H. 2000. Global natural gas perspectives. http：//www.hubbertpeak.com/ laherrere/ngperspective/ (accessed February 20，2015).

Lamlom，S. H.，R. A. Savidge. 2003. A reassessment of carbon content in wood：Variation within and between 41 North American species. Biomass and Bioenergy 25：381–388.

Langston，L.S. 2013. The adaptable gas turbine. American Scientist 101：264–267.

Laubach，S.E. et al. 1998. Characteristics and origins of coal cleat：A review. International Journal of Coal Geology 35：175–207.

Lechtenbmer，S. et al. 2007. Tapping the leakages：Methane losses，mitigation options and policy issues for Russian long distance gas transmission pipelines. International Journal of Greenhouse Gas Control 1：387–395.

Levi，M. 2013. The Power Surge：Energy，Opportunity and Battle for America's Future. New York：Oxford University Press.

Lewis，J.A. 1961. History of Petroleum Engineering. New York：API.

Li，G. 2011. World Atlas of Oil and Gas Basins. Chichester：Wiley-Blackwell.

Li，M. 2014. Geophysical Exploration Technology：Applications in Lithological and Stratigraphic Reservoirs. Amsterdam：Elsevier.

Linde，C.P. 1916. Aus meinem Leben und von meiner Arbeit. München：R. Oldenbourg.

Linde. 2013. LNG technology. http：//www.linde-engineering.com/internet.global. lindeengineering.global/en/images/LNG_1_1_e_13_150dpi19_4577.pdf (accessed February 20，2015).

Linde. 2014. LNG in transportation. http：//lindelng.com/index.php/products-and-services/ lng-in-transportation (accessed February 20，2015).

LNG Canada. 2014. Why did LNG Canada choose to locate its project in Katimat? http：//lngcanada.ca/faq-items/why-did-lng-canada-choose-to-locate-its-project-in-kitimat/(accessed February 20, 2015).

Loder, A. 2014a. Shale gas drillers feast on junk debt to stay on treadmill. http：//www.bloomberg.com/news/2014−04−30/shale-drillers-feast-on-junk-debt-to-say-on-treadmill.html (accessed February 20, 2015).

Loder, A. 2014b. Shakeout threatens shale patch as frackers go for broke. http：//www.bloomberg.com/news/2014−05−26/shakeout-threatens-shale-patch-as-frackers-go-forbroke.html (accessed February 20, 2015).

Logue, J.M. et al. 2013. Pollutant exposures from natural gas cooking burners：A simulationbased assessment for Southern California. Environmental Health Perspectives122：43−50.

Lollar, B.S. et al. 2002. Abiogenic formation of alkanes in the Earth's crust as a minor source for global hydrocarbon reservoirs. Nature 416：522−524.

Loree, D., Byrd, A. and R. Lestz. 2014. WaterLess fracturing technology. http：//www.siltnet.net/documents/lestz_condensed_version_2_15_11.pdf (accessed February 20, 2015).

Lovelock, J.E. and L. Margulis. 1974. Atmospheric homeostasis by and for the biosphere：The gaia hypothesis. Tellus 26：1−10.

Lowrie, A. and M.D. Max. 1999. The extraordinary promise and challenge of gas hydrates. World Oil 49(50)：53−55.

Magoon, L.B. and W.G. Dow, eds. 1994. The Petroleum System—From Source to Trap. AAPG Memoir 60.Washington, DC：USGS.

Magoon, L.B. and J.W. Schmoker. 2000. The Total Petroleum System—The Natural Fluid Network that Constrains the Assessment Unit. Washington, DC：USGS.

Mahfoud, R. F. and J. N. Beck. 1995. Why the Middle East fields may produce oil forever. *Offshore April* 1995：58−64, 106.

Makogon, Y. F. 1965. A gas hydrate formation in the gas saturated layers under low temperature.Gas Industry 5：14−15.

Makogon, Y.F., Holditch, S.A., and T.Y. Makogon. 2007. Natural gas-hydrates—A potential energy source for the 21st Century. Journal of Petroleum Science and Engineering 56：14−31.

Mallinson, R.G. 2004. Natural gas processing and products. In：Encyclopedia of Energy, C. Cleveland et al. eds., San Diego：Elsevier, Vol. 4, pp. 235−247.

Mankin, C.J. 1983. Unconventional sources of natural gas. Annual Review of Energy 8：27−43.

Mann, P., Gahagan, L. and M.B. Gordon. 2001. Tectonic setting of the world's giant oil fields. World Oil, 222(9). http：//www.worldoil.com/September-2001-Tectonic-settingof-the-worlds-giant-oil-fields.html (accessed February 20，2015).

Marbek. 2010. Study of opportunities for natural gas in the transportation sector.http：//www. cngva.org/media/4302/marbek_ngv_final_report-april_2010.pdf (accessed February 20，2015).

Marchetti，C. 1977. Primary energy substitution models：In the interaction between energy and society. Technological Forecasting and Social Change 10：345−356.

Marchetti，C. and N. Nakićenović . 1979. The Dynamics of Energy Systems and the Logistic Substitution Model. Vienna：IIASA.

Marine Exchange of Alaska. 2014. Shipping cook inlet liquefied natural gas—The tankers.

http：//www.mxak.org/home/photo_essays/lng_tankers.html; http：//www.hydrocarbons-technology.com/projects/sonatrach/ (accessed February 20，2015).

Marine Traffic. 2014. Mozah. http：//www.marinetraffic.com/ais/details/ships/9337755/ vessel：MOZAH (accessed February 20，2015).

Marsters，P.V. 2013. A revolution on the horizon. *China Environment Series* 2012/2013：35−47.

Martin，S. 2010. Extra ethane poses obstacle in US Marcellus Shale development. http：// www.icis.com/resources/news/2010/10/18/9402406/extra-ethane-poses-obstacle-inus-marcellus-shale-development/ (accessed February 20，2015).

Matthews & Associates. 2014. $3 million verdict in Texas fracking case. http：//www. dmlawfirm.com/3-million-verdict-fracking-case (accessed February 20，2015).

Maugeri，L. 2013. Beyond the Age of Oil. Santa Barbara：Praeger.

McCarthy，K. et al. 2011. Basic petroleum chemistry for source rock evaluation. *Oilfield Review* Summer 2011：32−43.

McJeon，H. et al. 2014. Limited impact of decadal-scale climate change from increased use of natural gas. Nature 514：482−485.

McKelvey，V.E. 1973. Mineral resource estimates and public policy. In：United States

Mineral Resources，D.A. Brobst and W.P. Pratt，eds.，Washington，DC：USGS，pp. 9−19.

McKibben，B. et al. 2014. A letter to President Obama to stop the disastrous rush to export fracked gas at Cove Point and nationwide. http：//org.salsalabs.com/o/423/images/LNG-Export-residentObama-Climate-Letter31814.pdf (accessed February 20，2015).

McNutt，M. 2013. Bridge or crutch? Science 342：909.

Messner，J. and G. Babies. 2012. Transport of natural gas. http：//www.shell.com/global/ future-energy/scenarios/new-lens-scenarios.html (accessed February 20，2015).

Methanex. 2014. Methanex investor presentation. http：//freepdfs.net/methanex-investorpres entation/99fb9fe1efad0b415408f088faa45a8a/ (accessed March 11，2015).

Milkov，A.V. 2010. Methanogenic biodegradation of petroleum in the West Siberian Basin(Russia)：Significance for formation of giant Cenomanian gas pools. AAPG Bulletin 94：1485−1541.

MIT (Massachusetts Institute of Technology). 2011. The Future of Natural Gas: An Interdisciplinary MIT Study. Cambridge, MA: MIT. http: //web.mit.edu/ceepr/www/publications/Natural_Gas_Study.pdf (accessed February 20, 2015).

Molina, J. et al. 2011. Molecular evidence for a single evolutionary origin of domesticated rice. Proceedings of the National Academy of Sciences 108: 8351−8356.

Montgomery, C.T. and M.B. Smith. 2010. Hydraulic fracturing: History of an enduring technology. *Journal of Petroleum Technology* December 2010: 26−32. http: //www.ourenergypolicy.org/wp-content/uploads/2013/07/Hydraulic.pdf (accessed February 20, 2015).

Murphy, S.L., Xu, J. and K.D. Kochanek. 2013. Deaths: Final data for 2010. National Vital Statistics Reports 61(4): 1−117.

NAM (Nederlandse Aardolie Maatschappij). 2009. Groningen gas field. http: //wwwstatic.shell.com/content/dam/shell/static/nam-en/downloads/pdf/flyer-namg50eng.pdf (accessed February 20, 2015).

NaturalGas.org. 2014. The history of regulation. http: //naturalgas.org/regulation/history/ (accessed February 20, 2015).

Navarro, M. 2013. Bans and rules muddy prospects for gas drilling. *New York Times*, January 3, 2013: A18.

NEB (National Energy Board). 2013. Montney formation one of the largest gas resources in the world, report shows. http: //www.neb-one.gc.ca/clf-nsi/rthnb/nws/nwsrls/2013/nwsrls30-eng.html (accessed February 20, 2015).

NEB. 2014a. Canada's oil sands. http: //www.neb.gc.ca/clf-nsi/rnrgynfmtn/nrgyrprt/lsnd/pprtntsndchllngs20152006/qapprtntsndchllngs20152006-eng.html (accessed February 20, 2015).

NEB. 2014b. Canadian Pipeline Transportation System. Calgary: NEB. http: //www.nebone.gc.ca/clf-nsi/rnrgynfmtn/nrgyrprt/trnsprttn/2014trnsprttnssssmnt/2014trnsprttnssssmnt-eng.pdf (accessed February 20, 2015).

Needham, J. 1964. The Development of Iron and Steel Technology in China. Cambridge: W. Heffer & Sons.

NETL (National Energy Technology Laboratory). 2014. Fire in the ice. http: //www.netl.doe.gov/research/oil-and-gas/methane-hydrates/fire-in-the-ice (accessed February 20, 2015).

NETL. 2013. Modern shale gas development in the United States: An update. http: //www.netl.doe.gov/File%20Library/Research/Oil-Gas/shale-gas-primer-update-2013.pdf (accessed February 20, 2015).

NGMA (National Greenhouse Manufacturers Association). 2014. Carbon dioxide enrichment. http: //www.shell.com/global/future-energy/scenarios/new-lens-scenarios.html (accessed February 20, 2015).

Nilsen, Ø. 2012. Snøhvit introduction to Melkøya plant. http: //www02.abb.com/global/abbzh/abbzh250.nsf/0/56a5a9fc590db243c1257a21 00342427/$file/Press_trip_Hammerfest_

Presentation_Introduction+to+Melk%C3%B8ya+plant+-+%C3%98 ivind+Nilsen.pdf (accessed February 20, 2015).

Nisbet, E.G., Dlugokencky, E.J. and P. Bousquet. 2014. Methane on the rise—Again. Science 343: 493–494.

NL Oil and Gas Portal. 2014. Groningen gas field. http://www.nlog.nl/en/reserves/Groningen.html (accessed February 20, 2015).

Noble, A.C. 1972. The Wagon wheel project. http://www.wyohistory.org/essays/wagonwheel-project (accessed February 20, 2015).

Nord Stream. 2014. Nord stream: The new gas supply route for Europe. http://www.nordstream.com/ (accessed February 20, 2015).

Novatek. 2014a. South-Tambeyskoye Field (Yamal LNG Project). http://www.novatek.ru/en/business/yamal/southtambey/ (accessed February 20, 2015).

Novatek. 2014b. Classification of reserves. http://www.novatek.ru/en/press/reserves/(accessed February 20, 2015).

NPC (National Petroleum Council). 2011. Prudent Development: Realizing the Potential of North America's Abundant Natural Gas and Oil Resources. Washington, DC: NPC. http://www.ourenergypolicy.org/wp-content/uploads/2013/07/Hydraulic.pdf (accessed February 20, 2015).

NYSDEC (New York State Department of Environmental Conservation). 2009. Revised draft SGEIS on the oil, gas and solution mining regulatory program (September 2011). http://www.dec.ny.gov/energy/75370.html (accessed February 20, 2015).

Ohnsman, A. 2013. Hydrogen prototype takes to the road in race toward fuel cells. http://www.japantimes.co.jp/news/2013/10/11/business/corporate-business/hydrogen-prototypetakes-to-the-road-in-race-toward-fuel-cells/#.U9FTwbkg-M8 (accessed February 20, 2015).

Olah, G.A., Goeppert, A. and G.K.S. Prakash. 2006. Beyond Oil and Gas: The Methanol Economy. Weinheim: Wiley-VCH.

Ortwein, S.N. 2013. 50 years of 3D seismic, and more to come. In: World Petroleum Council, 80th Anniversary Edition, pp. 70–73. London: First World Petroleum. http://www.world-petroleum.org/docs/docs/publications/wpc%2080th%201.pdf (accessed February 20, 2015).

Osgouei, R.E. and M. Sorgun. 2012 A critical evaluation of Iranian natural gas resources. Energy Sources Part B 7: 113–120.

O'Sullivan, F. and S. Paltsev. 2012. Shale Gas Production: Potential versus Actual Greenhouse Gas Emissions. Cambridge, MA: MIT. http://globalchange.mit.edu/files/document/MITJPSPGC_Rpt234.pdf (accessed February 20, 2015).

Palkovits, R. et al. 2009. Solid catalysts for the selective low-temperature oxidation of methane to methanol. Angewandte Chemie International Edition 48: 6909–6912.

Patzek, T.W., Male, F. and M. Marder. 2013. Gas production in the Barnett Shale obeys a simple scaling theory. PNAS 110: 19731−19736.

Peck, B. and H. van der Velde. 2013. A High Capacity Floating LNG Design. Houston: LNG17, April 19, 2013. http: //www.gastechnology.org/Training/Documents/LNG17-proceedings/12_01-Harry-vanderVelde-Shell-Presentation.pdf (accessed February 20, 2015).

Periana, R.A. et al. 1998. Platinum catalysts for the high-yield oxidation of methane to a methanol derivative. Science 280: 560−564.

Peters, K., Schenk, O. and B. Wygrala, 2009. Exploration paradigm shift: The dynamic petroleum system concept. Swiss Bulletin für angewandte Geologie 14: 56−71. http: //www.angewandte-geologie.ch/Dokumente/Archiv/Vol14_1_2/1412_5Petersetal.pdf(accessed February 20, 2015).

Pétron, G., et al. 2012. Hydrocarbon emissions characterization in the Colorado Front Range: A pilot study. Journal of Geophysical Research-Atmospheres 117(D4): D04304.

Pew Research Center. 2013. Energy: Key data points. http: //www.pewresearch.org/keydata-points/energy-key-data-points/ (accessed February 20, 2015).

PHMSA (Pipeline & Hazardous Materials Safety Administration). 2014a. Annual report mileage for natural gas transmission & gathering systems. http: //www.phmsa.dot.gov/portal/site/PHMSA/menuitem.6f23687cf7b00b0f22e4c6962d9c8789/?vgnextoid=78e4f5448a359310VgnVCM1000001ecb7898RCRD&vgnextchannel=3430fb649a2dc110VgnVCM1000009ed07898RCRD&vgnextfmt=print&vgnextnoice=1 (accessedFebruary 20, 2015).

PHMSA. 2014b. Significant pipeline incidents. http: //primis.phmsa.dot.gov/comm/reports/safety/sigpsi.html (accessed February 20, 2015).

Pickens, T.B. 2008. The plan. http: //www.pickensplan.com/the-plan/ (accessed February 20, 2015).

Platts. 2014. UDI Combined-Cycle and Gas Turbine Data Set (CCGT), 2013 Edition.New York: Platts.

PNG LNG. 2014. PNG LNG. http: //www.pnglng.com/ (accessed February 20, 2015).

Porfir'yev, V.B. 1959. The Problem of Migration of Petroleum and the Formation of Accumulations of Oil and Gas. Moscow: Gostoptekhizdat.

Porfir'yev, V.B. 1974. Inorganic origin of petroleum. AAPG Bulletin 58: 3−33.

Potential Gas Committee. 2013. The Report of the Potential Gas Committee. Golden:

Potential Gas Committee. http: //potentialgas.org/ (accessed February 20, 2015).

Powell, B. 2013. Liners provide secondary containment. *The American Oil & Gas Reporter* December 2012: 87−92.

PW Power Systems. 2014. PW power systems. http: //www.pwps.com/ (accessed February 20, 2015).

PWC (Price Waterhouse Cooper). 2012. Shale gas reshaping the US chemical industry.

http：//www.pwc.com/en_US/us/industrial-products/publications/assets/pwc-shale-gaschemicals-industry-potential.pdf (accessed February 20，2015).

Qatargas. 2014a. Qatargas fleet. https：//www.qatargas.com/English/AboutUs/Shipping/Pages/default.aspx (accessed February 20，2015).

Qatargas. 2014b. Current operations. http：//www.qatargas.com/English/AboutUs/Pages/CurrentOperationsD.aspx (accessed February 20，2015).

Quik Water. 2014. The world's cleanest，greenest direct-contact water heating system is still the original. http：//www.gmitchell.ca/Quikwater/Product%20Litterature/QuikWater%20-%20Brochure%20-%20Flagship.PDF (accessed February 20，2015).

Rao，A. 2012. Combined Cycle Systems for Near-Zero Emission Power Generation. Cambridge：Woodhead Publishing.

Rascoe，A. and E. O'Grady. 2009. Pickens delays wind farm on finance，grid issues. Reuters，July 8，2009 http：//www.reuters.com (accessed March 10，2015).

Rasmussen B. 2000. Filamentous microfossils in a 3，235-million-year-old volcanogenic massive sulphide deposit. Nature 405：676−679.

Ratner，M. et al. 2013. U.S. Natural Gas Exports：New Opportunities，Uncertain Outcomes. Washington，DC：US Library of Congress.

Reig，P.，Luo，T. and J.N. Proctor. 2014. Global Shale Gas Development：Water Availability & Business Risks. Washington，DC：World Resources Institute.

Reith，F. 2011. Life in the deep subsurface. Geology 39：287−288.

Reshetnikov，A.I.，Paramonova N.N. and A.A. Shashkov. 2000. An evaluation of historical methane emissions from the Soviet gas industry. Journal of Geophysical Research 105：3517−3529.

Reuters. 2014. UPDATE 2-U.S. EIA cuts recoverable Monterey shale oil estimate by 96 pct. http：//www.reuters.com/article/2014/05/21/eia-monterey-shale-idUSL1N0O713N20140521 (accessed February 20，2015).

Rice，D.D. 1997. Coalbed methane—An untapped energy resource and an environmental concern. U.S. Geological Survey Fact Sheet FS−019−97.

Roland，T.H. (2010). Associated Petroleum Gas in Russia：Reasons for non-utilization.FNI Report 13/2010. http：//www.fni.no/doc&pdf/FNI-R1310.pdf (accessed March 9，2015).

Rotty，R.M. 1974. First estimates of global flaring of natural gas. Atmospheric Environment 8：681−686.

Royal Dutch Shell. 2013. New lens scenarios. http：//www.shell.com/global/future-energy/scenarios/new-lens-scenarios.html (accessed February 20，2015).

Ruddiman，W.F. 2005. Plows，Plagues & Petroleum. Princeton：Princeton University Press.

Sabine Pipe Line LLC. 2014. The Henry hub. http：//www.sabinepipeline.com/Home/Report/tabid/241/default.aspx?ID=52 (accessed February 20，2015).

Salzgitter Mannesmann. 2014. Salzgitter Mannesmann International. http：//www. salzgittermannesmann-international.com/ (accessed February 20，2015).

Sandrea，R. 2012. Evaluating production potential of mature US oil，gas shale plays. *Oil & Gas Journal*. http：//www.ogj.com/articles/print/vol-110/issue-12/exploration-development/ evaluating-production-potential-of-mature-us-oil.html(accessed February 20，2015).

Sandrea，R. 2014. US Shale Gas and Tight Oil Industry Performance：Challenges and Opportunities. Oxford：The Oxford Institute for Energy Studies. http：//www.oxfordenergy.org/ wpcms/wp-content/uploads/2014/03/US-shale-gas-and-tight-oil-industryperformance-challenges-and-opportunities.pdf (accessed February 20，2015).

Sasol. 2014. Sasol. http：//www.sasol.com/ (accessed February 20，2015).

Scanlon，B.R.，Duncan，I. and R.C. Reedy. 2013. Drought and the water—energy nexus in Texas. Environmental Research Letters 8(2013)：045033.

Schenk，C.J. 2012. An estimate of undiscovered conventional oil and gas resources of the world，2012. http：//pubs.usgs.gov/fs/2012/3042/fs2012-3042.pdf (accessed February 20，2015).

Schenk，C.J. and R.M. Pollastro. 2002. Natural Gas Production in the United States. Reston：USGS.

Schmoker，J.W. Krystinik，K.B. and R.B. Halley. 1985. Selected characteristics of limestone and dolomite reservoirs in the United States. AAPG Bulletin 69：733—741.

Schurr，S. H. and B. C. Netschert. 1960. Energy in the American Economy 1850—1975. Baltimore：Johns Hopkins University Press.

Schwerin，B.1991. Die Treibstoffversorgung durch Kohlehydrierung in Deutschland von 1933 bis 1945，unter besonderer Berücksichtigung wirtschafts-und energiepolitischer Einflüsse. Köln：Müller Botermann.

Seele，R. 2012. On the path to a greener future. http：//www.wintershall.no/newsmedia/ press-releases/detail/2012/3/29/on-the-path-to-a-greener-future.html (accessed February 20，2015).

Selley，R.C. 1997. Elements of Petroleum Geology. San Diego：Academic Press.

Semolinos，P. 2013. LNG as bunker fuel：Challenges to be overcome. http：//www. wintershall.no/news-media/press-releases/detail/2012/3/29/on-the-path-to-a-greener-future. html(accessed February 20，2015).

Sephton，M.A. and R.M. Hazen. 2013. On the origins of deep hydrocarbons. Reviews in Mineralogy & Geochemistry 75：449—465.

Service，R. 2014. The bond breaker. Science 344：1474—1475.

Shale Gas International. 2014. China cuts down its shale estimates while investing in coal gasification. http：//www.shalegas.international/2014/08/07/china-cuts-down-its-shaleestimates-while-investing-in-coal-gassification/ (accessed February 20，2015).

Shell. 2013. Shell to charter barges powered solely by LNG. http：//www.shell.com/global/products-services/solutions-for-businesses/shipping-trading/about-shell-shipping/lngbarges-05092012.html (accessed February 20，2015).

Shell. 2014. Pearl GTL—An overview. http：//www.shell.com/global/aboutshell/majorprojects-2/pearl/overview.html (accessed February 20，2015).

Siemens. 2014. Siemens gas turbines. http：//www.energy.siemens.com/hq/en/fossil-powergeneration/gas-turbines/ (accessed February 20，2015).

Simakov，S.N. 1986. Forecasting and Estimation of the Petroleum-Bearing Subsurface at Great Depths. Leningrad：Nedra.

Sjaastad，A.K.，J 鸵 gensen，R.B. and K. Svendsen. 2010. Exposure to polycyclic aromatic hydrocarbons (PAHs)，mutagenic aldehydes and particulate matter during pan frying of beefsteak. Occupational and Environmental Medicine 67：228–232.

Skarke，A. et al. 2014. Widespread methane leakage from the sea floor on the northern US Atlantic margin. Nature Geoscience 7：657–661.

Skone，T.J. 2011. Life cycle greenhouse gas analysis of natural gas extraction，delivery and electricity production in the United States. http：//www.capp.ca/getdoc.aspx?DocId=215278 (accessed February 20，2015).

Slatt，R.M. 2006. Stratigraphic reservoir characterization for petroleum geologists，geophysicists，and engineers. In：Handbook of Petroleum Exploration and Production. Amsterdam：Elsevier，Vol. 6，pp. 275–305.

Slattery，D. and B. Hutchinson. 2014. NTSB，known for probing air crashes，is investigating Harlem's deadly gas-pipe explosion. *New York Daily News*，March 16，2014.

http：//www.nydailynews.com/new-york/uptown/air-crash-agency-investigates-harlempipe-explosion-article-1.1719970#ixzz2vqoInJuy (accessed February 20，2015).

Smeenk. T. 2010. Russian Gas for Europe：Creating Access and Choice. The Hague：Clingendael International Energy Programme.

Smil，V. 2000. Feeding the World. Cambridge，MA：MIT Press.

Smil，V. 2001. Enriching the Earth：Fritz Haber，Carl Bosch，and the Transformation of World Food Production. Cambridge，MA：MIT Press.

Smil，V. 2003. Energy at the Crossroads. Cambridge，MA：MIT Press.

Smil，V. 2004. China's Past China's Future. London：RoutledgeCurzon.

Smil，V. 2006. Transforming the Twentieth Century. New York：Oxford University Press.

Smil，V. 2008. Oil：A Beginner's Guide. Oxford：Oneworld.

Smil，V. 2010a. Prime Movers of Globalization：The History and Impact of Diesel Engines and Gas Turbines. Cambridge，MA：MIT Press.

Smil，V. 2010b. Energy Transitions; History，Requirements，Prospects. Santa Barbara：Praeger.

Smil，V. 2013a. Making the Modern World. Oxford：Wiley.

Smil，V. 2013b. Made in the USA：The Rise and Retreat of American Manufacturing. Cambridge，MA：MIT Press.

Smil，V. 2014. The long slow rise of solar and wind. Scientific American 282 (1)：52−57.

Smil，V. 2015. Power Density：A Key to Understanding Energy Sources and Uses. Cambridge，MA：MIT Press.

Song，Y. 1673. Tiangong kaiwu (The Creations of Nature and Man). Translated by Sun，E. and S. Sun. Pennsylvania State University Press，State College，PA (1966).

Songhurst，B. 2014. LNG Plant Cost Escalation. Oxford：The Oxford Institute for Energy Studies. http：//www.oxfordenergy.org/wpcms/wp-content/uploads/2014/02/NG-83.pdf (accessed February 20，2015).

Sorenson，R.P. 2005. A dynamic model for the Permian Panhandle and Hugoton fields，western Anadarko basin. AAPG Bulletin 89：921−938.

Sorkhabi，R. 2010. The king of giant fields. GeoExPro，7(4). http：//www.geoexpro.com/articles/2010/04/the-king-of-giant-fields (accessed February 20，2015).

South Stream. 2014. South stream. http：//www.gazprom.com/about/production/projects/pipelines/south-stream/ (accessed March 11，2015).

Speight，J.G. 2007. Natural Gas：A Basic Handbook. Houston：Gulf Publishing.

Speight，J.G. 2013. Shale Gas Production Processes. Houston：Gulf Professional Publishing.

Spiegel. 2013. Full throttle ahead：US tips global power scales with fracking. *Der Spiegel*，February 2，2013. http：//www.spiegel.de/international/world/new-gas-extractionmethods-alter-global-balance-of-power-a-880546.html (accessed February 20，2015).

Stephenson，T.，Valle，J.E. and Riera-Palou，X. 2011. Modeling the relative GHG emissions of conventional and shale gas production. Environmental Science & Technology 45：10757−10764.

Stern，D.I. and R.K. Kaufmann. 2001. Annual Estimates of Global Anthropogenic Methane E：1860−1994. Oak Ridge：ORNL.

Steward，D.B.，2007. The Barnett Shale Play：Phoenix of the Fort Worth Basin：A History.Fort Worth：Fort Worth and North Texas Geological Societies.

Stokstad，E. 2014. Will fracking put too much fizz in your water? Science 344：1468-1471.

Stolper，D.A. et al. 2014. Formation temperatures of thermogenic and biogenic methane. Science 344：1500−1503.

Subsea Oil and Gas Directory. 2014. Subsea oil gas pipelines in the North Sea Area. http：//www.subsea.org/pipelines/allbyarea.asp (accessed February 20，2015).

Taylor，C. 2002. Formation studies of methane hydrates with surfactants. 2nd International Workshop on Methane Hydrates，Washington，DC，October 2002.

TEPCO (Tokyo Electric Power Company). 2013. Thermal power generation. http：//www. tepco.co.jp/en/challenge/energy/thermal/power-g-e.html (accessed February 20，2015).

TETCO (Texas Eastern Transmission Corporation). 2000. The Big Inch and Little Big Inch Pipelines. Houston：TETCO. http：//historicmonroe.org/labor/pix/inchlines.pdf(accessed February 20，2015).

TNO (Toegepast Natuurwetenschappelijk Onderzoek). 2007. Estimation of emissions of fine particulate matter (PM2.5) in Europe. http：//ec.europa.eu/environment/air/pollutants/pdf/report_2007_ar0322.pdf

TNO. 2008. Greenhouse horticulture. https：//www.google.ca/#q=tno+greenhouse+horticultu re (accessed February 20，2015).

Tobin，J. 2003. Natural gas market centers and hubs—2003 update. http：//www.eia.gov/pub/oil_gas/natural_gas/feature_articles/2003/market_hubs/mkthubsweb.html(accessed February 20，2015).

Tollefson，J. 2012. Air sampling reveals high emissions from gas field. Nature 482：139−140.

Tollefson，J. 2013. China slow to tap shale-gas bonanza. Nature 494：294.

Tollefson，J. 2014. Climate change：The case of the missing heat. Nature 505：276−278.

Total. 2007. Tight gas reservoirs：Technology-intensive resources. http：//www.total.com/sites/default/files/atoms/file/total-tight-gas-reservoirs-technology-intensive-resources(accessed February 20，2015).

Total. 2014. St. Fergus gas terminal. http：//www.uk.total.com/activities/st_fergus_terminal. asp (accessed February 20，2015).

Trading Economics. 2014. Japan balance of trade. http：//www.tradingeconomics.com/japan/balance-of-trade (accessed February 20，2015).

TransCanada. 2014. Wholly owned pipelines. http：//www.transcanada.com/naturalgas-pipelines.html#CM (accessed February 20，2015).

Truck News. 2014. News. http：//www.trucknews.com/news/ (accessed February 20，2015). Ulmishek，G.F. 2004. Petroleum Geology and Resources of the Amu-Darya Basin，

Turkmenistan，Uzbekistan，Afghanistan，and Iran. Reston：USGS.UNDESA (United Nation Department of Economic and Social Affairs). 2013. Detailedindicators. http：//unstats. un.org/unsd/databases.htm

Uniongas. 2013. Natural gas cooling solutions：An overview of the technology and opportunities.

http：//energy.gov/sites/prod/files/2013/03/f0/ShaleGasPrimer_Online_4-2009.pdf (accessed February 20，2015).

United State Congress. 1973. Nuclear Stimulation of Natural Gas. Hearing，Ninety-third Congress，First Session，May 11，1973. Washington，DC：USGPO.

UNO (United Nations Organization). 1976. World Energy Supplies 1950-1974.New York：

UNO.Upham, C.W., ed. 1851. The life of General Washington: First President of the United States. Volume 2. London: National Illustrated Library.

USBM (US Bureau of Mines). 1946. Report on the Investigation of the fire at the liquefaction, storage, and regasification plant of East Ohio Gas Co., Cleveland, OH, October 20, 1944. Washington, DC: USBM.

USCB (US Census Bureau). 1975. Historical Statistics of the United States: Colonial Times to 1970. Washington, DC: USCB. http: //www2.census.gov/prod2/statcomp/documents/CT1970p1-01.pdf (accessed February 20, 2015).

USDA (United States Department of Agriculture). 2010. Wood Handbook. Madison: USDA. www.fpl.fs.fed.us/documnts/fplgtr/fpl_gtr190.pdf (accessed February 20, 2015).

USDOE (US Department of Energy). 2009. Modern Shale Gas Development in the United States: A Primer. Washington, DC: USDOE. http: //energy.gov/sites/prod/files/2013/03/f0/ShaleGasPrimer_Online_4-2009.pdf (accessed February 20, 2015).

USEIA (US Energy Information Administration). 2008. About U.S. natural gas pipelines. http: //www.eia.gov/pub/oil_gas/natural_gas/analysis_publications/ngpipeline/index. html (accessed February 20, 2015).

USEIA. 2010. Major tight gas plays, lower 48 states. http: //www.eia.gov/oil_gas/rpd/tight_gas.pdf (accessed February 20, 2015).

USEIA. 2011. Over one-third of natural gas produced in North Dakota is flared or otherwise not marketed. http: //www.eia.gov/todayinenergy/detail.cfm?id=4030 (accessed March 10, 2015).

USEIA. 2013a. Electric power annual. http: //www.eia.gov/electricity/annual/ (accessed February 20, 2015).

USEIA. 2013b. Oil and gas industry employment growing much faster than total private sector employment. http: //www.eia.gov/todayinenergy/detail.cfm?id=12451 (accessed February 20, 2015).

USEIA. 2014a. Cost of crude oil and natural gas well drilling. http: //www.eia.gov/dnav/pet/pet_crd_wellcost_s1_a.htm (accessed February 20, 2015).

USEIA. 2014b. Number of gas and gas condensate wells. http: //www.eia.gov/dnav/ng/hist/na1170_nus_8a.htm (accessed February 20, 2015).

USEIA. 2014c. Natural gas prices. http: //www.eia.gov/naturalgas/data.cfm#prices(accessed February 20, 2015).

USEIA. 2014d. Natural gas storage. http: //www.eia.gov/naturalgas/data.cfm (accessed February 20, 2015).

USEIA. 2014e. Natural gas consumption by end use. http: //www.eia.gov/dnav/ng/ng_cons_sum_dcu_nus_a.htm (accessed February 20, 2015).

USEIA. 2014f. Natural gas-fired combustion turbines are generally used to meet peak electricity load. http：//www.eia.gov/todayinenergy/detail.cfm?id=13191 (accessed February 20, 2015).

USEIA. 2014g. Levelized cost and levelized avoided cost of new generation resources in the Annual Energy Outlook 2014. http：//www.eia.gov/forecasts/aeo/electricity_generation.cfm (accessed February 20, 2015).

USEIA. 2014h. U.S. natural gas imports by country. http：//www.eia.gov/dnav/ng/ng_move_impc_s1_a.htm (accessed February 20, 2015).

USEIA. 2014i. Annual energy outlook. http：//www.eia.gov/forecasts/aeo/data.cfm (accessed February 20, 2015).

USEIA. 2014j. Growth in U.S. hydrocarbon production from shale resources driven by drilling efficiency. http：//www.eia.gov/todayinenergy/detail.cfm?id=15351 (accessed February 20, 2015).

USEIA. 2014k. Coalbed methane production. http：//www.eia.gov/dnav/ng/ng_prod_coalbed_s1_a.htm (accessed February 20, 2015).

USEIA. 2014l. Bakken. http：//www.eia.gov/todayinenergy/index.cfm?tg=bakken (accessed February 20, 2015).

USEIA. 2014m. Gross gas withdrawals and production. http：//www.eia.gov/dnav/ng/ng_prod_sum_dcu_NUS_m.htm (accessed February 20, 2015).

USEIA. 1993. Drilling Sideways—A Review of Horizontal Drilling Technology and Its Domestic Application. Washington, DC：USEIA.

USEPA. 2008. Direct emissions from stationary combustion sources. http：//www.epa.gov/climateleadership/documents/resources/stationarycombustionguidance.pdf (accessed February 20, 2015).

USEPA. 2012. Global anthropogenic non-CO_2 greenhouse gas emissions：1990−2030. http：//www.epa.gov/climatechange/Downloads/EPAactivities/EPA_Global_NonCO_2_Projections_Dec2012.pdf (accessed February 20, 2015).

USEPA. 2014. Inventory of U.S. Greenhouse Gas Emissions and Sinks：1990−2012. Washington, DC：USEPA. http：//www.epa.gov/climatechange/ghgemissions/usinventoryreport.html (accessed February 20, 2015).

USFPC (US Federal Power Commission). 1965. Northeast Power Failure：November 9 and 10, 1965.Washington, DC：US FPC.

USGS (United States Geological Survey). 2000. USGS world petroleum assessment 2000. http：//pubs.usgs.gov/fs/fs-062-03/FS-062-03.pdf (accessed February 20, 2015).

USGS. 2011. USGS releases new assessment of gas resources in the Marcellus Shale, Appalachian Basin. http：//www.usgs.gov/newsroom/article.asp?ID=2893&from=rss_home#.U9VnX7kg-M8 (accessed February 20, 2015).

USGS. 2013. Water resources and shale gas/oil production in the Appalachian Basin—

Critical issues and evolving developments. http：//www.usgs.gov/newsroom/article. asp?ID=2893&from=rss_home#.U9K8xbkg-M8 (accessed February 20，2015).

USGS. 2014. Mineral commodity summaries 2014. http：//minerals.usgs.gov/minerals/ pubs/mcs/2014/mcs2014.pdf (accessed February 20，2015).USNRC (US Nuclear Regulatory Commission). 2014. Combined license applications for new reactors. http：//www.nrc.gov/ reactors/new-reactors/col.html (accessed February 20，2015).

Valenti，M. 1991. Combined-cycle plants：Burning cleaner and saving fuel. Mechanical Engineering 113(9)：46—50.

Van der Elst，N.J. et al. 2013. Enhanced remote earthquake triggering at fluid-injection sites in the Midwestern United States. Science 341，164.

Vengosh，A. et al. 2013. The effects of shale gas exploration and hydraulic fracturing on the quality of water resources in the United States. Procedia Earth and Planetary Science 7：863—866.

Vidic，R. et al. 2013. Impact of shale gas development on regional water quality. Science 340：1235009.

Vincent，M.C. and M.R. Besler. 2013. Emerging best practices ensure fracture effectiveness over time in resource plays. *The American Oil & Gas Reporter*，December 2013：61—71.

Vogel. 1993. Great Well of China. Scientific American 268(6)：116—121.

Volta，A. 1777. Lettere del Signor Don Alessandro Volta … sull'aria infiammabile nativa delle paludi. Milano：Nella stamperia di Giuseppe Marelli.

Wadham，J.L. et al. 2012. Potential methane reservoirs beneath Antarctica. Nature 488：633—637.

Wageningen UR. 2014. Wageningen UR Glastuinbouw. http：//www.wageningenur.nl/nl/ Expertises-Dienstverlening/Onderzoeksinstituten/wageningen-ur-glastuinbouw.htm(accessed February 20，2015).

Wang，Z. and A. Krupnick. 2013. A Retrospective Review of Shale Gas Development in the United State：What Led to the Boom? Washington，DC：Resources for the Future.http：//www. rff.org/RFF/documents/RFF-DP-13-12.pdf (accessed February 20，2015).

WCA (World Coal Association). 2014. Coal bed methane. http：//www.worldcoal.org/coal/ coal-seam-methane/coal-bed-methane/ (accessed February 20，2015).

Webber，W.H.Y. 1918. Gas & Gas Making：Growth，Methods and Prospects of the Gas Industry. Common Commodities and Industries. London：Sir Isaac Pitman & Sons.

Weil，B.H. 1949. The Technology of Fischer-Tropsch Process. London：Constable.

Weissman，A.D. 2013. U.S. natural gas industry positioned for dominant role in global LNG markets. *The American Oil & Gas Reporter*，October 2013：41-53.

Werpy，M.R. et al. 2010. Natural Gas Vehicles：Status，Barriers，and Opportunities. Argonne：Argonne National Laboratory. http：//www.afdc.energy.gov/pdfs/anl_esd_10-4.pdf (accessed February 20，2015).

Wilson，R. 1973. Natural gas is a beautiful thing? Bulletin of the Atomic Scientists 29(7)：35-40.

Worrell，E. et al. 2008. World Best Practice Energy Intensity Values for Selected Industrial Sectors. Berkeley：Ernest Orlando Lawrence Berkeley National Laboratory.

WPC (World Power Conference). 1934. Statistical Yearbook of the WPC. London：WPC.

Wright，S. 2012. An unconventional bonanza. *The Economist*，July 4，2012. http：//www.economist.com/node/21558432 (accessed February 20，2015).

Xinhua. 2013. China's coal consumption to hit 4.8 bln tons by 2020：forecast. http：//news.xinhuanet.com/english/china/2013-11/24/c_132914191.htm(accessed February 20，2015).

Yamamoto，K. and S. Dallimore. 2008. Aurora-JOGMEC-NRCan Mallik 2006-2008 Gas Hydrate Research Project progress. Fire in the Ice，8：1-5. http：//www.netl.doe.gov/File%20Library/Research/Oil-Gas/methane%20hydrates/HMNewsSummer08.pdf(accessed February 20，2015).

Yang，H. et al. 2008. Sulige field in the Ordos Basin：Geological setting，field discovery and tight gas reservoirs. Marine and Petroleum Geology 25：387-400.

Youngquist，W. and R.C. Duncan. 2003. North American gas：Data show supply problems. Natural Resources Research 12：229-240.

Yvon-Durocher，G. et al. 2014. Methane fluxes show consistent temperature dependence across microbial to ecosystem scales. Nature 507：488-491.

Zuckerman，G. 2013. The Frackers：The Outrageous Inside Story of the New Billionaire Wildcatters. New York：Portfolio.

附录　单位换算

1mile=1.609km

1ft=30.48cm

1in=25.4mm

1acre=4047m^2

1ft^2=0.093m^2

1ha=$10^4$$m^2$

1in^2=6.45cm^2

1MJ=10^6J

1GJ=10^9J

1PJ=10^{15}J

1EJ=10^{18}J

1ZJ=10^{21}J

1lb=453.59g

1bbl=0.16m^3

1ft^3=0.0283m^3

1Gm^3=$10^9$$m^3$

1gallon=3.785L

1atm=101.33kPa

1psi=6.89kPa

1bar=10^5Pa

1hp=745.7W

1GW=10^9W

1MW=10^6W

国外油气勘探开发新进展丛书（一）

书号：3592
定价：56.00 元

书号：3663
定价：120.00 元

书号：3700
定价：110.00 元

书号：3718
定价：145.00 元

书号：3722
定价：90.00 元

国外油气勘探开发新进展丛书（二）

书号：4217
定价：96.00 元

书号：4226
定价：60.00 元

书号：4352
定价：32.00 元

书号：4334
定价：115.00 元

书号：4297
定价：28.00 元

国外油气勘探开发新进展丛书（三）

书号：4539
定价：120.00 元

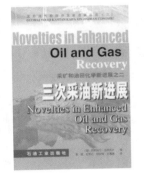

书号：4725
定价：88.00 元

书号：4707
定价：60.00 元

书号：4681
定价：48.00 元

书号：4689
定价：50.00 元

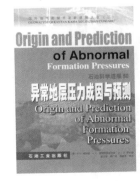

书号：4764
定价：78.00 元

国外油气勘探开发新进展丛书（四）

书号：5554
定价：78.00 元

书号：5429
定价：35.00 元

书号：5599
定价：98.00 元

书号：5702
定价：120.00 元

书号：5676
定价：48.00 元

书号：5750
定价：68.00 元

国外油气勘探开发新进展丛书（五）

书号：6449
定价：52.00 元

书号：5929
定价：70.00 元

书号：6471
定价：128.00 元

书号：6402
定价：96.00 元

书号：6309
定价：185.00 元

书号：6718
定价：150.00 元

国外油气勘探开发新进展丛书(六)

书号：7055
定价：290.00 元

书号：7000
定价：50.00 元

书号：7035
定价：32.00 元

书号：7075
定价：128.00 元

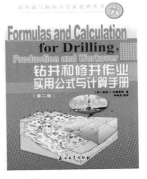

书号：6966
定价：42.00 元

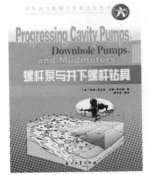

书号：6967
定价：32.00 元

国外油气勘探开发新进展丛书（七）

书号：7533
定价：65.00元

书号：7802
定价：110.00元

书号：7555
定价：60.00元

书号：7290
定价：98.00元

书号：7088
定价：120.00元

书号：7690
定价：93.00元

国外油气勘探开发新进展丛书（八）

书号：7446
定价：38.00元

书号：8065
定价：98.00元

书号：8356
定价：98.00元

书号：8092
定价：38.00元

书号：8804
定价：38.00元

书号：9483
定价：140.00元

国外油气勘探开发新进展丛书（九）

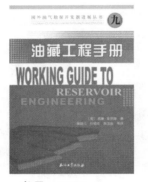

书号：8351
定价：68.00元

书号：8782
定价：180.00元

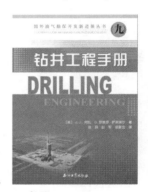

书号：8336
定价：80.00元

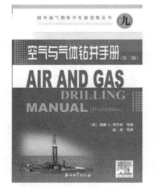

书号：8899
定价：150.00元

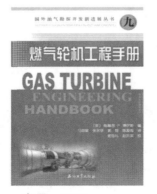

书号：9013
定价：160.00元

书号：7634
定价：65.00元

国外油气勘探开发新进展丛书（十）

书号：9009
定价：110.00元

书号：9989
定价：110.00元

书号：9574
定价：80.00元

书号：9024
定价：96.00元

书号：9322
定价：96.00元

书号：9576
定价：96.00元

国外油气勘探开发新进展丛书（十一）

书号：0042
定价：120.00元

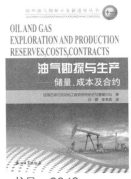

书号：9943
定价：75.00元

书号：0732
定价：75.00元

书号：0916
定价：80.00元

书号：0867
定价：65.00元

书号：0732
定价：75.00元

国外油气勘探开发新进展丛书（十二）

书号：0661
定价：80.00元

书号：0870
定价：116.00元

书号：0851
定价：120.00元

书号：1172
定价：120.00元

书号：0958
定价：66.00元

国外油气勘探开发新进展丛书（十三）

书号：1046
定价：158.00元

书号：1167
定价：165.00元

书号：1645
定价：70.00元

书号：1259
定价：60.00元

书号：1875
定价：158.00元

书号：1477
定价：256.00元

国外油气勘探开发新进展丛书（十四）

书号：1456
定价：128.00元

书号：1855
定价：60.00元

书号：1874
定价：280.00元

国外油气勘探开发新进展丛书（十六）

书号：1979
定价：65.00 元

书号：2274
定价：68.00 元